建筑施工项目管理与 BIM 技术

袁庆铭　著

中国纺织出版社有限公司

内 容 提 要

随着现代信息技术的发展，建筑施工的项目管理实现了由二维到三维的飞跃，无论是在设计、施工还是运维方面都进行了信息化改造。将 BIM 技术合理应用于建筑施工项目管理中，不仅能够极大提高建筑施工效率和水平，同时能够对施工进度、质量水平及安全等问题进行合理规划与管理，帮助企业获得更好的经济效益和社会效益。书稿结构比较清楚，基本覆盖了建筑施工项目管理与 BIM 技术的主要方面，选材比较恰当。本书可以作为高等院校工程管理、智能建造、工程造价、土木工程等土建类相关专业的本科教材，也可作为建设工程的建设单位、勘察设计单位、施工单位、工程咨询单位相关技术人员或管理人员的学习参考书。

图书在版编目（CIP）数据

建筑施工项目管理与 BIM 技术 / 袁庆铭著 . -- 北京：中国纺织出版社有限公司，2022.6
ISBN 978-7-5180-9375-5

Ⅰ . ①建… Ⅱ . ①袁… Ⅲ . ①建筑施工—项目管理—计算机辅助设计—应用软件 Ⅳ . ① TU712.1

中国版本图书馆 CIP 数据核字（2022）第 034215 号

策划编辑：曹炳镝　　　　责任编辑：段子君
责任校对：高　涵　　　　责任印制：储志伟

中国纺织出版社有限公司出版发行
地址：北京市朝阳区百子湾东里 A407 号楼　邮政编码：100124
销售电话：010—67004422　传真：010—87155801
http://www.c-textilep.com
中国纺织出版社天猫旗舰店
官方微博 http://weibo.com/2119887771
三河市延风印装有限公司印刷　各地新华书店经销
2022 年 6 月第 1 版第 1 次印刷
开本：710×1000　1/16　印张：16.5
字数：288 千字　定价：88.00 元

前　言

近年来，我国经济快速发展，信息化水平不断提高，各行各业都面临着巨大的变革。物联网和智慧城市的兴起，数字化城市建设步伐的加快，使传统的建筑行业迫切需要尽快实现信息化和数字化。建筑信息模型（Building Information Modeling，BIM）概念的提出，为传统建筑业和工程项目管理信息化指明了方向。

现代大中型建设项目一般都具有投资金额大、建设周期长、参与单位多、项目复杂程度高、全生命周期信息量大等特点，传统的项目管理方法就显得力不从心了。BIM 技术的应用在一定程度上解决了这一问题。随着 BIM 技术的不断发展和完善，已有很多 BIM 应用的成功案例。通过 BIM 的实践应用，人们取得了一个共识：BIM 已经并将继续引领建设领域的信息革命。随着 BIM 应用的逐步深入，建筑业的传统架构将被打破，一种以信息技术为主导的新架构将取而代之，BIM 的应用完全突破了技术范畴，将成为主导建筑业进行变革的强大推动力。这对于整个建筑行业而言，是挑战，更是机遇。相信随着 BIM 相关理论和实践技术的不断发展，将会为建筑行业带来更大的惊喜。

BIM 技术在我国开始应用和推广的时间不长，是一项处于不断发展中的新技术，限于相关知识的理解深度和有限的实践应用经验，本书中谬误之处在所难免，恳请各位读者提出宝贵意见。

袁庆铭
2021 年 12 月

目　录

第一章 BIM 技术概述

第一节 BIM 的基本概念及由来

BIM 在工程建设行业的信息化技术中并不是孤立的存在，大家耳熟能详的就有 CAD、可视化、CAE、GIS 等，而当 BIM 作为一个专有名词进入工程建设行业后，很快便引起了大家的关注，其知名度正在呈现爆炸式的扩大，但对什么是 BIM 的认识却是林林总总，五花八门。在众多对 BIM 的认识中，有两个极端尤为引人注目。其一，把 BIM 等同于某一个软件产品，例如 BIM 就是 Revit 或者 ArchiCAD；其二，认为 BIM 应该包括跟建设项目有关的所有信息，包括合同、人事、财务信息等。那么，BIM 究竟是什么？下面我们对 BIM 的基本概念进行分析。

一、BIM 的基本概念

BIM 是以三维数字技术为基础，集成了建筑工程项目各种相关信息的工程数据模型。它提供的全新建筑设计过程概念——参数化变更技术将帮助建筑设计师更有效地缩短设计时间，提高设计质量，提高对客户和合作者的响应能力，并可以在任何时刻、任何位置进行任何想要的修改，设计和图纸绘制始终保持协调、一致和完整。

BIM 不仅是强大的设计平台，更重要的是，BIM 的创新应用——体系化设计与协同工作方式的结合，将对传统设计管理流程和设计院技术人员结构产生变革性的影响。高成本、高专业水平的技术人员将从繁重的制图工作中解脱出来而专注于专业技术本身，而较低人力成本、高软件操作水平的制图员、建模师、初级设计助理将担当起大量的制图建模工作，这为社会提供了庞大的就业机会：制图员（模型师）群体；同时为大专院校的毕业生就业展现了新的前景。

（一）BIM 的定义

1. 国际上对 BIM 的一些定义

目前，国内外关于 BIM 的定义或解释有多种版本，现介绍几种常用的 BIM 定义。

（1）McGrawHill 集团的定义

McGrawHill（麦克格劳·希尔）集团在 2009 年的一份 BIM 市场报告中将 BIM 定义为："BIM 是利用数字模型对项目进行设计、施工和运营的过程。"

（2）美国国家 BIM 标准的定义

美国国家 BIM 标准（NBIMS）对 BIM 的含义进行了 4 个层面的解释："BIM 是一项施工建设项目，物理和功能特性的数字表达；一个共享的知识资源；一个分享有关这个设施的信息，为该设施从概念到拆除的全生命周期中的所有决策提供可靠依据的过程；在项目不同阶段，不同利益相关方通过在 BIM 中插入、提取、更新和修改信息，以支持和反映其各自职责的协同作业。"

（3）国际标准组织设施信息委员会的定义

国际标准组织设施信息委员会（Facilities Information Council）将 BIM 定义为："BIM 是利用开放的行业标准，对设施的物理和功能特性及其相关的项目生命周期信息进行数字化形式的表现，从而为项目决策提供支持，有利于更好地实现项目的价值。"在其补充说明中强调，BIM 将所有的相关方面集成在一个连贯有序的数据组织中，相关的应用软件在被许可的情况下可以获取、修改或增加数据。

2. BIM 的定义

根据以上 3 种对 BIM 的定义、相关文献及资料，可将 BIM 的含义总结为以下三点：

① BIM 是以三维数字技术为基础，集成了建筑工程项目各种相关信息的工程数据模型，是对工程项目设施实体与功能特性的数字化表达。

② BIM 是一个完善的信息模型，能够连接建筑项目生命周期不同阶段的数据、过程和资源，是对工程对象的完整描述，提供可自动计算、查询、组合、拆分的实时工程数据，可被建设项目各参与方普遍使用。

③ BIM 具有单一工程数据源，可解决分布式、异构工程数据之间的一致性和全局共享问题，支持建设项目生命周期中动态的工程信息创建、管理和共享，是项目实时的共享数据平台。

借助于中国古代的哲学思想，我们可以找到 BIM 运动变化的规律。"一阴一阳之谓道"，一阴一阳，构成的是一种交替循环的动态状况，这才称其为道。

（二）BIM 的特点

BIM 是以建筑工程项目的各项相关信息数据作为基础，建立起三维的建筑模型，通过数字信息仿真模拟建筑物所具有的真实信息。它具有可视化、协调性、模拟性、优化性、可出图性、一体化性、参数化性和信息完备性八大特点。

1. 可视化

可视化即"所见所得"的形式，可视化的真正运用在建筑业的作用是非常大的，例如经常拿到的施工图纸，只是各个构件的信息在图纸上采用线条绘制表达，但是其真正的构造形式则需要建筑业参与人员去自行想象。对于一般简单的东西来说，这种想象也未尝不可，但是近几年建筑业的建筑形式各异，复杂造型在不断推出，那么光靠人脑去想象就未免有点不太现实了。所以 BIM 提供了可视化的思路，让人们将以往的线条式的构件形成一种三维的立体实物图形展示在人们的面前；建筑业也有设计方面出效果图的事情，但是这种效果图是分包给专业的效果图制作团队进行识读设计制作出的线条式信息制作出来的，并不是通过构件的信息自动生成的，缺少了同构件之间的互动性和反馈性。而 BIM 提到的可视化是一种能够同构件之间形成互动性和反馈性的可视，在 BIM 建筑信息模型中，由于整个过程都是可视化的，所以可视化的结果不仅是效果图的展示及报表的生成，更重要的是，项目设计、建造、运营过程中的沟通、讨论、决策都在可视化的状态下进行。

2. 协调性

这个方面是建筑业中的重点内容，不管是施工单位还是业主及设计单位，无不在做着协调及相配合的工作。一旦在项目的实施过程中遇到了问题，就要将各有关人士组织起来开协调会，找出施工问题发生的原因及解决办法，然后出变更，做相应补救措施等解决问题。那么这个问题的协调真的就只能在出现问题后再进行协调吗？在设计时，往往由于各专业设计师之间的沟通不到位，而出现各种专业之间的碰撞问题，例如暖通等专业中的管道在进行布置时，由于施工图纸是各自绘制在各自的施工图纸上的，真正施工过程中，可能在布置管线时正好在此处有结构设计的梁等构件妨碍管线的布置，这种就是施工中常遇到的碰撞问题。BIM 的协调性服务就可以帮助处理这种问题，也就是说，BIM 建筑信息模型可在建筑物建造前期对各专业的碰撞问题进行协调，生成协调数据并提供出来。当然 BIM 的协调作用也并不是只能解决各专业间的碰撞问题，它还可以解决如电梯井布置与其他设计布置及净空要求之协调，防火分区与其他设计布置之协调，地下排水布置与其他设计布置之协调等。

3. 模拟性

模拟性并不是只能模拟设计出的建筑物模型，还可以模拟不能够在真实世界中进行操作的事物。在设计阶段，BIM 可以对设计上需要进行模拟的一些东西进行模拟实验，例如：节能模拟、紧急疏散模拟、日照模拟、热能传导模拟等；在招投标和施工阶段可以进行 4D 模拟（三维模型加项目的发展时间），也就是根据施工的组织设计模拟实际施工，从而确定合理的施工方案以指导施工。同时，还可以进行 5D 模拟（基于 3D 模型的造价控制），从而实现成本控制；后期运营阶段可以模拟日常紧急情况的处理方式，例如地震人员逃生模拟及消防人员疏散模拟等。

4. 优化性

事实上整个设计、施工、运营的过程就是一个不断优化的过程，当然优化和 BIM 也不存在实质性的必然联系，但在 BIM 的基础上可以做更好的优化、更好地做优化。优化受三个要素的制约：信息、复杂程度和时间。没有准确的信息做不出合理的优化结果，BIM 模型提供了建筑物实际存在的信息，包括几何信息、物理信息、规则信息，还提供了建筑物变化以后的实际存在。复杂程度高到一定程度，参与人员受本身能力所限无法掌握所有的信息，必须借助一定的科学技术和设备的帮助。现代建筑物的复杂程度大多超过参与人员本身的能力极限，BIM 及与其配套的各种优化工具提供了对复杂项目进行优化的可能。基于 BIM 的优化可以做以下工作：

①项目方案优化：把项目设计和投资回报分析结合起来，设计变化对投资回报的影响可以实时计算出来；这样业主对设计方案的选择就不会主要停留在对形状的评价上，而更多的可以使业主知道哪种项目设计方案更有利于满足自身的需求。

②特殊项目的设计优化：例如裙楼、幕墙、屋顶、大空间等到处可以看到异型设计，这些内容看起来占整个建筑的比例不大，但是总投资和工作量的比例却往往要大得多，而且通常也是施工难度比较大和施工问题比较多的地方，对这些内容的设计施工方案进行优化，可以带来显著的工期和造价改进。

5. 可出图性

BIM 并不是为了出大家日常多见的建筑设计院所出的建筑设计图纸，以及一些构件加工的图纸。而是通过对建筑物进行可视化展示、协调、模拟、优化，帮助业主出如下图纸：

①综合管线图（经过碰撞检查和设计修改，消除了相应错误以后）。

②综合结构留洞图（预埋套管图）。

③碰撞检查侦错报告和建议改进方案。

由上述内容，我们可以大体了解 BIM 的相关内容，在世界很多国家已经有比较成熟的 BIM 标准或者制度。BIM 在中国建筑市场内要顺利发展，必须将 BIM 和国内的建筑市场特色相结合，才能够满足国内建筑市场的特色需求，同时 BIM 将会给国内建筑业带来一次巨大变革。

6. 一体化性

基于 BIM 技术可进行从设计到施工再到运营贯穿工程项目的全生命周期的一体化管理。BIM 的技术核心是一个由计算机三维模型所形成的数据库，不仅包含了建筑的设计信息，而且可以容纳从设计到建成使用，甚至是使用周期终结的全过程信息。

7. 参数化性

参数化建模指的是通过参数而不是数字建立和分析模型，简单地改变模型中的参数值就能建立和分析新的模型；BIM 中图元是以构件的形式出现的，这些构件之间的不同，是通过参数的调整反映出来的，参数保存了图元作为数字化建筑构件的所有信息。

8. 信息完备性

信息完备性是指 BIM 技术可对工程对象进行 3D 几何信息和拓扑关系的描述，以及完整的工程信息描述。

二、BIM 出现的必然性

（一）BIM 的市场驱动力

恩格斯曾经说过这样一句被后人广为引用的话，"社会一旦有技术上的需要，则这种需要就会比十所大学更能把科学推向前进"，作为正在快速发展和普及应用的 BIM 也不例外。

全球发达国家或高速发展中国家都把 GDP 的相当大比例投资到基本建设上，包括规划、设计、施工、运营、维护、更新、拆除等，这是一个巨大的投入，根据统计资料，2008 年全球建筑业的规模为 4.8 万亿美元；中国建筑业协会的资料表明，2009 年中国建筑业产值约为 7 万亿人民币。

根据美国商务部和劳工统计局（US Department of Commerce, Bureau of Labor Statistics）的资料，1966 年到 2003 年，美国建筑业的生产效率按照单位劳动完成新施工活动的合同额统计，平均每年有 0.59% 的下降，而相同时期美国非农业所有工业的生产效率平均每年有 1.77% 的上升。

在过去的几十年中，航空、航天、汽车、电子产品等其他行业的生产效率通过使用新的生产流程和技术有了巨大提高，市场对全球工程建设行业改进工作效率和质量的压力日益加大。20 世纪 90 年代以来，美国和欧洲进行了一系列旨在发现问题、解决问题、提高工作效率和质量的研究。

如果工程建设行业通过技术升级和流程优化能够达到目前制造业的水平，按照美国 2008 年 12800 亿美元的建筑业规模计算，每年可以节约将近 4000 亿美元。美国 BIM 标准为以 BIM 技术为核心的信息化技术定义的目标是，到 2020 年为建筑业每年节约 2000 亿美元。

我国近年来的固定资产的投资规模维持在 10 万亿人民币左右，其中 60% 依靠基本建设完成，生产效率与发达国家比较还存在不小差距，如果按照美国建筑科学研究院的资料来进行测算，通过技术和管理水平提升，可以节约的建设投资将是十分惊人的。

导致工程建设行业效率不高的原因是多方面的，但是如果研究已经取得生产效率大幅提高的零售、汽车、电子产品和航空等领域，可以发现，行业整体水平的提高和产业的升级只能来自先进生产流程和技术的应用。

BIM 正是这样一种技术、方法、机制和机会，通过集成项目信息的收集、管理、交换、更新、存储过程和项目业务流程，为建设项目生命周期中的不同阶段、不同参与方提供及时、准确、足够的信息，支持不同项目阶段之间、不同项目参与方之间及不同应用软件之间的信息交流和共享，以实现项目设计、施工、运营、维护效率和质量的提高，以及工程建设行业持续不断的行业生产力水平提升。

（二）BIM 在工程建设行业的位置

现代化、工业化、信息化是我国建筑业发展的三个方向，建筑业信息化可以划分为技术信息化和管理信息化两大部分，技术信息化的核心内容是建设项目的生命周期管理（BIM，Building Lifecycle Management），企业管理信息化的核心内容则是企业资源计划（ERP，Enterprise Resource Planning）。

不管是技术信息化还是管理信息化，建筑业的工作主体是建设项目本身，因此，没有项目信息的有效集成，管理信息化的效益也很难实现。BIM 通过其承载的工程项目信息把其他技术信息化方法（如 CAD/CAE 等）集成起来，从而成为技术信息化的核心、技术信息化横向打通的桥梁，以及技术信息化和管理信息化横向打通的桥梁。

据麦克格劳 - 希尔最新一项调查结果显示，目前北美的建筑行业有一半的机构在使用 BIM 或与 BIM 相关的工具——这一使用率在过去两年里增加了 75%。近期，清华大学软件学院 BIM 标准研究课题组在欧特克中国研究院（ACRD）的支持下积极推进中国 BIM 发展及标准研究，并邀请行业专家再次召开研讨会，就 BIM 在美国应用的现状、中美 BIM 标准研究的比较及 BIM 在绿色建筑中的应用等内容进行分享与讨论，从而为推动构建中国建筑信息模型标准（CBIMS，China Building Information Modeling Standard）带来借鉴与启迪，加速实现中国工程建设行业的高效、协作和可持续发展。清华大学软件学院副院长顾明、欧特克中国研究院院长高级顾问梁进、欧特克公司工程建设行业经理 Erin Rae Hoffer、CCDI 集团营销副总经理弋洪涛、国家住宅与居住环境工程技术研究中心研发部主任何剑清等一线行业专家参加了此次研讨会。

清华大学软件学院 BIM 标准研究课题组在欧特克中国研究院（ACRD）的支持下于 2009 年 3 月正式启动，将历时两年时间完成中国建筑信息模型标准（CBIMS）的研究，国家住宅工程中心、CCDI 集团等专业设计单位和业内专家积极参与其中。目前第一阶段理论研究已经完成。

所谓 BIM，是指基于最先进的三维数字设计和工程软件所构建的"可视化"的数字建筑模型，是为设计师、建筑师、水电暖铺设计工程师、开发商乃至最终用户等各环节人员提供"模拟和分析"的科学协作平台，帮助他们利用三维数字模型对项目进行设计、建造及运营管理，最终使整个工程项目在设计、施工和使用等各个阶段都能够有效地实现节省能源、节约成本、降低污染和提高效率。

BIM 在项目的全生命周期中都可以进行应用，从项目的概念设计、施工、运营，甚至后期的翻修或拆除，所有环节都可以提供相关的服务。BIM 不但可以进行单栋建筑设计，还可以设计一些大型的基础设施项目，包括交通运输项目、土地规划、环境规划、水利资源规划等项目。在美国，BIM 的普及率与应用程度较高，政府或业主会主动要求项目运用统一的 BIM 标准，甚至有的州已经立法，强制要求州内的所有大型公共建筑项目必须使用 BIM。目前，美国所使用的 BIM 标准包括 NBIMS（美国 BIM 标准，United States National Building Information Modeling Standard）、COBIE（Construction Operations Building Information Exchange）标准、IFC（Industry Foundation Class）标准等，不同的州政府或项目业主会选用不同的标准，但是他们的使用前提都是要求通过统一标准为相关利益方带来最大的价值。欧特克公司创建了一个指导 BIM 实施的工具——"BIM Deployment Plan"，以帮助业主、建筑师、工程师和承包商实施 BIM，这个工具可以为各个公司提供管理和沟通的模型标准，对 BIM 使用环境中各方担任的角色和责任提出建议，并提供最佳的业务和技术惯例，目前英文版已经供下载使用，中文版也将在不久后推出。

BIM 方法与理念可以帮助设计师、施工方等各相关利益方更好地理解可持续性及它的四个重要因素：能源、水资源、建筑材料和土地。Erin 向大家介绍了欧特克工程建设行业总部大楼的案例。该项目就是运用 BIM 理念进行设计、施工的，获得了绿色建筑的白金认证。大楼建筑面积超过 5000 平方米，从概念设计到入驻仅用了 8 个月时间，节省了 37% 的能源成本，并真正实现零事故零索赔。欧特克作为业主成为最大的受益方，通过运用 BIM 实现可持续发展的模式，节约了大量可能被耗费的资源和成本。

随着行业的发展以及需求的凸显，中国企业已经形成共识：BIM 将成为中国工程建设行业未来的发展趋势。相对于欧美、日本等发达国家，中国的 BIM 应用与发展比较滞后，BIM 标准的研究还处于起步阶段。因此，在中国已有规范与标准保持一致的基础上，构建 BIM 的中国标准成为紧迫与重要的工作。同时，中国的 BIM 标准如何与国际的使用标准（如美国的NBIMS）有效对接、政府与企业如何推动中国 BIM 标准的应用都将成为今后工作的挑战。我们需要积极推动 BIM 标准的建立，为行业可持续发展奠定基础。

毋庸置疑，BIM 是引领工程建设行业未来发展的利器，我们需要积极推广 BIM 在中国的应用，以帮助设计师、建筑师、开发商及业主运用三维模型进行设计、建造和管理，不断推动中国工程建设行业的可持续发展。

（三）行业赋予 BIM 的使命

一个工程项目的建设、运营涉及业主、用户、规划、政府主管部门、建筑师、工程师、承建商、项目管理、产品供货商、测量师、消防、卫生、环保、金融、保险、法务、租售、运营、维护等几十类、成百上千家参与方和利益相关方。一个工程项目的典型生命周期包括规划和设计策划、设计、施工、项目交付和试运行、运营维护、拆除等阶段，时间跨度为几十年到一百年，甚至更长。把这些不同项目参与方和项目阶段联系起来的是基于建筑业法律法规和合同体系建立的业务流程，支持完成业务流程或业务活动的是各类专业应用软件，而连接不同业务流程之间和一个业务流程内不同任务或活动之间的纽带则是信息。

一个工程项目的信息数量巨大、种类繁多，但是基本上可以分为以下两种形式。

①结构化形式：机器能够自动理解，例如 Exce，BIM 文件。

②非结构化形式：机器不能自动理解，需要人工进行解释和翻译，例如 Word，CAD。目前工程建设行业的做法是，各个参与方在项目不同阶段用自己的应用软件去完成相应的任务，输入应用软件需要的信息，把合同规定的工作成果交付给接收方，如果关系好，也可以把该软件的输出信息交给接收方做参考。下游（信息接收方）将重复上面描述的这个做法。

由于当前合同规定的交付成果以纸质成果为主，在这个过程中项目信息被不断地重复输入、处理、输出成合同规定的纸质成果，下一个参与方再接着输入他的软件需要的信息。据美国建筑科学研究院的研究报告统计，每个数据在项目生命周期中平均被输入七次。

事实上，在一个建设项目的生命周期内，我们不仅不缺信息，甚至也不缺数字形式的信息，请问在项目的众多参与方中，今天哪一家不是在用计算机处理他们的信息的？我们真正缺少的是对信息的结构化组织管理（机器可以自动处理）和信息交换（不用重复输入）。由于技术、经济和法律的诸多原因，这些信息在被不同的参与方以数字形式输入处理以后又被降级成纸质文件交付给下一个参与方，或者即使上游参与方愿意将数字化成果交付给下游参与方，也因为不同的软件之间信息不能互用而束手无策。

这就是行业赋予 BIM 的使命：解决项目不同阶段、不同参与方、不同应用软件之间的信息结构化组织管理和信息交换共享，使得合适的人在合适的时候得到合适的信息，这个信息要求准确、及时、够用。

BIM 的定义或解释有多种版本，McGrawHill（麦克格劳·希尔）在 2009 年名为 "The business Value of BIM"（BIM 的商业价值）的市场调研报告中对 BIM 的定义比较简练，认为 "BIM 是利用数字模型对项目进行设计、施工和运营的过程"。

相比较，美国国家 BIM 标准对 BIM 的定义比较完整："BIM 是一个设施（建设项目）物理和功能特性的数字表达；BIM 是一个共享的知识资源；是一个分享有关这个设施的信息，为该设施从概念到拆除的全生命周期中的所有决策提供可靠依据的过程；在项目不同阶段，不同利益相关方通过在 BIM 中插入、提取、更新和修改信息，以支持和反映其各自职责的协同作业。"

美国国家 BIM 标准由此提出 BIM 和 BIM 交互的需求都应该基于：

①一个共享的数字表达。

②包含的信息具有协调性、一致性和可计算性，是可以由计算机自动处理的结构化信息。

③基于开放标准的信息互用。

④能以合同语言定义信息互用的需求。

在实际应用的层面，从不同的角度，对 BIM 会有不同的解读：

（1）应用到一个项目中，BIM 代表着信息的管理，信息由项目所有参与方提供和共享，确保正确的人在正确的时间得到正确的信息。

（2）对于项目参与方，BIM 代表着一种项目交付的协同过程，定义各个团队如何工作，多少团队需要一块工作，如何共同去设计、建造和运营项目。

（3）对于设计方，BIM 代表着集成化设计，鼓励创新，为优化技术方案提供更多的反馈，提高团队水平。

美国 Building SMART 联盟主席 Dana K.Smith 先生在其 BIM 专著中提出了一种对 BIM 的通俗解释，他将"数据（Data）—信息（Information）—知识（Knowledge）—智慧（Wisdom）"放在一个链条上，认为 BIM 本质上就是这样一个机制：把数据转化成信息，从而获得知识，让我们智慧地行动。理解这个链条是理解 BIM 价值以及有效使用建筑信息的基础。在 BIM 的动态发展链条上，业务需求（不管是主动的需求还是被动的需求）引发 BIM 应用，BIM 应用需要 BIM 工具和 BIM 标准，业务人员（专业人员）使用 BIM 工具和 BIM 标准生产 BIM 模型及信息，BIM 模型和信息支持业务需求的高效优质实现。BIM 的世界就此得以诞生和发展。

第二节　BIM 软件简介

一、BIM 软件的分类

美国 Building SMART 联盟主席 Dana K.Smith 先生在其出版的 BIM 专著 *Building Information Modeling:A Strategic Implementation Guide for Architects, Engineers Constructors and Real Estate Asset Managers* 中下了这样一个论断："依靠一个软件解决所有问题的时代已经一去不复返了。"

BIM 有一个特点——BIM 不是一个软件的事，其实 BIM 不只不是一个软件的事，准确一点应该说 BIM 不是一类软件的事，而且每一类软件的选择，它也不只是一个产品，这样一来要充分发挥 BIM 价值为项目创造效益涉及常用的 BIM 软件数量就有十几个到几十个之多了。

谈 BIM、用 BIM 都离不开 BIM 软件，本节试图通过对目前在全球具有一定市场影响或占有率，并且对国内市场具有一定认识和应用的 BIM 软件（包括能发挥 BIM 价值的软件）进行梳理和分类，希望能够给想对 BIM 软件有个总体了解的同行提供一个参考。

BIM 建模类软件可细分为 BIM 方案设计软件、与 BIM 接口的几何造型软件、可持续分析软件等 12 类软件。接下来我们分别对属于这些类型的软件按功能简单分成建模类软件、模拟类软件以及分析类软件。

（一）BIM 建模类软件

这类软件英文通常叫"BIM Authoring Software"，是 BIM 之所以成为 BIM 的基础。换句话说，正是因为有了这些软件才有了 BIM，也是从事 BIM 的同行要碰到的第一类 BIM 软件，因此我们称它们为"BIM 核心建模软件"，简称"BIM 建模软件"。

常用的 BIM 建模软件主要有以下 4 个系列。

① Autodesk 公司的 Revit 建筑、结构和机电系列，在民用建筑市场借助了 AutoCAD 的天然优势，有相当不错的市场表现。

② Bentley 建筑、结构和设备系列，Bentley 产品在工厂设计（石油、化工、电力、医药等）和基础设施（道路、桥梁、市政、水利等）领域有无可争辩的优势。

③ 2007 年 Nemetschek 收购 Graphisoft 以后，Archi CAD/AIIPLAN/Vectorworks 三个产品就被归到同一个系列里面了，其中国内同行最熟悉的是 Archi CAD，属于一个面向全球市场的产品，应该可以说是最早的一个具有市场影响力的 BIM 核心建模软件，但是在中国由于其专业配套的功能（仅限于建筑专业）与多专业一体的设计院体制不匹配，很难实现业务突破。Nemetschek 的另外两个产品，AIIPLAN 主要市场在德语区，Vectorworks 则是其在美国市场使用的产品名称。

④ Dassault 公司的 CATIA 是全球最高端的机械设计制造软件，在航空、航天、汽车等领域具有接近垄断的市场地位，应用到工程建设行业，无论是复杂形体还是超大规模建筑，其建模能力、表现能力和信息管理能力都比传统的建筑类软件有明显优势，而与工程建设行业的项目特点和人员特点的对接问题则是其不足之处。Digital Project 是 Gery Technology 公司在 CATIA 基础上开发的一个面向工程建设行业的应用软件（二次开发软件），其本质还是 CATIA，就跟天正的本质是 AutoCAD 一样。

因此，对于一个项目或企业 BIM 核心建模软件技术路线的确定，可以考虑如下基本原则：民用建筑用 Autodesk Revit；工厂设计和基础设施用 Bentley；单专业建筑事务所选择 ArchiCAD，Revit，Bentley 都有可能成功；项目完全异型、预算比较充裕的可以选择 Digital Projet 或 CATIA。

当然，除了上面介绍的情况以外，业主和其他项目成员的要求也是在确定 BIM 技术路线时需要考虑的重要因素。

BIM 核心建模软件的具体介绍如下。

首先我们来对 Revit 软件进行一个简单的介绍。Revit 系列软件在 BIM 模型构建过程中的主要优势体现在三个方面：具备智能设计优势，设计过程实现参数化管理，为项目各参与方提供了全新的沟通平台。

1. Autodesk Revit Architecture

Autodesk Revit Architecture 设计软件可以按照建筑师和设计师的思考方式进行设计，因此，可以开发更高质量、更加精确的建筑设计。专为建筑信息模型而设计的 Autodesk Revit Architecture，能够帮助捕捉和分析早期设计构思，并能够从设计、文档到施工的整个流程中更精确地保持设计理念。利用包括丰富信息的模型来支持可持续性设计、施工规划与构造设计，能做出更加明智的决策。Autodesk Revit Architecture 有以下 13 个特点。

（1）完整的项目，单一的环境

Autodesk Revit Architecture 中的概念设计功能提供了易于使用的自由形状建模和参数化设计工具，并且支持在开发阶段及早对设计进行分析。可以自由绘制草图，快速创建三维形状，交互式地处理各种形状。可以利用内置的工具构思并表现复杂的形状，准备用于预制和施工环节的模型。

随着设计的推进，Autodesk Revit Architecture 能够围绕各种形状自动构建参数化框架，提高创意控制能力、精确性和灵活性。从概念模型直至施工文档，所有设计工作都在同一个直观的环境中完成。

（2）更迅速地制定权威决策

Autodesk Revit Architecture 软件支持在设计前期对建筑形状进行分析，以便尽早做出更明智的决策。借助这一功能，可以明确建筑的面积和体积，进行日照和能耗分析，深入了解建造可行性，初步提取施工材料用量。

（3）功能形状

Autodesk Revit Architecture 中的 Building Maker 功能可以帮助将概念形状转换成全功能建筑设计。可以选择并添加面，由此设计墙、屋顶、楼层和幕墙系统。可以提取重要的建筑信息，包括每个楼层的总面积。可以将来自 AutoCAD 软件和 Autodesk Maya 软件，以及其他一些应用的概念性体量转化为 Autodesk Revit Architecture 中的体量对象，然后进行方案设计。

（4）一致、精确的设计信息

开发 Autodesk Revit Architecture 软件的目的是按照建筑师与设计师的建筑理念工作。能够从单一基础数据库提供所有明细表、图纸、二维视图与三维视图，并能够随着项目的推进自动保持设计变更的一致。

（5）双向关联

任何一处发生变更，所有相关位置随之变更。在 Autodesk Revit Architecture 中，所有模型信息存储在一个协同数据库中。对信息的修订与更改会自动反映到整个模型中，从而极大地减少错误与疏漏。

（6）明细表

明细表是整个 Autodesk Revit Architecture 模型的另一个视图。对于明细表视图进行的任何变更都会自动反映到其他所有视图中。明细表的功能包括关联式分割及通过明细表视图、公式和过滤功能选择设计元素。

（7）详图设计

Autodesk Revit Architecture 附带丰富的详图库和详图设计工具，能够进行广泛的预分类，并且可轻松兼容 CSI 格式。可以根据企业的标准创建、共享和定制详图库。

（8）参数化构件

参数化构件亦称族，是在 Autodesk Revit Architecture 中设计所有建筑构件的基础。这些构件提供了一个开放的图形系统，能够自由地构思设计、创建形状，并且能就设计意图的细节进行调整和表达。可以使用参数化构件设计精细的装配（例如细木家具和设备），以及最基础的建筑构件，例如墙和柱，无须编程语言或代码。

（9）材料算量功能

利用材料算量功能计算详细的材料数量。材料算量功能非常适合用于计算可持续设计项目中的材料数量和估算成本，显著优化材料数量跟踪流程。

（10）冲突检测

使用冲突检测来扫描模型，查找构件之间的冲突。

（11）基于任务的用户界面

Autodesk Revit Architecture 用户界面提供了整齐有序的桌面和宽大的绘图窗口，可以帮助迅速找到所需工具和命令。按照设计工作流中的创建、注释或协作等环节，各种工具被分门别类地放到了一系列选项卡和面板中。

（12）设计可视化

创建并获得如照片般真实的建筑设计创意和周围环境效果图，在实际动工前体验设计创意。集成的 Mental Ray 渲染软件易于使用，能够在更短时间内生成高质量渲染效果图。协作工作共享工具可支持应用视图过滤器和标签元素，以及控制关联文件夹中工作集的可见性，以便在包含许多关联文件的项目中改进协作工作。

（13）可持续发展设计

软件可以将材质和房间容积等建筑信息导出为绿色建筑扩展性标志语言（gbXML）。用户可以使用 Autodesk Green Building Studio Web 服务进行更深入的能源分析，或使用 Autodesk Ecotect Analysis 软件研究建筑性能。此外，Autodesk 3ds Max Design 软件还能根据 LEED 8.1 认证标准开展室内光照分析。

2. Autodesk Revit Structure

Autodesk Revit Structure 软件改善了结构工程师和绘图人员的工作方式，可以从最大程度上减少重复性的建模和绘图工作，以及结构工程师、建筑师和绘图人员之间的手动协调所导致的错误。该软件有助于减少创建最终施工图所需的时间，同时可提高文档的精确度，全面改善交付给客户的项目质量。

（1）顺畅的协调

Autodesk Revit Structure 采用建筑信息模型（BIM）技术，因此每个视图、每张图纸和每个明细表都是同一基础数据库的直接表现。建筑团队成员在处理同一项目时，不可避免地要对建筑结构做出一些变更，这时，Autodesk Revit Structure 中的参数化变更技术可以自动将变更反映到所有的其他项目视图中——模型视图、图纸、明细表、剖面图、平面图和详图，从而确保设计和文档保持协调、一致和完整。

（2）双向关联

建筑模型及其所有视图均是同一信息系统的组成部分。这意味着用户只需对结构的任何部分做一次变更，就可以保证整个文档集的一致性。例如，如果图纸比例发生变化，软件就会自动调整标注和图形的大小。如果结构构件发生变化，该软件将自动协调和更新所有显示该构件的视图，包括名称标记以及其他构件属性标签。

（3）与建筑师进行协作

与使用 Autodesk Revit Architecture 软件的建筑师合作的工程师可以充分体验 BIM 的优势，并共享相同的基础建筑数据库。集成的 Autodesk Revit 平台工具可以帮助用户更快地创建结构模型。通过对结构和建筑对象之间进行干涉检查，工程师们可以在将工程图送往施工现场之前更快地检测协调问题。

（4）与水暖电工程师进行协作

与使用 AutoCAD MEP 软件的水暖电工程师进行合作的结构设计师可以显著改善设计的协调性。Autodesk Revit Structure 用户可以将其结构模型导入 AutoCAD MEP，这样，水暖电工程师就可以检查管道和结构构件之间的冲突。Autodesk Revit Structure 还可以通过 ACIS 实体将 AutoCAD MEP 中的三维风管及管道导入结构模型，并以可视化方式检测冲突。此外，与使用 Autodesk

Revit MEP 软件的水暖电工程师进行协作的结构工程师可以充分利用建筑信息模型的优势。

（5）增强结构建模和分析功能

在单一应用程序中创建物理模型和分析结构模型有助于节省时间。

Autodesk Revit Structure 软件的标准建模对象包括墙、梁系统、柱、板和地基等，不论工程师需要设计钢、现浇混凝土、预制混凝土、砖石还是木结构，都能轻松应对。其他结构对象可被创建为参数化构件。

（6）参数化构件

工程师可以使用 Autodesk Revit Structure 创建各种结构组件，例如托梁系统、梁、空腹托梁、桁架和智能墙族，无须编程语言即可使用参数化构件（亦称族）。族编辑器包含所有数据，能以二维和三维图形、基于不同细节水平表示一个组件。

（7）多用户协作

Autodesk Revit Structure 支持相同网络中的多个成员共享同一模型，而且确保所有人都能有条不紊地开展各自的工作。一整套协作模式可以灵活满足项目团队的工作流程需求——从即时同步访问共享模型，到分为几个共享单元，再到分为单人操作的链接模型。

（8）备选设计方案

借助 Autodesk Revit Structure，工程师可以专心于结构设计，可探索设计变更，开发和研究多个设计方案，为制定关键的设计决策提供支持，并能够轻松地向客户展示多套设计方案。每个方案均可在模型中进行可视化和工程量计算，帮助团队成员和客户做出明智决策。

（9）领先一步，分析与设计相集成

使用 Autodesk Revit Structure 创建的分析模型包含荷载、荷载组合、构件尺寸和约束条件等信息。分析模型可以是整个建筑模型、建筑物的一个附楼，甚至一个结构框架。用户可以使用带结构边界条件的选择过滤器，将子结构（例如框架、楼板或附楼）发送给它们的分析软件，而无须发送整个模型。分析模型根据工程准则创建而成，旨在生成一致的物理结构分析图像。工程师可以在连接结构分析程序之前替换原来的分析设置，并编辑分析模型。

Autodesk Revit Structure 可为结构工程师提供更出色的工程洞察力。它们可以利用用户定义的规则，将分析模型调整到相接或相邻结构构件分析投影面的位置。工程师还可以在对模型进行结构分析之前，自动检查缺少支撑、全局不稳定性和框架异常等分析冲突。分析程序会返回设计信息，并动态更新物理模型和工程图，从而尽量减少烦琐的重复性任务，例如在不同应用程序中构建框架和壳体模型。

（10）创建全面的施工文档

使用一整套专用工具，可创建精确的结构图纸，并有助于减少由于手动协调设计变更导致的错误。材料特定的工具有助于使施工文档符合行业和办公标准。对于钢结构，软件提供了梁处理和自动梁缩进等特性，以及丰富的详图构件库。对于混凝土结构，在显示选项中可控制混凝土构件的可见性。软件还为柱、梁、墙和基础等混凝土构件提供了钢筋选项。

（11）自动创建剖面图和立面图

与传统方法相比，在 Autodesk Revit Structure 中创建剖面图和立面图更简单。视图只是整个建筑模型的不同表示，因此用户可以在一个结构中快速打开一个视图，并且可以随时切换到最合适的视图。在打印施工文档时，视图中没有放置在任何图纸上的剖面标签和立面符号将自动隐藏。

（12）自动参考图纸

这一功能有助于确保不会有剖面图、立面图或详图索引参考了错误的图纸或图表，并且图纸集中的所有数据和图形、详图、明细表和图表都是最新和协调一致的。

（13）详图

Autodesk Revit Structure 支持用户为典型详图及特定详图创建详图索引。用户可以使用 Autodesk Revit Structure 中的传统二维绘图工具创建整套全新典型详图。设计师可以从 AutoCAD 软件中导出 DWG 详图，并将其链接至 Autodesk Revit Structure，还可以使用项目浏览器对其加以管理。特定的详图直接来自模型视图。这些基于模型的详图是用二维参数化对象（金属面板、混凝土空心砖、基础上的地脚锚栓、紧固件、焊接符号、钢节点板、混凝土钢筋等）和注释（例如文本和标注）创建而成的。对于复杂的几何图形，Autodesk Revit Structure 提供了基于三维模型的详图，例如建筑物伸缩缝、钢结构连接、混凝土构件中的钢筋和更多其他的三维表现。

（14）明细表

按需创建明细表可以显著节约时间，而且用户在明细表中进行变更后，模型和视图将自动更新。明细表特性包括排序、过滤、编组及用户定义公式。工程师和项目经理可以通过定制明细表检查总体结构设计。例如，在将模型与分析软件集成之前，统计并检查结构荷载。如需变更荷载值，可以在明细表中进行修改，并自动反映到整个模型中。

3. Autodesk Revit MEP

Autodesk Revit MEP 建筑信息模型（BIM）软件专门面向水暖电（MEP）

设计师与工程师。集成的设计、分析与文档编制工具，支持在从概念到施工的整个过程中，更加精确、高效地设计建筑系统。关键功能支持：水暖电系统建模，系统设计分析来帮助提高效率，更加精确的施工文档，更轻松地导出设计模型用于跨领域协作。

Autodesk Revit MEP 软件专为建筑信息模型而构建（BIM），BIM 是以协调、可靠的信息为基础的集成流程，涵盖项目的设计、施工和运营阶段。通过采用 BIM，机电管道公司可以在整个流程中使用一致的信息来设计和绘制创新项目，并且可以通过精确外观可视化来支持更顺畅的沟通，模拟真实的机电管道系统性能，以便让项目各方了解成本、工期与环境影响。

借助对真实世界进行准确建模的软件，实现智能、直观的设计流程。

Revit MEP 采用整体设计理念，从整座建筑物的角度来处理信息，将给排水、暖通和电气系统与建筑模型关联起来。借助它，工程师可以优化建筑设备及管道系统的设计，进行更好的建筑性能分析，充分发挥 BIM 的竞争优势。同时，利用 Autodesk Revit 与建筑师和其他工程师协同，还可即时获得来自建筑信息模型的设计反馈，实现数据驱动设计所带来的巨大优势，轻松跟踪项目的范围、明细表和预算。Autodesk Revit MEP 软件能帮助机械、电气和给排水工程公司应对全球市场日益苛刻的挑战。Autodesk Revit MEP 通过单一、完全一致的参数化模型加强了各团队之间的协作，让用户能够避开基于图纸的技术中固有的问题，提供集成的解决方案。

（1）面向机电管道工程师的建筑信息模型（BIM）

Autodesk Revit MEP 软件是面向机电管道（MEP）工程师的建筑信息模型（BIM）解决方案，具有专门用于建筑系统设计和分析的工具。借助 Revit MEP，工程师在设计的早期阶段就能做出明智的决策，因为他们可以在建筑施工前精确可视化建筑系统。软件内置的分析功能可帮助用户创建持续性强的设计内容，并与多种合作伙伴应用和共享这些内容，从而优化建筑效能和效率。使用建筑信息模型有利于保持设计数据协调统一，最大限度地减少错误，并能增强工程师团队与建筑师团队之间的协作性。

（2）建筑系统建模和布局

Autodesk Revit MEP 软件中的建模和布局工具支持工程师更加轻松地创建精确的机电管道系统。自动布线解决方案可让用户建立管网、管道和给排水系统的模型，或手动布置照明与电力系统。Autodesk Revit MEP 软件的参数变更技术意味着用户对机电管道模型的任何变更都会自动应用到整个模型中。保持单一、一致的建筑模型有助于协调绘图，进而减少错误。

（3）分析建筑性能，实现可持续设计

Autodesk Revit MEP 可生成包含丰富信息的建筑信息模型，呈现实时、逼真的设计场景，帮助用户在设计过程中及早做出更为明智的决定。借助内置的集成分析工具，项目团队成员可更好地满足可持续发展的目标，进行能耗分析、评估系统负载，并生成采暖和冷却负载报告。Autodesk Revit MEP 还支持导出为绿色建筑扩展标记语言（gbXML）文件，以便应用于 Autodesk Ecotect Analysis 软件和 Autodesk Green Building Studio 基于网络的服务，或第三方可持续设计和分析应用。

（4）提高工程设计水平，完善建筑物使用功能

当今，复杂的建筑物要求进行一流的系统设计，以便从效率和用途两方面优化建筑物的使用功能。随着项目变得越来越复杂，确保机械、电气和给排水工程师与其扩展团队之间在设计和设计变更过程中清晰、顺畅地沟通至关重要。Autodesk Revit MEP 软件专用于系统分析和优化的工具，能让团队成员实时获得有关机电管道设计内容的反馈，这样，设计早期阶段也能实现性能优异的设计方案。

（5）风道及管道系统建模

直观的布局设计工具可轻松修改模型。Autodesk Revit MEP 自动更新模型视图和明细表，确保文档和项目保持一致。工程师可创建具有机械功能的 HVAC 系统，并为通风管网和管道布设提供三维建模，而且可以通过拖动屏幕上任何视图中的设计元素来修改模型。还可以在剖面图和正视图中完成建模过程。在任何位置做出修改时，所有的模型视图及图纸都能自动协调变更，因此能够提供更为准确一致的设计及文档。

（6）风道及管道尺寸确定 / 压力计算

借助 Autodesk Revit MEP 软件中内置的计算器，工程设计人员可根据工业标准和规范 [包括美国采暖、制冷和空调工程师协会（ASHRAE）提供的管件损失数据库] 进行尺寸确定和压力损失计算。系统定尺寸工具可即时更新风道及管道构件的尺寸和设计参数，无须交换文件或第三方应用软件。使用风道和管道定尺寸工具在设计图中为管网和管道系统选定一种动态的定尺寸方法，包括适用于确定风道尺寸的摩擦法、速度法、静压复得法和等摩擦法，以及适用于确定管道尺寸的速度法或摩擦法。

（7）HVAC 和电力系统设计

借助房间着色平面图可直观地沟通设计意图。通过色彩方案，团队成员无须再花时间解读复杂的电子表格，也无须用彩笔在打印设计图上标画。对着色平面图进行的所有修改将自动更新到整个模型中。创建任意数量的示意

图，并在项目周期内保持良好的一致性。管网和管道的三维模型可让用户创建 HVAC 系统，用户还并可通过色彩方案清晰显示出该系统中的设计气流、实际气流、机械区等重要内容，为电力负载、分地区照明等创建电子色彩方案。

（8）线管和电缆槽建模

Autodesk Revit MEP 包含功能强大的布局工具，可让电力线槽、数据线槽和穿线管的建模工作更加轻松。借助真实环境下的穿线管和电缆槽组合布局，协调性更为出色，并能创建精确的建筑施工图。新的明细表类型可报告电缆槽和穿线管的布设总长度，以确定所需材料的用量。

（9）自动生成施工文档视图

自动生成可精确反映设计信息的平面图、横断面图、立面图、详图和明细表视图。通用数据库提供的同步模型视图令变更管理更趋一致、协调。所有电子、给排水及机械设计团队都受益于建筑信息模型所提供的更为准确、协调一致的建筑文档。

（10）AutoCAD 提供无与伦比的设计支持

全球有数百万经过专业培训的 AutoCAD 用户，因此用户可以更迅速地共享并完成机电管道项目。Autodesk Revit MEP 为 AutoCAD 软件中的 DWG 文件格式提供无缝支持，让用户放心保存并共享文件。来自 Autodesk 的 DWG 技术提供了真实、精确、可靠的数据存储和共享方式。

4. Bentley

Bentley 的核心产品是 Micro Station 与 Project Wise。Micro Station 是 Bentley 的旗舰产品，主要用于全球基础设施的设计、建造与实施。Project Wise 是一组集成的协作服务器产品，它可以帮助 AEC 项目团队利用相关信息和工具，开展一体化的工作。Project Wise 能够提供可管理的环境，在该环境中，人们能够安全地共享、同步与保护信息。同时，Micro Station 和 Project Wise 是面向包含 Bentley 全面的软件应用产品组合成的强大平台。企业使用这些产品，在全球重要的基础设施工程中执行关键任务。

（1）建筑业：面向建筑与设施的解决方案

Bentley 的建筑解决方案为全球的商业与公共建筑物的设计、建造与营运提供强大动力。Bentley 是全球领先的多行业集成的全信息模型（BIM）解决方案厂商，产品主要面向全球领先的建筑设计与建造企业。

Bentley 建筑产品使得项目参与者和业主运营商能够跨越不同行业与机构，一体化地开展工作。对所有专业人员来说，跨行业的专业应用软件可以同时工作并实现信息同步。在项目的每个阶段做出明智决策能够极大地节省时间与成本，提高工作质量，同时显著提升项目收益、增强竞争力。

（2）工厂：面向工业与加工工厂的解决方案

Bentley 为设计、建造、营运加工工厂提供工厂软件，包括发电厂、水处理工厂、矿厂以及石油、天然气与化学产品加工工厂。在该领域，所面临的挑战是如何使工程、采购与建造承包商（EPC）与业主运营商及其他单位实现一体化协同工作。

Bentley 的 Digital Plant 解决方案能够满足工厂在生命周期的一系列需求，从概念设计到详细的工程、分析、建造、营运、维护等方面一应俱全。Digital Plant 产品包括多种包含在 Plant Space 之中的工厂设计应用软件，以及基于 Micro Station 和 AutoCAD 的 Auto PLANT 产品。

（3）地理信息：面向通信、政府与公共设施的解决方案

Bentley 的地理信息产品主要面向全球公共设施、政府机构、通信供应商、地图测绘机构与咨询工程公司。他们利用这些产品对基础设施开展地理方面的规划、绘制、设计与营运。在服务器级别，Bentley 的地理信息产品结合了规划与设计数据库。这种统一的方法能够有效简化和统一原来存在于分散的地理信息系统（GIS）与工程环境中的零散的工作流程，企业从有效的地理信息管理中获益匪浅。

（4）公共设施：面向公路、铁路与场地工程基础设施的解决方案

Bentley 公共设施工程产品在全球范围内被广泛地用于道路、桥梁、场地工程开发、中转与铁路、城市设计与规划、机场与港口及给排水工程。GDL 语言能独立地对模型内各构件的二维信息进行描述，将二维信息转换成三维数据模型，并能在生成的二维图纸上使用平面符号标识出相应的构件位置。Bentley 有多种建模方式，能够满足设计人员对各种建模方式的要求。Bentley 软件是一款基于 Micro Station 图形平台进行三维模型构建的软件。基于 Micro Station 图形平台，Bentley 软件可以进行实体、网格面、B-Spline 曲线曲面、特征参数化、拓扑等多种建模方式。另外，软件还带有两款非常实用的建模插件：Parametric Cell Studio 与 Generative Components，在建模插件的辅助下，软件可以使设计人员完成任意自由曲面和不规则几何造型的设计。在软件建模过程中，凭借软件参数化的设计理念，可以控制几何图形进行任意形态的变化。软件可以通过控制组成空间实体模型的几何元素的空间参数，对三维实体模型进行适当的拓展和变形。设计人员通过 Bentley 软件对模型进行拓展，从产生的多种多样的形体变化中可以找到设计的灵感和思路。

Bentley 系统软件的建模工作需与多种第三方软件进行配合，因此建模过程中设计人员会接触到多种操作界面，使其可操作性受到影响。Bentley 软件有多种建模方式，但是不同的建模方式构建出的功能模型有着各不相同的特

征行为。设计人员要完全掌握这些建模方式需要花费相当多的精力与时间。软件的互用性较差，很多功能性操作只能在不同的功能系统中单独应用，对协同设计工作的完成会有一定的影响。

5. Graphisofi/Nemetschek AG——ArchiCAD 软件

20 世纪 80 年代初，Graphisoft 公司开发了 ArchiCAD 软件，2007 年 Graphisoft 公司被 Nemetschek 公司收购以后，新发布了 11.0 版本的 ArchiCAD 软件，该软件可以在目前广泛应用的 Windows 操作平台上操作，也可以在 MAC 操作平台上应用，适用性较强。ArchiCAD 软件是基于 GDL（Geometric Description Language）语言的三维仿真软件。ArchiCAD 软件含有多种三维设计工具，可以为各专业设计人员提供技术支持。同时，软件还有丰富的参数化图库部件，可以完成多种构件的绘制。GDL 是 1982 年开发出的一种参数化程序设计语言。作为驱动 ArchiCAD 软件进行智能化参数设计的基础，GDL 的出现使得 ArchiCAD 进行信息化构件设计成为可能。与 BASIC 相似，GDL 是参数化程序设计语言，它是运用程序绘制门窗、小型的组件，必须单独进行处理，从而使设计工作变得更加烦琐。

ArchiCAD 还包含了供用户广泛使用的对象库（object libraries）。ArchiCAD 作为最早开发的基于 BIM 技术的软件，在众多软件中具有较多优势，同时随着相关专业技术的发展，其发展潜力逐渐得到释放。ArchiCAD 软件的主要特点如下。

（1）运行速度快

ArchiCAD 在性能和速度方面拥有较大优势，这就决定了用户可以在设计大体量模型的同时将模型做得非常详细，真正起到补助设计和施工的作用。对硬件配置的要求远远低于其他 BIM 软件，普通用户不需要花费大量资金进行硬件升级，即可快速开展 BIM 工作。

（2）施工图方面优势明显

使用 ArchiCAD 建立的三维立体模型本身就是一个中央数据库，模型内所有构件的设计信息都储存在这个数据库中，施工所需的任意平面图、剖面图和详图等图纸都可以在这个数据库的基础上生成。软件中模型的所有视图之间存在逻辑关联，在任意视图中对图纸进行修改，修改信息都会自动同步到所有的视图中，避免了平面设计软件容易出现的平面图与剖面、立面图纸内容不对应的情况。

（3）可实现专业间协同设计

ArchiCAD 具有非常良好的兼容性，能够实现数据在各设计方之间的准确交换和共享。软件可以对已有的二维设计图纸中的设计内容进行转换，通过软件内置的 DWG 转换器，将二维图纸中的设计内容完美地转换成三维实体。软件不仅可以进行建筑模型的创建，还能为给排水、暖通、电力等设备专业提供管道系统的绘制工具。利用 ArchiCAD 软件中的 MEP 插件，各配套设备专业的设计人员可以在建筑模型基础上对本专业的管道系统进行建模设计。该软件还可以在可视化的条件下对管道系统进行碰撞检验，查找管线综合布设问题，优化管线系统的布设。然而，ArchiCAD 软件也有不小的局限性，造成这种局限性的最主要原因是软件采用的全局更新参数规则。ArchiCAD 软件采用的是内存记忆系统，当软件对大型项目进行处理时，系统就会遇到缩放问题，使软件的运行速率受到极大影响。要解决这个问题，必须将项目整个设计管理工作分割成众多设计等多个方面。软件依靠其强大的建模功能够完成建筑模型的绘制、机电和设备的布设以及多种不规则设计。

6. CATIA

CATIA 是英文 Computer Aided Tri-dimensional Interface Application 的缩写，是法国 Dassault Systemes 公司的 CAD/CAM/CAE/PDM 一体化软件。在 20 世纪 70 年代，Dassault Aviation 成了第一个用户，CATIA 也应运而生。从 1982 年到 1988 年，CATIA 相继发布了第 1、2、3 版，并于 1993 年发布了功能强大的第 4 版，现在的 CATIA 软件分为 V4 版本和 V5 版本两个系列。V4 版本应用于 UNIX 平台，V5 版本应用于 UNIX 和 Windows 两种平台。新的 V5 版本界面更加友好，功能也日趋强大，并且开创了 CAD/CAE/CAM 软件的一种全新风格。最新的 V5R 21 版本已经投放市场。CATIA 源于航空航天业，但其强大的功能已得到各行业的认可，在欧洲汽车行业，已成为事实上的标准。其著名用户包括波音、克莱斯勒、宝马、奔驰等大批知名企业，用户群体在世界制造业中具有举足轻重的地位。波音飞机公司使用 CATIA 完成了整个波音 777 的电子装配，创造了业界的一个奇迹，从而也确定了 CATIA 在 CAD/CAE/CAM 行业中的领先地位，CATIA 重新构造的新一代体系结构，不仅具有与 NT 和 UNIX 硬件平台的独立性，能给现存客户平稳升级，而且具有以下特点。

①CATIA 采用特征造型和参数化造型技术，允许自动指定或由用户指定参数化设计、几何或功能化约束的变量式设计。根据其提供的 3D 框架，用户可以精确地建立、修改与分析 3D 几何模型。

②具有超强的曲面造型功能，其曲面造型功能包含高级曲面设计和自由外形设计，用于处理复杂的曲线和曲面定义，并有许多自动化功能和分析工具，加速了曲面设计过程。

③提供的装配设计模块可以建立并管理基于三维的零件和约束的机械装

配件，自动地对零件间的连接进行定义，便于对运动机构进行早期分析，大大加速了装配件的设计，后续应用则可利用此模型进行进一步的设计、分析和制造，能与产品生命周期管理相关软件进行集成。

（二）BIM 模拟类软件

模拟类软件即可视化软件，有了 BIM 模型以后，对可视化软件的使用至少有如下好处：可视化建模的工作量减少了；模型的精度和与设计（实物）的吻合度提高了；可以在项目的不同阶段以及各种变化情况下快速产生可视化效果。常用的可视化软件包括 3ds Max，Artlantis，AccuRender 和 Lightscape 等。

预测居民、访客或邻居对建筑的反应以及与建筑的相互影响是设计流程中的主要工作。"这栋建筑的阴影会投射到附近的公园内吗？""这种红砖外墙与周围的建筑协调吗？""大厅会不会太拥挤？""这种光线监控器能够为下面的走廊提供充足的日光吗？"只有"看到"设计，即在建成前体验设计才能圆满地回答这些常见问题，可计算的建筑信息模型平台，如 Revit 平台，可以在动工前预测建筑的性能。建筑的性能中，人对于建筑的体验是一个方面。准确实现设计的可视化对于预测建筑未来的效果非常重要。

建筑设计的可视化通常需要根据平面图、小型的物理模型、艺术家的素描或水彩画展开丰富的想象。观众理解二维图纸的能力、呆板的媒介、制作模型的成本或艺术家渲染画作的成本，都会影响这些可视化方式的效果。CAD 和三维建模技术的出现实现了基于计算机的可视化，弥补了上述传统可视化方式的不足。带阴影的三维视图、照片级真实感的渲染图、动画漫游，这些设计可视化方式可以非常有效地表现三维设计，目前已广泛用于探索、验证和表现建筑设计理念。这就是当前可视化的特点：可与美术作品相媲美的渲染图，与影片效果不相上下的漫游和飞行。对于商业项目（甚至高端的住宅项目），这些都是常用的可视化手法——扩展设计方案的视觉环境，以便进行更有效的验证和沟通。如果设计人员已经使用了 BIM 解决方案来设计建筑，那么最有效的可视化工作流就是重复利用这些数据，省去在可视化应用中重新创建模型的时间和成本。此外，同时保留冗余模型（建筑设计模型和可视化模型）也浪费时间和成本，增加出错的概率。

建筑信息模型的可视化 BIM 生成的建筑模型在精确度和详细程度上令人惊叹。因此，人们自然而然地会期望将这些模型用于高级的可视化，如耸立在现有建筑群中的城市建筑项目的渲染图，精确显示新灯架设计在全天及四季对室内光线影响的光照分析等。Revit 平台包含一个内部渲染器，可用于快速实现可视化。

要制作更高质量的图片，Revit 平台用户可以先将建筑信息模型导入三维 DWG 格式文件中，然后传输到 3ds Max，由于无须再制作建筑模型，用户可以抽出更多时间来提高效果图的真实感。比如，用户可以仔细调整材质、纹理、灯光，添加家具和配件、周围的建筑和景观，甚至可以添加栩栩如生的三维人物和车辆。

1. 3ds Max

3ds Max 是 Autodesk 公司开发的基于专业建模、动画和图像制作的软件，它提供了强大的基于 Windows 平台的实时三维建模、渲染和动画设计等功能，被广泛应用于建筑设计、广告、影视、动画、工业设计、游戏设计、多媒体制作、辅助教学及工程可视化等领域。在建筑表现和游戏模型制作方面，3ds Max 更是占有绝对优势，目前大部分的建筑效果图、建筑动画及游戏场景都是由 3ds Max 这一功能强大的软件完成的。

3ds Max 从最初的 1.0 版本开始发展到今天，经过了多次的改进，目前在诸多领域得到了广泛应用，深受用户的喜爱。它开创了基于 Windows 操作系统的面向对象操作技术，具有直观、友好、方便的交互式界面，而且能够自由灵活地操作对象，成为 3D 图形制作领域的首选软件。

3ds Max 的操作界面与 Windows 的界面风格一样，可使广大用户快速熟悉和掌握软件功能的操作。在实际操作中，用户还可以根据自己的习惯设计个人喜欢的用户界面，以方便工作需要。

无论是建筑设计中的高楼大厦还是科幻电影中的人物角色设计，都是通过三维制作软件 3ds Max 完成的；从简单的棱柱形几何体到最复杂的形状，3ds Max 通过复制、镜像和阵列等操作，可以加快设计速度，由单个模型生成无数个设计变化模型。

灯光在创建三维场景中是非常重要的，主要用来模拟太阳、照明灯和环境等光源，从而营造出环境氛围。3ds Max 提供两种类型的灯光系统：标准灯光和光学度灯光。当场景中没有灯光时，使用的是系统默认的照明着色或渲染场景，用户可以添加灯光使场景更加逼真，照明增强了场景的清晰度和三维效果。

2. Lightscape

Lightscape 是一种先进的光照模拟和可视化设计系统，用于对三维模型进行精确的光照模拟和灵活方便的可视化设计。Lightscape 是世界上唯一同时拥有光影跟踪技术、光能传递技术和全息技术的渲染软件，它能精确模拟漫反射光线在环境中的传递，获得直接和间接的漫反射光线，使用者不需要积累丰富的实际经验就能得到真实自然的设计效果。Lightscape 可轻松使用一系列交互工具进行光能传递处理、光影跟踪和结果处理。Lightscape 3.2 是 Lightscape 公司被 Autodesk 公司收购之后推出的第一个更新版本。

3. Artlantis

Artlantis 是法国 Abvent 公司的重量级渲染引擎，也是 SketchUp 的一个天然渲染伴侣，它是用于建筑室内和室外场景的专业渲染软件，其超凡的渲染速度与质量、无比友好和简洁的用户界面令人耳目一新，被誉为建筑绘图场景、建筑效果图画和多媒体制作领域的一场革命，其渲染速度极快，Artlantis 与 SketchUp、3ds Max、ArchiCAD 等建筑建模软件可以无缝链接，渲染后所有的绘图与动画影像呈现让人印象深刻。

Artlantis 中许多高级的专有功能为任意的三维空间工程提供真实的硬件和灯光现实仿真技术。对于许多主流的建筑 CAD 软件，如 ArchiCAD、Vectorworks、SketchUp、AutoCAD、Arc+ 等，Artlantis 可以很好地支持输入通用的 CAD 文件格式，如 dxf、dwg、3ds 等。

Artlantis 家族共包括两个版本。Arlantis R，非常独特、完美地用计算渲染的方法表现现实的场景。另一个新的特性就是使用简单的拖曳就能把 3D 对象和植被直接放在预演窗口中，来快速地模拟真实的环境。Artlantis Studio（高级版），具备完美、专业的图像、动画、QuickTime VR 虚拟物体等功能，并采用了全新的 FastRadiosity（快速辐射）引擎，企业版提供了场景动画、对象动画，以及许多使相机平移、视点、目标点的操作更简单、更直觉的新功能。

三维空间理念的诞生造就了 Artlantis 渲染软件的成功，拥有 80 多个国家超过 65000 名用户群。虽然在国内还没有更多的人接触它、使用它，但是其操作理念、超凡的速度及相当好的质量证明它是一个难得的渲染软件，其优点包括以下几点。

（1）只需点击

Artlantis 综合了先进和有效的功能来模拟真实的灯光，并且可以直接与其他的 CAD 类软件互相导入导出（例如 ArchiCAD、Vectorworks、SketchUp、AutoCAD、Arct++ 等），支持的导入格式包括 dxf、dwg、3ds 等。

Artlantis 渲染器的成功源于 Artlantis 友好简洁的界面和工作流程，还有高质量的渲染效果和难以置信的计算速度。可以直接通过目录拖放，为任何物体、表面和 3D 场景的任何细节指定材质。Artlants 的另一个特点就是自带大量的附加材质库，并可以随时扩展。

Artlantis 自带的功能，可以虚拟现实中的灯光。Artlantis 能够表现所有光线类型的光源（点光源、灯泡、阳光等）和空气的光效果（大气散射、光线追踪、扰动、散射、光斑等）。

（2）物件

Artlantis 的物件管理器极为优秀，使用者可以轻松地控制整个场景。无论是植被、人物、家具，还是一些小装饰物，都可以在 2D 或 3D 视图中清楚地被识别，从而方便地进行操作。使用者甚至可以将物件与场景中的参数联系起来，例如树木的枝叶可以随场景的时间调节而变化，更加生动、方便地表现渲染场景。

（3）透视图和投影图

每个投影图和 3D 视图都可以被独立存储于用户自定义的列表中，当需要时可以从列表中再次打开其中保存的参数（例如物体位置、相机位置、光源、日期与时间、前景背景等），Artlantis 的批处理渲染功能，只需要点击一次鼠标，就可以同时计算所有视图。

Artlantis 的本质就是创造性和效率，因而其显示速度、空间布置和先进的计算性都异常优秀。Artlantis 可以用难以置信的方式快速管理数据量巨大的场景，交互式的投影图功能使得 Artlants 的使用者可以轻松地控制物件在 3D 空间中的位置。

（4）技术

通过对先进技术的大量运用（例如多处理器管理、OpenGL 导航等），Artlantis 带来了图像渲染领域革命性的概念与应用。一直以界面友好著称的 Artlantis 渲染器，在之前成功版本的基础上，通过整合创新的科技发明，必会成为图形图像设计师的最佳伙伴。

（三）BIM 分析类软件

1. BIM 可持续（绿色）分析软件

可持续或者绿色分析软件可以使用 BIM 模型的信息对项目进行日照、风环境、热工、景观可视度、噪声等方面的分析，主要软件有国外的 Ecotect、IES、Green Building Studio，以及国内的 PKPM 等。

PKPM 是中国建筑科学研究院建筑工程软件研究所研发的工程管理软件。中国建筑科学研究院建筑工程软件研究所是我国建筑行业计算机技术开发应用最早的单位之一。它以国家级行业研发中心、规范主编单位、工程质检中心为依托，技术力量雄厚。软件所的主要研发领域集中在建筑设计 CAD 软件、绿色建筑和节能设计软件、工程造价分析软件、施工技术和施工项目管理系统、图形支撑平台、企业和项目信息化管理系统等方面，创造了 PKPM、

ABD等全国知名的软件品牌。

PKPM没有明确的中文名称，一般就直接读PKPM的英文字母。最早这个软件只有两个模块——PK（排架框架设计）、PMCAD（平面补助设计），因此合称PKPM，现在这两个模块依然还在，功能大大加强，更加入了大量功能更强大的模块。

PKPM是一个系列，除了集建筑、结构、设备（给排水、采暖、通风空调、电气）设计于一体的集成化CAD系统以外，目前PKPM还有建筑概预算系列软件（钢筋计算、工程量计算、工程计价）、施工系列软件（投标系列、安全计算系列、施工技术系列）、施工企业信息化软件（目前全国很多特级资质的企业都在用PKPM的信息化系统）。

PKPM在国内设计行业占有绝对优势，拥有上万家用户，市场占有率达90%以上，现已成为国内应用最为普遍的CAD系统。它紧跟行业需求和规范更新，不断推陈出新，开发出对行业产生巨大影响的软件产品，使国产自主知识产权的软件十几年来一直占据我国结构设计行业应用和技术的主导地位。它及时满足了我国建筑行业快速发展的需要，显著提高了设计效率和质量，为实现住建部提出的"甩图板"目标做出了重要贡献。

PKPM系统在提供专业软件的同时，还能提供二维、三维图形平台的支持，从而使全部软件具有自主知识版权，为用户节省购买国外图形平台的巨大开销。跟踪AutoCAD等国外图形软件先进技术，并利用PKPM广泛的用户群实际应用，在专业软件发展的同时，带动了图形平台的发展，成为国内为数不多的成熟图形平台之一。

软件所在立足国内市场的同时，积极开拓海外市场。目前已开发出符合英国规范、美国规范的版本，并进入了新加坡、马来西亚、韩国、越南等国家和中国的香港、台湾地区市场，使PKPM软件成为国际化产品，提高了国产软件在国际竞争中的地位和竞争力。

现在，PKPM已经成为面向建筑工程全生命周期的集建筑、结构、设备、节能、概预算、施工技术、施工管理、企业信息化于一体的大型建筑工程软件系统，以其在技术领域的全方位发展确立了在业界独一无二的领先地位。

2. BIM机电分析软件

水暖电等设备和电气分析软件的国内产品有鸿业、博超等，国外产品有Design Master，IES Virtual Environment，Trane Trace等。

我们以博超为例，对其下属的大型电力电气工程设计软件EAP进行简单介绍。

（1）统一配置

采用网络数据库后，配置信息不再独立于每台计算机。所有用户在设计过程中都使用网络服务器上的配置，保证了全院标准的统一。配置有专门权限的人员进行维护，保证了配置的唯一性、规范性，同时实现了一人扩充、全院共享。

（2）主接线设计

软件提供了丰富的主接线典型设计库，可以直接检索、预览、调用通用主接线方案，并且提供了开放的图库扩充接口，用户可按照电气接线方案、回路、元件混合编辑，完全模糊操作，无须精确定位，插入、删除、替换回路完全自动处理，自动进行设备标注，自动生成设备表。

（3）中低压供配电系统设计

典型方案调用将常用系统方案及个人积累的典型设计管理起来，随手可查，动态预览，直接调用。可提供上千种定型配电柜方案，系统图表达方式灵活多样，可适应不同单位的个性化需求。自由定义功能以模型化方式自动生成任意配电系统，彻底解决了绘制非标准配电系统的难题。能够识别用户以前绘制的老图，无论是用 CAD 绘制的还是其他软件绘制的，都可用博超软件方便的编辑功能进行修改。对已绘制的图纸可以直接进行柜子和回路间的插入、替换、删除操作，可以套用不同的表格样式，原有的表格内容可以自动填写在新表格中，低压配电设计系统根据回路负荷自动整定配电元件及线路、保护管规格，并进行短路、压降及电机启动校验。设计结果不但满足系统正常运行，而且满足上下级保护元件配合，保证最大短路可靠分断、最小短路分断灵敏度，保证电机启动母线电压水平和电机端电压和启动能力，并自动填写设计结果。

（4）成组电机启动压降计算

用户可自由设定系统接线形式，包括系统容量、变压器型号和容量、线路规格等，可以灵活设定电动机的台数及每台电动机的型号参数，包括电动机回路的线路长度及电抗器等，软件自动按照阻抗导纳法计算每台电动机的端电压压降及母线的压降。

（5）高中压短路电流计算

软件可以模拟实际系统合跳闸及电源设备状态，计算单台至多台变压器独立或并联运行等各种运行方式下的短路电流，自动生成详细的计算书和阻抗图。可以采用自由组合的方式绘制系统接线图，任意设定各项设备参数，软件根据用户自由绘制的系统进行计算，自动计算任意短路点的三相短路、单相短路、两相短路及两相对地等短路电流，自动计算水轮、汽轮及柴油发电机、同步电动机、异步电动机的反馈电流，可以任意设定短路时间，自动生成正序、负序、零序阻抗图及短路电流计算结果表。

（6）高压短路电流计算及设备选型校验

根据短路计算结果进行高压设备选型校验，可完成各类高压设备的自动选型，并对选型结果进行分断能力、动热稳定等校验。选型结果可生成计算书及 CAD 格式的选型结果表。

（7）导线张力弧垂计算

可以从图面上框选导线，自动提取计算条件进行计算，也可以根据设定的导线和现场参数进行拉力计算。可以进行带跳线、带多根引下线、组合或分裂导线在各种工况下的导线力学计算。计算结果能够以安装曲线图、安装曲线表和 Word 格式计算书三种形式输出。

（8）配电室、控制室设计

由系统自动生成配电室开关柜布置图，根据开关柜类型自动确定柜体及埋件形式，可以灵活设定开关柜的编号及布置形式，包括单、双列布置及柜间通道设置，同步绘制柜下沟、柜后沟及沟间开洞和尺寸标注。由变压器规格自动确定变压器尺寸及外形，可生成变压器平面、立面、侧面图。参数化绘制电缆沟、桥架平面布置及断面布置，可以自动处理接头、拐角、三通、四通。平面自动生成断面，直接查看三维效果，并且可以直接在三维模式下任意编辑。

（9）全套弱电及综合布线系统设计

能够进行综合布线、火灾自动报警及消防联动系统、通信及信息网络系统、建筑设备监控系统、安全防范系统、住宅小区智能化等所有弱电系统的设计。

（10）二次设计

自动化绘制电气控制原理图并标注设备代号和端子号，自动分配和标注节点编号。由原理图自动生成端子排接线、材料表和控制电缆清册。可手动设定、生成端子排，也可以识别任意厂家绘制的端子排或旧图中已有的端子排，并且能够使用软件的编辑功能自由编辑。能够对端子排进行正确性校验，包括电缆的进出线位置、编号、芯数规格及来去向等，对于出现的错误，除列表显示详细错误原因外，还可以自动定位并高亮显示，方便查找修改。绘制盘面、盘内布置图，绘制标字框、光字牌及代号说明，参数化绘制转换开关闭合表，自动绘制 KKS 编号对照表。提供电压控制法与阶梯法蓄电池容量计算。可以完成 6~10kV 及 35kV 以上维电保护计算，还可以自由编辑计算公式，还可以满足任意厂家继电设备的整定计算。

（11）照度计算

提供利用系数法和逐点法两种算法。利用系数法可自动按照屋顶和墙面的材质确定反射率，自动按照照度标准确定灯具数量。逐点法可计算任意位置的照度值，可以计算水平面和任意垂直面的照度、功率密度与工作区均匀度，并且可以按照计算结果准确模拟房间的明暗效果。

软件包含了最新规范要求，可以在线查询最新规范内容，并且能够自动计算并校验功率密度、工作区均匀度和眩光，包括混光灯在内的各种灯具的照度计算。软件内置了照明设计手册中所有的灯具参数，并且提供了雷士、飞利浦等常用厂家灯具参数库。灯具库完全开放，可以根据厂家样本直接扩充灯具参数。

（12）平面设计

智能化平面专家设计体系用于动力、照明、弱电平面的设计，具有自由、靠墙、动态、矩阵、穿墙、弧形、环形、沿线、房间复制等多种设备放置方式。动态可视化设备布置功能使用户在设计时同步看到灯具的布置过程和效果。对已绘制的设备可以直接进行替换、移动、镜像以及设备上的导线联动修改。设备布置时可记忆默认参数，布置完成后可直接统计，无须另外赋值。提供全套新国标图库及新国标符号解决方案，完全符合新国标要求。自动及模糊接线使线路布置变得极为简单，并可直接绘制各种专业线型。提供开关和灯具自动接线工具，绘制中交叉导线可自动打断，打断的导线可以还原。据设计经验和本人习惯自动完成设备及线路选型，并进行相应标注，可以自由设定各种标注样式。提供详细的初始设定工具，所有细节均可自由设定。自动生成单张或多张图纸的材料表。按设计者意图和习惯分配照明箱和照明回路，自动进行照明系统负荷计算，并生成照明系统图。系统图的形式可任意设定。按照规范检验回路设备数量、检验相序分配和负荷平衡，以闪烁方式验证调整照明箱、线路及设备连接状态，保证照明系统的合理性。平面与系统互动调整，构成完善的智能化平面设计体系。

（四）BIM 结构分析软件

结构分析软件是目前和 BIM 核心建模软件集成度比较高的产品，基本上两者之间可以实现双向信息交换，即结构分析软件可以使用 BIM 核心建模软件的信息进行结构分析，分析结果对结构的调整又可以反馈到 BIM 核心建模软件中，自动更新 BIM 模型，ETABS、STAAD Pro、Robot 等国外软件以及PKPM 等国内软件都可以与 BIM 核心建模软件配合使用。

1. ETABS

ETABS 是由美国 CSI 公司开发研制的房屋建筑结构分析与设计软件，ETABS 涵盖美国、中国、英国、加拿大、新西兰及其他国家和地区的最新结构规范，可以完成绝大部分国家和地区的结构工程设计工作。ETABS 在全世界 100 多个国家和地区销售，超过 10 万名工程师在用它来进行结构分析和设计工作。中国建筑标准设计研究所同美国 CSI 公司展开全面合作，已将中国设计规范全面贯入 ETABS 中，现已推出完全符合中国规范的 ETABS 中文版软件。除了 ETABS，他们还正在共同开发和推广 SAP 2000（通用有限元分析软件）、SAFE（基础和楼板设计软件）等业界公认的技术领先软件的中英文版本，并进行相应的规范贯入工作。此举将为中国的工程设计人员提供优质服务，提高我国的工程设计整体水平，同时也引入国外的设计规范供我国的设计和科研人员使用和参考研究，在工程设计领域逐步与发达国家接轨，具有战略性的意义。

目前，ETABS 已经发展成为一个完善且易于使用的面向对象的分析、设计、优化、制图和加工数字环境、建筑结构分析与设计的集成化环境；具有直观、强大的图形界面功能，以及一流的建模、分析和设计功能。

ETABS 采用独特的图形操作界面系统（GUI），利用面向对象的操作方法来建模，编辑方式与 AutoCAD 类似，可以方便地建立各种复杂的结构模型，同时辅以大量的工程模板，大大提高了用户建模的效率，并且可以导入导出包括 AutoCAD 在内的常用格式的数据文件，极大地方便了用户的使用。当更新模型时，结构的一部分变化对另一部分的影响都是同时和自动产生的。在 ETABS 集成环境中，所有的工作都源自一个集成数据库。

基本的概念是用户只需创建一个包括垂直及水平的结构系统，就可以分析和设计整个建筑物。通过先进的有限元模型和自定义标准规范接口技术来进行结构分析与设计，实现了精确的计算分析过程和用户可自定义的（选择不同国家和地区）设计规范来进行结构设计工作。除了能够快速而方便地应付简单结构，ETABS 也能很好地处理包括各种非线性行为特性的巨大且极其复杂的建筑结构模型，因此成为建筑行业里结构工程师的首选工具。ETABS 允许基于对象模型的钢结构和混凝土结构系统建模和设计，复杂楼板和墙的自动有限单元网格划分，在墙和楼板之间节点不匹配的网格进行自动位移插值，外加 Ritz 法进行动力分析，包含膜的弹性效应在分析中很有效。

ETABS 集荷载计算、静动力分析、线性和非线性计算等所有计算分析于一体，容纳了最新的静力、动力、线性和非线性分析技术，计算快捷，分析结果合理可靠，其权威性和可靠性得到了业界的一致肯定。ETABS 除一般高层结构计算功能外，还可计算钢结构、钩、顶、弹簧、结构阻尼运动、斜板、变截面梁或腋梁等特殊构件和结构非线性计算（Pushover、Buckling、施工顺序加载等），甚至可以计算结构基础隔震问题，功能非常强大。

（1）ETABS 的分析功能

ETABS 的分析计算功能十分强大，这是国际上业界的公认事实，可以这样讲，ETABS 是高层建筑分析计算的标尺性程序。它囊括了几乎所有结构工程领域的最新结构分析功能，二十多年的发展，使得 ETABS 积累了丰富的结构计算分析经验，从静力、动力计算，到线性、非线性分析，从 P-Delta 效应到施工顺序加载，从结构阻尼器到基础隔震，都能运用自如，为工程师提供经过大量的结构工程检验的最可靠的分析计算结果。

ETABS 既能满足结构弹性分析的需求，又能满足塑性分析的需求，如材料非线性、大变形、FNA（Fast Nonlinear Analysis）方法等选项。在 Pushover 分析中包含 FEMA273，ATC-40 规范、塑性单元进行非线性分析。更高级的计算方法包括非线性阻尼、推倒分析、基础隔震、施工分阶段加载、结构撞击和抬举、侧向位移和垂直动力的能量算法、容许垂直楼板震动问题等。

（2）ETABS 的设计功能

ETABS 采用完全交互式图形方式进行结构设计，可以同时设计钢筋混凝土结构、钢结构和混合结构，运用多种国际结构设计规范，使得 ETABS 的结构设计功能更加强大和有效，同时可以进行多个国家和地区的设计规范设计结果的对比。

针对结构设计中烦琐的反复修改截面、计算、验算过程，ETABS 采用结构优化设计理论可以对结构进行优化设计，针对实际结构只需确定预选截面组和迭代规则，就可以进行自动计算选择截面、校核、修改的优化设计。同时，ETABS 内置了 Section Designer 截面设计工具，可以对任意截面确定截面特性，ETABS 适用于任何结构工程任务的一站式解决方案。

2. STAAD Pro

STAAD Pro 是结构工程专业人员的最佳选择，可通过其灵活的建模环境、高级的功能和流畅的数据协同进行涵洞、石化工厂、隧道、桥梁、桥墩等几乎任何设施的钢结构、混凝土结构、木结构、铝结构和冷弯型钢结构设计。

STAAD Pro 助力结构工程师可通过其灵活的建模环境、高级的功能及流畅的数据协同分析设计几乎所有类型的结构。灵活的建模通过一流的图形环境来实现，并支持 7 种语言及 70 多种国际设计规范和 20 多种美国设计规范。包括一系列先进的结构分析和设计功能，如符合 10CFR Part 50、10CFR21、

ASME NQA-1-2000 标准的核工业认证、时间历史推覆分析和电缆（线性和非线性）分析。通过流畅的数据协同来维护和简化目前的工作流程，从而实现效率提升。

使用 STAAD Pro 为大量结构设计项目和全球市场提供服务，可扩大客户群，从而实现业务增长。

STAAD/CHINA 主要具有以下功能。

①强大的三维图形建模与可视化前后处理功能。STAAD Pro 本身具有强大的三维建模系统及丰富的结构模板，用户可方便快捷地直接建立各种复杂三维模型。用户也可通过导入其他软件（例如 AutoCAD）生成的标准 DXF 文件在 STAAD 中生成模型。对各种异形空间曲线、二次曲面，用户可借助 Excel 电子表格生成模型数据后直接导入 STAAD 中建模。最新版本 STAAD 允许用户通过 STAAD 的数据接口运行用户自编宏建模。用户可用各种方式编辑 STAAD 的核心的 STD 文件（纯文本文件）建模。用户可在设计的任何阶段对模型的部分或整体进行任意的移动、旋转、复制、镜像、阵列等操作。

②超强的有限元分析能力，可对钢、木、铝、混凝土等各种材料构成的框架、塔架、桁架、网架（壳）、悬索等各类结构进行线性、非线性静力、反应谱及时程反应分析。

③国际化的通用结构设计软件，程序中内置了世界 20 多个国家的标准型钢库，供用户直接选用，也可由用户自定义截面库，并可按照美国、日本、欧洲各国等国家和地区的结构设计规范进行设计。

④可按中国现行的结构设计规范，如《建筑抗震设计规范》（GB 50011—2001）、《建筑结构荷载规范》（GB 50009—2001）、《钢结构设计规范》（GB 50017—2003）、《门式刚架轻型房屋钢结构技术规程》（CECS 102：2002）等进行设计。

⑤普通钢结构连接节点的设计与优化。

⑥完善的工程文档管理系统。

⑦结构荷载向导自动生成风荷载、地震作用和吊车荷载。

⑧方便灵活的自动荷载组合功能。

⑨增强的普通钢结构构件设计优化。

⑩组合梁设计模块。

⑪带夹层与吊车的门式刚架建模、设计与绘图。

⑫与 Xsteel 和 StruCAD 等国际通用的详图绘制软件有数据接口，与 CIS/2、Intergraph PDS 等三维工厂设计软件有接口。

二、BIM 软件应用背景

欧美建筑业已经普遍使用 Autodesk Revit 系列、Benetly Building 系列，以及 Graphsoft 的 ArchiCAD 等，而我国对基于 BIM 技术本土软件的开发尚处于初级阶段，主要有天正、鸿业、博超等开发的 BIM 核心建模软件，中国建筑科学研究院的 PKPM，上海和北京广联达等开发的造价管理软件等，而对于除此之外的其他 BIM 技术相关软件如 BIM 方案设计软件、与 BIM 接口的几何造型软件、可视化软件、模型检查软件及运营管理软件等的开发基本处于空白。国内一些研究机构和学者对 BIM 软件的研究和开发在一定程度上推动了我国自主知识产权 BIM 软件的发展，但还没有从根本上解决此问题。因此，在国家"十一五"科技支撑计划中便开展了对 BIM 技术的进一步研究，清华大学、中国建筑科学研究院、北京航空航天大学共同承接的"基于 BIM 技术的下一代建筑工程应用软件研究"项目目标是将 BIM 技术和 IFC 标准应用于建筑设计、成本预测、建筑节能、施工优化、安全分析、耐久性评估和信息资源利用七个方面。

针对主流 BIM 软件的开发点主要集中在以下几个方面：BIM 对象的编码规则（WBS/EBS 考虑不同项目和企业的个性化需求以及与其他工程成果编码规则的协调）；BIM 对象报表与可视化的对应；变更管理的可追溯与记录；不同版本模型的比较和变化检测；各类信息的快速分组统计（如不再基于对象、基于工作包进行分组，以便于安排库存）；不同信息的模型追踪定位；数据和信息分享；使用非几何信息修改模型。国内一些软件开发商如天正、广联达、理正、鸿业、博超等也都参与了 BIM 软件的研究，并对 BIM 技术在我国的推广与应用做出了极大的贡献。

BIM 软件在我国本土的研发和应用也已初见成效，在建筑设计、三维可视化、成本预测、节能设计、施工管理及优化、性能测试与评估、信息资源利用等方面都取得了一定的成果。但是，正如美国 Building SMART 联盟主席 Dana K.Smith 先生所说"依靠一个软件解决所有问题的时代已经一去不复返了"，BIM 是一种成套的技术体系，BIM 相关软件也要集成建设项目的所有信息，对建设项目各个阶段的实施进行建模、分析、预测及指导，从而使应用 BIM 技术的效益实现最大化。

三、部分软件简介

（一）DP（Digital Project）

DP 是盖里科技公司（Gehry Technologies）基于 CATIA 开发的一款针对

建筑设计的 BIM 软件，目前已被世界上很多顶级的建筑师和工程师采用，进行一些最复杂、最有创造性的设计。其优点就是十分精确，功能十分强大（抑或是当前最强大的建筑设计建模软件），缺点是操作起来比较困难。

（二）Revit

Autodesk 公司开发的 BIM 软件，针对特定专业的建筑设计和文档系统，支持所有阶段的设计和施工图纸，从概念性研究到最详细的施工图纸和明细表。Revit 平台的核心是 Revit 参数化更改引擎，它可以自动协调在任何位置（例如在模型视图或图纸、明细表、剖面、平面图中）所做的更改。这也是在我国普及最广的 BIM 软件，实践证明，它能够明显提高设计效率。其优点是普及性强，操作相对简单。

（三）Grasshopper

基于 Rhion 平台的可视化参数设计软件，适合毫无编程基础的设计师，它将常用的运脚本打包成 300 多个运算器，通过运算器之间的逻辑关联进行逻辑运算，并且在 Rhino 的平台中即时可见，有利于设计中的调整。

其优点是方便上手，可视操作，缺点是运算器有限，会有一定限制（对于大多数的设计来说是足够的）。

（四）Rhino Script

Rhino Script 是架构在 VB（Visual Basic）语言之上的 Rhino 专属程序语言，大致上又可分为 Marco 与 Script 两大部分，Rhino Script 所使用的 VB 语言的语法基本上算是简单的，已经非常接近日常的口语。其优点是灵活，无限制，缺点是相对复杂，要有编程基础和计算机语言思维方式。

（五）Processing

Processing 也是代码编程设计，与 Rhino Script 不同的是，Processing 是一种具有革命前瞻性的新兴计算机语言，它的概念是在电子艺术的环境下介绍程序语言，并将电子艺术的概念介绍给程序设计师。它是 Java 语言的延伸，并支持许多现有的 Java 语言架构，不过在语法（syntax）上简易许多，并具有许多贴心及人性化的设计。Processing 可以在 Windows、MAC OSX、MAC OS9、Linux 等操作系统上使用。

（六）Navisworks

Navisworks 软件提供了用于分析、仿真和项目信息交流的先进工具。完备的四维仿真、动画和照片级效果图功能使用户能够展示设计意图并仿真施工流程，从而加深设计理解并提高可预测性。实时漫游功能和审阅工具集能够提高项目团队之间的协作效率。Autodesk Navisworks 是 Autodesk 出品的一个建筑工程管理软件套装，使用 Navisworks 能够帮助建筑、工程设计和施工团队加强对项目成果的控制。Navisworks 解决方案使所有项目相关方都能够整合和审阅详细设计模型，帮助用户获得建筑信息模型工作流带来的竞争优势。

（七）iTWO

RIB iTWO 贯穿建筑项目的生命周期，可以说是全球第一个数字与建筑模型系统整合的建筑管理软件，它的软件构架别具一格，在软件中集成了算量模块、进度管理模块、造价管理模块等，这就是传说中的"超级软件"，与传统的建筑造价软件有质的区别，与我国的 BIM 理论体系比较吻合。

（八）广联达 BIM5D

广联达 BIM5D 以建筑 3D 信息模型为基础，把进度信息和造价信息纳入模型中，形成 5D 信息模型。该 5D 信息模型集成了进度、预算、资源施工组织等关键信息，对施工过程进行模拟，及时为施工过程中的技术、生产、商务等环节提供准确的形象进度、物资消耗、过程计量、成本核算等核心数据，提升沟通和决策效率，帮助客户对施工过程进行数字化管理，从而达到节约时间和成本、提升项目管理效率的目的。

（九）Project Wise

Project Wise Work Group 可同时管理企业中同时进行的多个工程项目，项目参与者只要在相应的工程项目上，具备有效的用户名和口令，便可登录该工程项目并根据预先定义的权限访问项目文档。Project Wise 可实现以下功能：将点对点的工作方式转换为"火锅式"的协同工作方式；实现基础设施的共享、审查和发布；针对企业对不同地区项目的管理提供分布式储存的功能；增量传输；提供树状的项目目录结构；文档的版本控制及编码和命名的规范；针对同一名称不同时间保存的图纸提供差异比较；工程数据信息查询；工程数据依附关系管理；解决项目数据变更管理的问题；红线批注；图纸审查；Project 附件——魔术笔的应用；提供 Web 方式的图纸浏览；通过移动设备进行校核；批量生成 PDF 文件并交付业主。

（十）IES 分析软件

IES 是总部在英国的 Integrated Environmental Solutions 公司的缩写，IES<Virtual Environment>（简称 IES<VE>）是旗下建筑性能模拟和分析的

软件。IES<VE> 用来在建筑前期对建筑的光照、太阳能及温度效应进行模拟。其功能类似 Ecotect，可以与 Radiance 兼容对室内的照明效果进行可视化的模拟。其缺点是，软件由英国公司开发，整合了很多英国规范，与中国规范不符。

（十一）Ecotect Analysis

Ecotect 提供自己的建模工具，分析结果可以根据几何形体得到即时反馈。这样，建筑师可以从非常简单的几何形体开始进行迭代性分析，随着设计的深入，分析也逐渐越来越精确。Ecotect 和 Radiance，POV，Ray，VRML，EnergyPlus，HTB2 热分析软件均有导入导出接口。Ecotect 以其整体的易用性、适应不同设计深度的灵活性以及出色的可视化效果，已在中国的建筑设计领域得到了更广泛的应用。

（十二）Green Building Studio

Green Building Studio（GBS）是 Autodesk 公司的一款基于 Web 的建筑整体能耗、水资源和碳排放的分析工具。在登录其网站并创建基本项目信息后，用户可以用插件将 Revit 等 BIM 软件中的模型导出 gbXML 并上传到 GBS 的服务器上，计算结果将即时显示并可以进行导出和比较，在能耗模拟方，GBS 使用的是 DOE-2 计算引擎。由于采用了目前流行的云计算技术，GBS 具有强大的数据处理能力和效率。另外，其基于 Web 的特点也使信息共享和多方协作成为其先天优势。同时，其强大的文件格式转换器可以成为 BIM 模型与专业的能量模拟软件之间的无障碍桥梁。

（十三）Energy Plus

Energy Plus 模拟建筑的供暖供冷、采光、通风以及能耗和水资源状况。它基于 BLAST 和 DOE-2 提供了一些最常用的分析计算功能，同时，也包括很多独创模拟能力，例如模拟时间步长低于 1h，模组系统，多区域气流，热舒适度，水资源使用，自然通风以及光伏系统等。需要强调的是，Energy Plus 是一个没有图形界面的独立的模拟程序，所有的输入和输出都以文本文件的形式完成。

（十四）DeST

DeST 是 Designer's Simulation Toolkit 的缩写，意为设计师的模拟工具箱。DeST 是建筑环境及 HVAC 系统模拟的软件平台，该平台以清华大学建筑技术科学系环境与设备研究所十余年的科研成果为理论基础，将现代模拟技术和独特的模拟思想运用到建筑环境的模拟和 HVAC 系统的模拟中，为建筑环境的相关研究和建筑环境的模拟预测、性能评估提供了方便、实用、可靠的软件工具，为建筑设计及 HVAC 系统的相关研究和系统的模拟预测、性能优化提供了一流的软件工具。目前 DeST 有 2 个版本，应用于住宅建筑的住宅版本（DeST-h）及应用于商业建筑的商建版本（DeST-c）。

（十五）鲁班

鲁班软件是国内领先的 BIM 软件厂商和解决方案供应商，从个人岗位级应用到项目级应用及企业级应用，形成了一套完整的基于 BIM 技术的软件系统和解决方案，并且实现了与上下游的开放共享。

鲁班 BIM 解决方案，首先通过鲁班 BIM 建模软件高效、准确地创建 7D 结构化 BIM 模型，即 3D 实体、1D 时间、1D-BBS（投标工序）、1D-EDS（企业定额工序）、1D-WBS（进度工序）。创建完成的各专业 BIM 模型，进入基于互联网的鲁班 BIM 管理协同系统，形成 BIM 数据库。经过授权，可通过鲁班 BIM 各应用客户端实现模型、数据的按需共享，提高协同效率，轻松实现 BIM 从岗位级到项目级及企业级的应用。

鲁班 BIM 技术的特点和优势是可以更快捷、更方便地帮助项目参与方进行协调管理，应用 BIM 技术的项目将收获巨大价值。具体实现可以分为创建、管理和应用协同共享三个阶段。

（十六）探索者

探索者有很多不同功能的软件，如结构工程 CAD 软件 TSSD，结构后处理软件 TSPT 以及探索者水工结构设计软件等，下面我们就结构工程 CAD 软件 TSSD 进行一个简单的介绍。

TSSD 的功能共分为四列菜单：平面、构件、计算、工具。

1. 平面

平面的主要功能是画结构平面布置图，其中有梁、柱、墙、基础的平面布置，大型集成类工具板设计，与其他结构类软件图形的接口。平面布置图不但可以绘制，更可以方便地编辑修改。每种构件均配有复制、移动、修改、删除的功能。这些功能不是简单的 CAD 功能，而是再深入开发的专项功能。与其他结构类软件图形的接口主要有天正建筑（天正 7 以下的所有版本）、PKPM 系列施工图、广厦 CAD，转化完成的图形可以使用 TSSD 的所有工具再编辑。

2. 构件

构件的主要功能是结构中常用构件的详图绘制，有梁、柱、墙、楼梯、雨篷阳台、承台、基础。只要输入几个参数，就可以轻松地完成各详图节点的绘制。

3. 计算

计算的主要功能是结构中常用构件的边算边画，既可以对整个工程系统进行计算，也可以分别计算。可以计算的构件主要有板、梁、柱、基础、承台、楼梯等，这些计算均可以实现透明计算过程，生成 Word 计算书。

4. 工具

工具主要是指结构绘图中常用的图面标注编辑工具，包括尺寸、文字、钢筋、表格、符号、比例变换、参照助手、图形比对等共 200 多个工具，囊括了所有在图中可能遇到的问题解决方案，可以大幅提高工程师的绘图速度。

第三节 BIM 技术体系与评价体系

一、BIM 技术体系

对建筑业的绝大部分同行来说，BIM 是一种比较新的技术和方法，在 BIM 产生和普及应用之前及其过程中，建筑行业已经使用了不同种类的数字化及相关技术和方法，包括 CAD、可视化、参数化、CAE、协同、BLM、IPD、VDC、精益建造、流程、互联网、移动通信、RFID 等，下面对 BIM 技术体系进行简要介绍。

（一）BIM 和 CAD

BIM 和 CAD 是两个天天要碰到的概念，因为目前工程建设行业的现状就是人人都在用着 CAD，人人都知道还有一个新东西叫作 BIM，听到碰到的频率越来越高，而且用 BIM 的项目和人在慢慢增多，这方面的资料也在慢慢增多。

（二）BIM 和可视化

可视化是创造图像、图表或动画来进行信息沟通的各种技巧，自从人类产生以来，无论是沟通抽象的还是具体的想法，利用图画的可视化方法都已经成为一种有效的手段。

从这个意义上来说，实物的建筑模型、手绘效果图、照片、电脑效果图、电脑动画都属于可视化的范畴，符合"用图画沟通思想"的定义，但是二维施工图不是可视化，因为施工图本身只是一系列抽象符号的集合，是一种建筑业专业人士的"专业语言",而不是一种"图画",因此施工图属于"表达"范畴,也就是把一件事情的内容讲清楚,但不包括把一件事情讲得容易沟通。

当然,我们这里说的可视化是指电脑可视化,包括电脑动画和效果图等。有趣的是,大家约定成俗地对电脑可视化的定义与维基百科的定义完全一致,也和建筑业本身有史以来的定义不谋而合。

如果我们把 BIM 定义为建设项目所有几何、物理、功能信息的完整数字表达或者称之为建筑物的 DNA 的话,那么 2D CAD 平面、立面、剖面图纸可以比作是该项目的心电图、B 超和 X 光,而可视化就是这个项目特定角度的照片或者录像,即 2D 图纸和可视化都只是表达或表现了项目的部分信息,但不是完整信息。

在目前 CAD 和可视化作为建筑业主要数字化工具的时候,CAD 图纸是项目信息的抽象表达,可视化是对 CAD 图纸表达的项目部分信息的图画式表现,由于可视化需要根据 CAD 图纸重新建立三维可视化模型,因此时间和成本的增加以及错误的发生就成为这个过程的必然结果,更何况 CAD 图纸是在不断调整和变化的,因此,要让可视化的模型和 CAD 图纸始终保持一致,成本会非常高,一般情形下,效果图看完也就算了,不会去更新以保持和 CAD 图纸一致。这也就是为什么目前情况下项目建成的结果和可视化效果不一致的主要原因之一。

使用 BIM 以后这种情况就改变了。首先,BIM 本身就是一种可视化程度比较高的工具,而可视化是在 BIM 基础上的更高程度的可视化表现。其次,BIM 包含项目的几何、物理和功能等完整信息,可视化可以直接从 BIM 模型中获取需要的几何、材料、光源、视角等信息,不需要重新建立可视化模型,可视化的工作资源可以集中到提高可视化效果上来,而且可视化模型可以随着 BIM 设计模型的改变而动态更新,保证可视化与设计的一致性。最后,BIM 信息的完整性以及与各类分析计算模拟软件的集成,拓展了可视化的表现范围,例如 4D 模拟、突发事件的疏散模拟、日照分析模拟等。

（三）BIM 和参数化建模

1. 什么不是参数化建模

一般的 CAD 系统,确定图形元素尺寸和定位的是坐标,这不是参数化。为了提高绘图效率,在上述功能基础上可以定义规则来自动生成一些图形,例如复制、阵列、垂直、平行等,这也不是参数化。道理很简单,这样生成的两条垂直的线,其关系是不会被系统自动维护的,如果用户编辑其中的一条线,另外一条不会随之变化。在 CAD 系统基础上,开发对于特殊工程项目

（例如水池）的参数化自动设计应用程序，用户只要输入几个参数（如直径、高度等），程序就可以自动生成这个项目的所有施工图、材料表等，这还不是参数化。有两点原因：这个过程是单向的，生成的图形和表格已经完全没有智能化（这个时候如果修改某个图形，其他相关的图形和表格不会自动更新）；这种程序对能处理的项目的限制极其严格，也就是说，嵌入其中的专业知识极其有限。为了使通用的 CAD 系统更好地服务于某个行业或专业，定义和开发面向对象的图形实体（被称为"智能对象"），然后在这些实体中存放非几何的专业信息（如墙厚、墙高等），这些专业信息可用于后续的统计分析报表等工作，这仍然不是参数化。理由如下：

用户自己不能定义对象（例如一种新的门），这个工作必须通过 API 编程才能实现。

用户不能定义对象之间的关系（例如把两个对象组装起来变成一个新的对象）。

非几何信息附着在图形实体（智能对象）上，几何信息和非几何信息本质上是分离的，因此需要专门的工作或工具来检查几何信息和非几何信息的一致性和同步，当模型大到一定程度以后，这个工作慢慢变成实际上的不可能。

2. 什么是参数化建模

图形由坐标确定，这些坐标可以由若干参数来确定。例如，要确定一扇窗的位置，我们可以简单地输入窗户的定位坐标，也可以通过几个参数来定位：如放在某段墙的中间、窗台高度 900mm、内开，这样这扇窗在这个项目的生命周期中就跟这段墙发生了永恒的关系，除非被重新定义。而系统则把这种永恒的关系记录了下来。

参数化建模是用专业知识和规则（而不是几何规则，用几何规则确定的是一种图形生成方法，例如两个形体相交得到一个新的形体等）来确定几何参数和约束的一套建模方法，宏观层面我们可以总结出参数化建模的如下几个特点：参数化对象是有专业性或行业性的，例如门、窗、墙等，而不是纯粹的几何图元（因此基于几何元素的 CAD 系统可以为所有行业所用，而参数化系统只能为某个专业或行业所用）。

这些参数化对象（在这里就是建筑对象）的参数是由行业知识来驱动的，例如，门窗必须放在墙里面，钢筋必须放在混凝土里面，梁必须要有支撑等。

行业知识表现为建筑对象的行为，即建筑对象对内部或外部刺激的反应，如层高变化楼梯的踏步数量自动变化等。

参数化对象对行业知识广度和深度的反应模仿能力决定了参数化对象的智能化程度，也就是参数化建模系统的参数化程度。

微观层面，参数化模型系统应该具备下列特点：

可以通过用户界面（而不是像传统 CAD 系统那样必须通过 API 编程接口）创建形体，以及对几何对象定义和附加参数关系和约束，创建的形体可以通过改变用户定义的参数值和参数关系进行处理。

用户可以在系统中对不同的参数化对象（如一堵墙和一扇窗）之间施加约束。

对象中的参数是显式的，这样某个对象中的一个参数可以用来推导其他空间上相关对象的参数。

施加的约束能够被系统自动维护（如两墙相交，一墙移动时，另一墙需自动缩短或增长以保持与之相交）。

应该是 3D 实体模型，应该是同时基于对象和特征的。

3. BIM 和参数化建模

BIM 是一个创建和管理建筑信息的过程，而这个信息是可以互用和重复使用的。BIM 系统应该有以下几个特点：

基于对象的；使用三维实体几何造型；具有基于专业知识的规则和程序；使用一个集成和中央的数据库。

从理论上说，BIM 和参数化并没有必然联系，不用参数化建模也可以实现 BIM，但从系统实现的复杂性、操作的易用性、处理速度的可行性、软硬件技术的支持性等几个角度综合考虑，就目前的技术水平和能力来看，参数化建模是 BIM 得以真正成为生产力的不可或缺的基础。

（四）BIM 和 CAE

简单地讲，CAE 就是国内同行常说的工程分析、计算、模拟、优化等软件，这些软件是项目设计团队决策信息的主要提供者。CAE 的历史比 CAD 早，当然更比 BIM 早，电脑的最早期应用事实上是从 CAE 开始的，包括历史上第一台用于计算炮弹弹道的 ENIAC 计算机，它干的工作就是 CAE。CAE 涵盖了以下领域：

①使用有限元法，进行应力分析，如结构分析等。

②使用计算流体动力学进行热和流体的流动分析，如风与结构的相互作用等。

③运动学，如建筑物爆破倾倒历时分析等。

④过程模拟分析，如日照、人员疏散等。

⑤产品或过程优化，如施工计划优化等。

⑥机械事件仿真。

一个 CAE 系统通常由前处理、求解器和后处理三个部分组成。

前处理：根据设计方案定义用于某种分析、模拟、优化的项目模型和外部环境因素（统称为作用，例如荷载、温度等）。

求解器：计算项目对于上述作用的反应（例如变形、应力等）。

后处理：以可视化技术、数据 CAE 集成等方式把计算结果呈现给项目团队，作为调整、优化设计方案的依据。

目前大多数情况下，CAD 作为主要设计工具，CAD 图形本身没有或极少包含各类 CAE 系统所需要的项目模型非几何信息（如材料的物理、力学性能）和外部作用信息。在能够进行计算以前，项目团队必须参照 CAD 图形使用 CAE 系统的前处理功能重新建立 CAE 需要的计算模型和外部作用；在计算完成以后，需要人工根据计算结果用 CAD 调整设计，然后再进行下一次计算。

由于上述过程工作量大、成本过高且容易出错，因此大部分 CAE 系统只能被用来对已经确定的设计方案做事后计算，然后根据计算结果配备相应的建筑、结构和机电系统，至于这个设计方案的各项指标是否达到了最优效果，反而较少有人关心，也就是说，CAE 作为决策依据的根本作用并没有得到很好发挥。

CAE 在 CAD 及前 CAD 时代的状况，可以用一句话来描述：有心杀贼，无力回天。

由于 BIM 包含了一个项目完整的几何、物理、性能等信息，CAE 可以在项目发展的任何阶段从 BIM 模型中自动抽取各种分析、模拟、优化所需要的数据进行计算，这样项目团队根据计算结果对项目设计方案调整以后又立即可以对新方案进行计算，直到产生满意的设计方案为止。

因此可以说，正是 BIM 的应用给 CAE 带来了第二个春天（电脑的发明是 CAE 的第一个春天），让 CAE 回归了真正作为项目设计方案决策依据的角色。

（五）BIM 和 CIS

在 GIS（地理信息系统）及其以此为基础发展起来的领域，有三个流行名词跟我们现在要谈的这个话题有关，对这三个流行名词，不知道作者以下的感觉跟各位同行有没有一些共鸣，GIS：用起来不错；数字城市：听上去很美；智慧地球：离现实太远。

不管如何反应，这样的方向我们还是基本认可的，而且在保证人身独立、自由、安全不受侵害的情况下，我们甚至有些向往。至少现在出门查行车路线、聚会找饮食娱乐场所、购物了解产品性能和销售网点等事情做起来的方便程度是以前不敢想象的。

大家知道，任何技术归根结底都是为人类服务的，人类基本上只有两种生存状态：不是在房子里，就是在去房子的路上。抛开精确的定义，用最简单的概念进行划分，GIS 是管房子外面的（道路、燃气、电力、通信、供水），BIM（建筑信息模型）是管房子里面的（建筑、结构、机电）。

说到这儿，没给 CAD 任何露脸的机会，CAD 可能会有意见，咱们得给 CAD 一个明确的定位：CAD 不是用来"管"的，而是用来"画"的，既能画房子外面的，也能画房子里面的。

技术是为人类服务的，人类生活在地球上一个一个具体的位置上（就是去了月球，还是与位置有关），按照 GIS 的这个定义，GIS 应该是房子外面和房子里面都能管的，至少 GIS 自己具有这样的远大理想。

但是在 BIM 出现以前，GIS 始终只能待在房子外面，因为房子里面的信息是没有的，BIM 的应用让这个局面有了根本性的改变，而且这个改变的影响是双向的：对 GIS 而言，由于 CAD 时代不能提供房子里面的信息，因此把房子画成一个实心的盒子天经地义。但是现在如果有人提供的不是 CAD 图，而是 BIM 模型呢？GIS 总不能把这些信息都扔了，还是用实心盒子代替房子吧？

对 BIM 而言，房子是在已有的自然环境和人为环境中建设的，新建的房子需要考虑与周围环境和已有建筑物的互相影响，不能只管房子里面的事情，而这些房子外面的信息 GIS 系统里面早已经存在了，BIM 应该如何利用这些 GIS 信息避免重复工作，从而建设和谐的新房子呢？

BIM 和 GIS 的集成和融合给人类带来的价值将是巨大的，方向也是明确的。但是从实现方法来看，无论在技术上还是管理上都还有许多需要讨论和解决的困难和挑战，至少有一点是明确的，简单地在 GIS 系统中使用 BIM 模型或者反之，目前都不是解决问题的办法。

（六）BIM 和 BLM

工程建设项目的生命周期主要由两个过程组成：第一个是信息过程，第二个是物质过程。施工开始以前的项目策划、设计、招投标的主要工作就是信息的生产、处理、传递和应用；施工阶段的工作重点虽然是物质生产（把房子建造起来），但是其物质生产的指导思想却是信息（施工阶段以前产生的施工图及相关资料），同时伴随施工过程的进行还在不断生产新的信息（材料、设备的明细资料等）；使用阶段实际上也是一个信息指导物质使用（空间利用、设备维修保养等）和物质使用产生新的信息（空间租用信息、设备维修保养信息等）的过程。

　　BIM 的服务对象就是上述建设项目的信息过程，可以从三个维度进行描述：第一维度——项目发展阶段：策划、设计、施工、使用、维修、改造、拆除；第二维度——项目参与方：投资方、开发方、策划方、估价师、银行、律师、建筑师、工程师、造价师、专项咨询师、施工总包、施工分包、预制加工商、供货商、建设管理部门、物业经理、维修保养、改建扩建、拆除回收、观测试验模拟、环保、节能、空间和安全、网络管理、CIO、风险管理、物业用户等，据统计，一般高层建筑项目的合同数在 300 个左右，由此大致可以推断参与方的数量；第三维度——信息操作行为：增加、提取、更新、修改、交换、共享、验证等。用一个形象的例子来说明工程建设行业对 BIM 功能的需求：在项目的任何阶段（例如设计阶段），任何一个参与方（例如结构工程师），在完成他的专业工作（例如结构计算）时，需要和 BIM 系统进行的交互，可以描述如下：

　　从 BIM 系统中提取结构计算所需要的信息（如梁柱墙板的布置、截面尺寸、材料性能、荷载、节点形式、边界条件等）。

　　利用结构计算软件进行分析计算，利用结构工程师的专业知识进行比较决策，得到结构专业的决策结果（例如需要调整梁柱截面尺寸）。

　　把上述决策结果（以及决策依据如计算结果等）返回并增加或修改到 BIM 系统中。

　　在这个过程中，BIM 需要自动处理好这样一些工作：每个参与方需要提取的信息和返回增加或修改的信息是不一样的；系统需要保证每个参与方增加或修改的信息在项目所有相关的地方生效，即保持项目信息的始终协调一致。

　　BIM 对建设项目的影响有多大呢？美国和英国的相应研究都认为这样的系统的真正实施可以减少 30%～35% 的项目建设成本。

　　虽然从理论上来看，BIM 并没有规定使用什么样的技术手段和方法，但是从实际能够成为生产力的角度来分析，下列条件将是 BIM 得以真正实现的基础：需要支持项目所有参与方的快速和准确决策，因此这个信息一定是三维形象容易理解且不容易产生歧义的；对于任何参与方返回的信息增加和修改必须自动更新整个项目范围内所有与之相关联的信息，非参数化建模不足以胜任；需要支持任何项目参与方专业工作的信息需要，系统必须包含项目的所有几何、物理、功能等信息。大家知道，这就是 BIM。

　　对于数百甚至更多不同类型参与方各自专业的不同需要，没有哪个单个软件可以完成所有参与方的所有专业需要，必须由多个软件去分别完成整个项目开发、建设、使用过程中各种专门的分析、统计、模拟、显示等任务，因此软件之间的数据互用必不可少。

建设项目的参与方来自不同的企业、不同的地域甚至讲不同的语言，项目开发和建设阶段需要持续若干年，项目的使用阶段需要持续几十年甚至上百年，如果缺少一个统一的协同作业和管理平台，其结果将无法想象。

因此，也许可以这样说：BLM=BIM+互用+协同。但是 BLM 离我们很遥远，需要我们把 BIM、互用、协同做好，一步一个脚印地走下去，实现这个目标。

（七）BIM 和 RFID

RFID（无线射频识别、电子标签）并不是什么新技术，在金融、物流、交通、环保、城市管理等很多行业都已经有广泛应用，远的不说，每个人的二代身份证就使用了 RFID，介绍 RFID 的资料非常多，这里不再重复。

从目前的技术发展状况来看，RFID 还是一个正在成为现实的不远未来——物联网的基础元素，当然大家都知道还有一个比物联网更"美好"的未来——智慧地球。互联网把地球上处于任何一个角落的人和人联系了起来，靠的是人的智慧和学习能力，因为人有脑袋，但是物体没有人的脑袋，因此物体（包括动物，应该说除人类以外的任何物体）无法靠纯粹的互联网联系起来。而 RFID 作为某一个物体的带有信息的具有唯一性的身份证，通过信息阅读设备和互联网联系起来，就成为人与物和物与物相连的物联网。从这个意义来说，我们可以把 RFID 看作物体的"脑"。简单介绍了 RFID 以后，再回过头来看看影响建设项目按时、按价、按质完成的因素，基本上可以分为两大类。

①由于设计和计划过程没有考虑到的施工现场问题（例如管线碰撞、可施工性差、工序冲突等），导致现场窝工、待工。这类问题可以通过建立项目的 BIM 模型进行设计协调和可施工性模拟，以及对施工方案进行 4D 模拟等手段，在电脑中把计划要发生的施工活动都虚拟地做一遍来解决。

②施工现场的实际进展和计划进展不一致，现场人员手工填写报告，管理人员不能实时得到现场信息，不到现场就无法验证现场信息的准确度，导致发现问题和解决问题不及时，从而影响整体效率。BIM 和 RFID 的配合可以很好地解决这类问题。没有 BIM 以前，RFID 在项目建设过程中的应用主要限于物流和仓储管理，和 BIM 技术的集成能够让 RFID 发挥的作用大大超越传统的办公和财务自动化应用，直指施工管理中的核心问题——实时跟踪和风险控制。

RFID 负责信息采集的工作，通过互联网传输到信息中心进行信息处理，经过处理的信息可满足不同应用的需求。如果信息中心用 Excel 表或者关系数据库来处理 RFID 收集来的信息，那么这个信息的应用基本上就只能满足统计库存、打印报表等纯粹数据操作层面的要求；反之，如果使用 BIM 模型来处理信息，在 BIM 模型中建立所有部品部件的与 RFID 信息一致的唯一编号，那么这些部品部件的状态就可以通过智能手机、互联网技术在 BIM 模型中实时地显示出来。

在没有 RFID 的情况下，施工现场的进展和问题依靠现场人员填写表格，再把表格信息通过扫描或录入方式报告给项目管理团队，这样的现场跟踪报告实时吗？不可能。准确吗？不知道。在只使用 RFID，没有使用 BIM 的情况下，可以实时报告部品部件的现状，但是这些部品部件包含了整个项目的哪些部分？有了这些部品部件，明天的施工还缺少其他的部品部件吗？是否有多余的部品部件过早到位而需要在现场积压比较长的时间呢？这些问题都不容易回答。

当 RFID 的现场跟踪和 BIM 的信息管理和表现结合在一起的时候，上述问题迎刃而解。部品部件的状况通过 RFID 的信息收集形成了 BIM 模型的 4D 模拟，现场人员对施工进度、重点部位、隐蔽工程等需要特别记录的部分，根据 RFID 传递的信息，把现场的照片资料等自动记录到 BIM 模型的对应部品部件上，管理人员就能对现场发生的情况和问题了如指掌。

二、BIM 评价体系

在 CAD 刚刚开始应用的年代，也有类似的问题出现：例如，一张只用 CAD 画了轴网，其余还是由手工画的图纸能称得上是一张 CAD 图吗？显然不能。那么一张用 CAD 画了所有线条，而用手工涂色块和根据校审意见进行修改的图是一张 CAD 图吗？答案当然是"yes"。虽然中间也会有一些比较难说清楚的情况，但总体来看，判断是否是 CAD 的难度不大，甚至可以用一个百分比来把这件事情讲清楚，即这是一张百分之多少的 CAD 图。同样一件事情，对 BIM 来说，难度就要大得多。事实上，目前仍有不少关于某个软件产品是不是 BIM 软件、某个项目的做法是否属于 BIM 范畴的争论和探讨。那么如何判断一个产品或者项目是否可以称得上是一个 BIM 产品或者 BIM 项目？如果两个产品或项目相比较，哪一个项目的 BIM 程度更高或能力更强呢？

美国国家 BIM 标准提供了一套以项目生命周期信息交换和使用为核心的可以量化的 BIM 评价体系，叫作 BIM 能力成熟度模型（BIM Capability

Maturity Model，简称 BIMCMM），以下是该 BIM 评价体系的主要内容。

（一）BIM 评价指标

下列十一个要素是评价 BIM 能力成熟度的指标：

①数据丰富性（Data Richness）。

②生命周期（Lifecycle Views）。

③变更管理（Change Management）。

④角色或专业（Roles or Disciplines）。

⑤业务流程（Business Process）。

⑥及时性 / 响应（Timeliness/Response）。

⑦提交方法（Delivery Method）。

⑧图形信息（Graphic Information）。

⑨空间能力（Spatial Capability）。

⑩信息准确度（Information Accuracy）。

⑪互用性 /IFC 支持（Interoperability/IFC Support）。

（二）BIM 指标成熟度

BIM 为每一个评价指标设定了 10 级成熟度，其中 1 级为最不成熟，10 级为最成熟。例如，第八个评价指标"图形信息"的 1~10 级成熟度的描述如下：

1 级：纯粹文字。

2 级：2D 非标准。

3 级：2D 标准非智能。

4 级：2D 标准智能设计图。

5 级：2D 标准智能竣工图。

6 级：2D 标准智能实时。

7 级：3D 智能。

8 级：3D 智能实时。

9 级：4D 加入时间。

10 级：nD 加入时间和成本。

（三）BIM 指标权重

根据每个指标的重要因素，BIM 评价体系为每个指标设置了相应的权重（见表 1–1）。

表 1–1　BIM 评价指标权重

指标	权重	指标	权重
数据丰富性	1.1	提交方法	1.4
生命周期	1.1	图形信息	1.5
变更管理	1.2	空间能力	1.6
角色或专业	1.2	信息准确度	1.7
业务流程	1.3	互用性 /IFC 支持	1.8
及时性 / 响应	1.3		

第四节　BIM 对建筑业的影响及所面临挑战

一、BIM 对建筑业的影响

（一）BIM 为建筑业带来的变革作用

由于现有的信息共享和沟通模式使得建筑业割裂的问题更加严峻。Eastman（2008）在 *BIM Handbook* 一书中指出，基于纸质文档沟通的建设项目交付过程中，纸质文档的错漏导致了现场增加不可预料的成本、出现延期甚至是项目各参与方之间的诉讼。正是 BIM 技术的参数化、可视化的特征改变了建筑业工作对象的描述方式，改变了信息沟通方式，势必从根本上引起建筑业生产方式的变化：BIM 用于建设项目全生命周期，基于信息模型进行虚拟设计与施工，将促进项目各参与方之间的沟通与交流。一方面，作为一项创新技术，BIM 为建设项目各参与方提供了一个协同工作和信息共享的平台。另一方面，作为一种集成化管理模式，BIM 情境下需要对建设项目各参与方的工作流程、工作方式、信息基础设施、组织角色、契约行为及协同行为进行诸多的变革，表 1–2 列出了在建设工程全生命期过程中，基于 BIM 的建设模式与传统方法在项目团队组织、信息共享、设计和建造质量、决策支持和团队协作等方面的区别。

表 1–2　基于 BIM 的建设模式与传统方法的区别

内容	传统方法	BIM 方法
项目团队组织	有详细设计后，施工项目经理和技术咨询才参与到项目中，也就是先设计后施工	在概念设计阶段，业主就将相关方引入项目组织，能够全面、快速地跟踪工程进展。支持尽早地跨专业目的协作以及经验交流
信息共享	以纸张（图纸、报表技术说明等）和没有协作能力的电子文件为主，传递方式为邮递、传真	基于 IFC 标准的产品建模方法，拥有一个核心项目数据库。使数据重新录入概率最小化，提高数据的准确性和质量。随着模型质量和正确性的提高，使项目组能够在早期进行更多的比选以及帮助引入全生命期分析方法，从而得出最佳方案
设计和建造质量	根据标准规范的要求和个人经验进行设计，尽管有计算机辅助，但也有大量的手工劳动，在设计过程中，存在大量简单的重复性劳动	动态的工程分析和大量仿真软件，能够自动产生工程文档，能够提高设计的精确性，将项目组从琐碎的工作（如工程制图）中解脱出来，投入更有价值的工作（如详细设计）中
决策支持	项目组通过经验、图纸、反复演算，得到决策依据	BIM 方法使决策依据更加丰富，包括虚拟现实环境、全生命周期的性能参数、多角度的动画支持等 使项目组在项目早期能够开发多种方案进行比较，为决策者提供更有价值的全生命周期性能参数
团队协作	以桌面会议的形式，用静态的图纸进行协作	BIM 方法能够加速设计协同，快速地制订出解决方案，以动态的产品模型和可视化效果作为会议的资料

　　BIM 对建筑业的推动作用，主要体现在将依赖于纸质的工作流程（3D CAD、过程模拟、关联数据库、作业清单和 2D CAD 图纸）的任务自动地推送到一种集成的和可交互协同的工作流任务模式，这是一个可度量、充分利用网络沟通能力协同合作的过程；BIM 可用来缓解建筑业的割裂，提高建筑业的效率和效益，同时也能减少软件间不兼容所产生的高成本。BIM 对建筑产品、组织、过程等信息的表达及集成方式带来系统性变革，全面应用于建设项目全生命周期的各个方面，例如，集成化设计与施工，项目管理及设施管理，可有效解决项目生产过程及组织的信息割裂问题，进而大幅提高项目生产效率。不少学者将 BIM 视为解决建筑业日趋凸显问题的革命性技术，更有学者认为 BIM 有潜力作为创新和改进跨组织间流程的催化剂。因此，BIM 已被广泛视为建筑业变革的重要方向。

　　（二）BIM 对建设项目组织的影响

　　随着 BIM 在全球的广泛扩散和应用，BIM 的应用对建筑业产生了一系列的影响，如基于 BIM 的跨组织跨专业集成设计、基于 BIM 的跨组织信息沟通、基于 BIM 的跨组织项目管理、基于 BIM 的生产组织及生产方式、基于 BIM 的项目交付、基于 BIM 的全生命周期管理等。相比 2D CAD 技术，这一系列的影响均具有跨组织的特性：BIM 的成功应用需要打破项目各参与方（业主、设计方、总承包方、供货方及构配件制造方等）原有的组织边界，有效集成各参与方的工作信息，设计方、总承包方、供货方、构配件制造方及相关建筑业企业间相互依存形成的项目网络可以通过合作共同创建虚拟的项目信息模型。伦敦西斯罗机场 T5 航站楼 BIM 应用的研究证明，BIM 在明显改变单个组织活动方式的同时，也会对项目其他参与方之间的沟通方式、权责关系以及整个行业的市场结构带来巨大变革。因此，BIM 具有典型的跨组织特征，影响着项目各参与方间相互依存的工作活动与流程。

（三）BIM 对建设项目绩效认知方式的影响

BIM 的应用将明显改变建设项目绩效评价的方式。基于 BIM 的建设项目绩效指标体系已不再局限于传统的"铁三角"项目绩效，即投资、进度与质量。BIM 的应用，励在设计阶段集成施工阶段的信息，需要并将促进各参与方之间良好的合作。同时，各参与方所面临的显著变化是，从设计阶段各专业紧密使用一个共享的建筑信息模型，在施工阶段各参与方使用一整套关联一致的建筑信息模型，作为项目工作流程和各方协同的基础。这不仅对建设项目的投资和进度有着严格的要求，还需要协同设计方与总承包方，以实现建设项目的精益交付。成功的 BIM 应用追求的是"1+1>2"的效果，不仅仅是谋求建设项目某一参与方的自身绩效，更关注从项目整体的角度来测量项目绩效。从狭义上看，学术界和产业界将项目绩效定义为"铁三角"或"金三角"，也即满足预先制定的成本、时间和质量目标，而这类项目绩效认知方式或许不利于建设项目组织，因为这个结果将导致项目绩效在短期内或对某一参与方是优的，但从长期和战略视角来看，往往会损害项目其他参与方的利益，更难以实现 BIM 为项目及各参与方所带来的溢出效应。随着市场环境中许多因素的改变，如项目越来越复杂、参与方越来越多以及国际化竞争等，建设项目绩效的整体性观念得到重视。国内外不少学者也将注意力转移到对建设项目进行更全面的测量和评价上。例如，国外的研究者提出项目绩效评价指标除了"铁三角"以外，还包括其他指标，如感知绩效、业主满意度、施工单位满意度、项目管理团队满意度、技术绩效、技术创新、项目执行效率、管理与组织期望、功能性、可施工性和业务绩效等。

成功的 BIM 应用，需要将建设项目中业主方、设计方、总承包方等各关键参与方集成一个有机的整体，而这与现有的建设项目管理模式存在较大差别，这使得应用 BIM 的建设项目的项目绩效评价与传统的评价方式也存在区别。我国现有的工程项目绩效评价不能反映出其他影响项目绩效的关键因素（诸如 BIM 这类跨组织技术创新）的贡献情况并且侧重于事后分析，不能科学、客观地评价整个建设项目团队业务流程的运营状况，从而做到过程控制。因此，BIM 情境下对建设项目绩效认知方式提出新的要求，也即以建设项目各参与方追求项目整体绩效的提升为导向，从系统的角度评价建设项目整体绩效。

（四）BIM 对建设项目全生命周期管理的影响

BIM 的本质是建筑信息的管理与共享，必须建立在建设项目全生命周期过程的基础上。BIM 模型随着建筑生命周期的不断发展而逐步演进，模型中包含了从初步方案到详细设计、从施工图编制到建设和运营维护等各个阶段的详细信息，可以说 BIM 模型是实际建筑物在虚拟网络中的数字化记录。BIM 技术通过建模的过程来支持管理者的信息管理，即通过建模的过程，把管理者所要的产品信息加以累积。因此，BIM 不仅仅是设计的过程，更加强调的是管理的过程。BIM 技术用于项目管理上应当注重的是一个过程，要包含一个实施计划，它从建模开始，但重点不是建了多少 BIM 模型，也不是做了多少分析（结构分析、外围分析、地下分析），而是在这个过程中发现并分类了所关注的问题。其中，设计、施工运营的递进即为不断优化过程，与 BIM 虽非必然联系，但基于 BIM 技术可提供更高效合理的优化过程，主要表现在数据信息、复杂程度和时间控制方面。针对项目复杂程度超出设计者能力而难掌握所有信息，BIM 基于建成物存在，承载准确的几何、物理、规则等信息，实时反映建筑动态，为设计者提供整体优化的技术保障。

随着 BIM 应用范围的不断扩大，BIM 应用过程中存在的问题也日益凸显，除技术与经济问题外，组织管理问题正日益上升为限制 BIM 应用的关键因素。传统的建设生产模式的信息交换基础是二维的图形文件，其业务流程、信息使用和交换方式都是建立在图形文件的基础之上的。而基于 BIM 的生产模式是以模型为主要的信息交流媒介，因此，如果在传统的工程建设系统中应用 BIM 会产生诸多"不适"。2002 年，全球最大的建筑软件开发商 Autodesk 公司发布的《Autodesk BIM 白皮书》指出：未来制约 BIM 应用的主要障碍之一就是现有的业务流程无法满足 BIM 的应用需要，要克服这种障碍，就必须对现有的业务流程进行重组。2005 年，Ian Howel 和 Bob Batcheler 对 2001 ～ 2004 年应用 BIM 的多个项目进行了调研，研究发现，除技术问题外，阻碍 BIM 应用的组织与管理问题更为突出，这些问题包括项目组织在传统的工作模式下中形成的责任和义务关系阻碍了参与方利用 BIM 进行协同工作、传统的项目交付体系下的合同关系不利于 BIM 信息的交换、各项目参与方缺乏应用 BIM 的动力等。2006 年，美国总承包商协会在对美国承包商应用 BIM 的情况进行总结后颁布了《承包商应用 BIM 指导书》，该报告指出，阻碍承包商应用 BIM 的因素主要有，对应用 BIM 效果不确定性的恐惧、启动资金成本、软件的复杂性、需要花费很多时间才能掌握及得不到公司总部的支持等。同年，AIA、CIFE、CURT 共同组织了对 VDC/BIM 的调研会，来自 32 个项目的 39 位与会者对各自项目中应用 BIM 的情况进行了交流，大部分与会者都认为 BIM 确实能给各项目参与方带来价值，但这些价值在现阶段难以量化，阻碍了 BIM 的应用。2007 年，由斯坦福大学设施集成化工程中心（CIE）美国钢结构协会（AISC）、美国建筑业律师协会（ACCL）联合主办了 BIM 应用研讨会并发布了会议报告，该报告指出，传统的契约模式对 BIM 应用造成了很大阻碍，包括对 BIM 应用缺乏激励措施、不能有效促进模型的信息共享、缺乏针对 BIM 应用的标准合同语言等。2008 年，斯坦福大学的高炬博士在对全球 34 个应用 3D/4D 项目的调研报告中指出，传统的组织结构和分工体系造成的目前项目组织间较低的协同程度是阻碍 BIM 应用的重要原因。2008 年，美国著名的建筑企业集团——全球 500 强公司 Mcgraw Hill 公司发布的 BIM 调查报告指出，除技术问题和经济问题外，僵化的生产流程、对使用 BIM 的项目缺乏必要的激励措施已成为 BIM 应用过程中的主要障碍。

二、BIM 面临的挑战

（一）BIM 的潜力未充分发挥

在近十年间，CAD 软件的发展势头明显下降，BIM 系列软件发展迅猛，BIM 的发展使项目组织间的关系发生了很大的变化。

国内外的研究一致认为，BIM 能为建设项目带来增值作用，例如，效率和效能的提高，工期和投资的减少以及质量的提高。建筑业涵盖多个专业领域，建设项目作为其载体需要多专业、多工种的合作才能顺利实施。而建设项目又被视为由临时组织构成的松散耦合系统，项目各参与方之间的工作任务高度相互依存。目前的研究表明，尽管 BIM 被广泛采用，但设计人员仍然错失了 BIM 带来的诸多好处。研究者发现，设计师们主要是使用新技术对传统工作进行自动化，而不是改变他们的沟通方式和工作方式；这也从一个角度印证了 BIM 在建筑业应用并没有完全发挥其潜力的部分原因在于缺乏一个共同的愿景和"自动化群岛"。同济大学研究团队 2011 年对中国 BIM 应用的调研结果显示，国内 BIM 应用的成熟度仍较低，存在组织相对分散、缺乏系统管理等问题，究其原因是建筑业传统业务模式并未随着 BIM 的引入而发生根本性的改变，其中组织层面的障碍是亟待研究的领域之一。跨组织关系作为组织研究领域的重要分支，在具有社会一技术二元属性的建筑业中越来越受到关注。

（二）忽视 BIM 技术与组织的相互关系

当前由于 BIM 应用面临诸多困境，建筑行业及学术界开始研究和思考 BIM 技术应用与协同管理所共同面临的问题，传统建设项目及流程的不兼容已成为导致上述应用问题的关键，造成这种不兼容的根源在于混淆了技术与组织之间的关系。

纵观几乎所有产业的特点，技术和业务流程可以理解为存在一种共生的关系，通过它们的共同发展，影响彼此。在过去的十年中，通过组件化和面向服务的技术供应商正越来越多地成为"随需应变的业务"，试图实现面向整个供应链所有环节的资源整合，使解决方案在跨组织流程中进一步模块化，适应性变得更加灵活，更能够围绕现有的业务流程进行调整。在 AEC/FM 行业，要想实现长远的发展目标（如 IPD），必须进行 BIM 技术和业务流程的转变，靠单一企业的力量已经很难适应 BIM 的发展要求。

（三）BIM 跨组织应用的障碍

众多学者和组织对 BIM 跨组织应用的障碍进行了研究。其中，Hartman 和 Fischer（2008）指出，传统项目交易模式下 BIM 应用的主要阻碍包括项目参与方对技术变化的抵触、业内对 BIM 应用缺乏激励措施、项目各参与方不愿意进行模型共享、合同关系不能有效促进模型信息共享、模型的精度不确定、模型的责权关系不明确、法律原因、信息丢失的保险问题、缺乏针对 BIM 应用的标准合同语言、软件和信息的互操作性差等。Mcgraw Hill Construction（2008）指出，除技术问题和经济问题外，僵化的生产流程及对使用 BIM 的项目缺乏必要的激励措施已成为 BIM 应用过程中的主要障碍。Wong（2010）分析了欧美六个国家和地区 BIM 应用的情况后认为，项目参与方众多而项目合作环境恶劣是 BIM 跨组织应用的主要障碍，项目各参与方的角色和责任并不明晰。为了发挥 BIM 的全部潜力，有学者认为 BIM 的跨组织应用带来的问题是最大的障碍，必须得到解决。但迄今为止，上述问题仍未解决，其根源在于没有正确理解 BIM 情境下建设项目各参与方如何进行协同合作。建设项目各参与方间敌对的关系是建筑业的典型特征，缺乏合作一直被视为建筑业创新水平低的主要原因。虽然创新曾一度被认为属于某一个企业的工作范畴，但研究技术发展的学者越来越重视跨组织边界、跨组织关系和网络间的合作，甚至有学者认为组织创新是技术创新的先决条件。无论针对组织内部、组织之间还是行业层面，组织创新本身都是一个挑战，因为惯性力量对变革的抵触，对于传统的建筑业而言尤为严重。这也就意味着建筑业进行 BIM 这类跨组织创新并发展跨组织合作关系必然会遇到困难与挑战。

新兴工具 BIM 给建筑业带来了新的热潮，在国内的应用中很大程度上仍停留于创建建筑模型的层面。有部分学者已经意识到这个问题，即对 BIM 在国内推行的普遍困难做了归纳（以施工单位为例）。

1. 组织与流程方面

①组织之间与组织内部模型共享程度低。

②现有业务流程对应用的制约。

2. 软件与技术

①软件本身的技术问题。

②模型数据交互的问题。

3. 合同与政策

①业界缺乏针对性标准合同制约。

②行业规程与法律责任不清。

③政府推行力度不足。

4. 经济效益

①实施 BIM 成本高。

②应用初期经济效益不显著。

第五节　BIM 技术的未来展望

一、项目管理中 BIM 技术的推广

（一）BIM 技术的综述

1. BIM 技术的概念

BIM 其实就是指建筑信息模型，它是以建筑工程项目的相关图形和数据作为基础而进行模型的建立，并且通过数字模拟建筑物所具有的一切真实的相关信息。BIM 技术是一种应用于工程设计建造的数据化的典型工具，它能

够通过各种参数模型对各种数据进行一定的整合，使得收集的各个信息在整个项目的周期中得到共享和传递，对提高团队的协作能力以及提高效率和缩短工期都有积极的促进作用。

2. 项目管理的概念

项目管理其实就是管理学的一个分支，它是指在有限的项目管理资源的情形下，管理者运用专门的技能、工具、知识和方法对项目的所有工作进行有效的、合理的管理，以充分实现当初设定的期望和需求。

3. 项目管理中 BIM 技术的推广现状

虽然 BIM 技术的应用推动和促进了建筑业的各项发展，但是当前技术仍然存在诸多问题，这些问题也在 BIM 技术的推广和实际应用中产生了极为严重的影响。在我国因为 BIM 技术刚刚出现且尚未成熟，因此许多技术人员不能够全面掌握该项技术，另外，我国应用该技术的项目也不多，技术人员们也就不太愿意花费诸多的精力来掌握 BIM 技术。同时 BIM 开发成本过高，导致其售价颇高，也使得众多的技术人员望而却步。而高素质、高技能的技术人员的缺乏，长期以来都是 BIM 技术推广与应用所面临的一项重大问题。

（二）项目管理中 BIM 技术推广存在的问题

1. BIM 专业技术人员匮乏

BIM 技术所涉及的知识面非常广泛，因此，需要培养专门的技术人员对 BIM 转件进行系统操作，而目前，我国 BIM 技术的应用推广还处于初级发展阶段，大多数建筑企业的项目还没有运用到该项技术，这就使得相关的人员不愿意花更多的时间和费用来进行 BIM 技术的学习和培训，而技术员的匮乏确实大大地阻碍了 BIM 技术的应用和推广。

2. BIM 软件开发费用高

因为其研发成本很高，政府部门对 BIM 软件的研发资金投入就非常不足，这就严重阻碍了 BIM 技术的应用和推广。BIM 的软件和核心技术是被美国垄断的，所以我国如果需要这些软件和技术，就不得不花费非常高昂的代价从国外引进。

3. 软件兼容性差

由于基础软件的兼容性差，就会导致不同企业的操作平台的 BIM 系统在操作的时候对软件的选择存在很大的差异，这也大大地阻碍了 BIM 技术的应用和推广。目前，对于绝大多数的软件，在不同的系统中运行时需要重新进行编译工作，非常烦琐。甚至有些软件为了适应各种不同的系统，还需要重新开发或者进行非常大的更改。

4. BIM 技术的利益分配不平衡

BIM 技术在项目管理中的应用需要多个团体的分工合作，包括施工单位、业主、规划设计单位和监理单位等。各个团体虽然是相互独立的，但是 BIM 技术又会使得这些相应的团体形成一个统一体，而各个团体之间的利益分配是否平衡对于 BIM 技术的应用有非常大的影响。

（三）BIM 技术的特点

1. 模拟性

模拟性是 BIM 最具有实用性的特点，BIM 技术在模拟建筑物模型的时候，还可以模拟确切的一系列的实施活动，例如，可以模拟日照、天气变化等状况，也可以模拟当发生危险的时候，人们撤离的情况等。而模拟性的这一特性让工作者在设计建筑时更加具有方向感，能够直观、清楚地明白各种设计的缺陷，并通过演示各个特殊的情况，对相应的设计方案做出一些改变，让自己所设计出的建筑物具有较强的科学性和实用性。

2. 可视化

BIM 技术中最具代表性的特点则是可视化，这也是由它的工作原理决定的。可视化的信息包括 3 个方面的内容：三维几何信息、构件属性信息以及规则信息。而其中的三维几何信息是早已经被人们熟知的一个领域，这里不做过多的介绍。

3. 可控性

BIM 的可控性就更加体现得淋漓尽致，依靠 BIM 信息模型能实时准确地提取各个施工阶段的材料与物资的计划，而施工企业在施工中的精细化管理却比较难实现，其根本原因在于工程本身具有海量的数据，而 BIM 的出现则可以让相关的部门更加快速、准确地获得工程的一系列基础数据，为施工企业制订相应的精确的机、人、材计划而提供有效、强有力的技术支撑，减少了仓储、资源、物流环节的浪费，为实现消耗控制以及限额领料提供强有力的技术上的支持。

4. 优化性

不管是施工还是设计抑或是运营，优化工作一直都没有停止，在整个建筑工程的过程中都在进行着优化的工作，优化工作有了该技术的支撑就更加科学、方便。影响优化工作的 3 个要素为复杂程度、信息与时间。而当前的建筑工程达到了非常高的复杂程度，其复杂性仅仅依靠工作人员的能力是无法完成的，这就必须借助一些科学的设备设施才能够顺利地完成优化工作。

5. 协调性

协调性则是建筑工程的一项重点内容，在 BIM 技术中也有非常重要的体现。在建筑工程施工的过程中，每一个单位都在做着各种协调工作，相互之间合作、相互之间交流，目的就是通过大家一起努力，让建筑工程可以胜利完成。而其中只要出现问题，就需要进行协调来解决，这时就需要通过信息模拟在建筑物建造前期对各个专业的碰撞问题进行专业的协调和一系列的模拟，并生成相应的协调数据。

（四）项目管理者对 BIM 技术进行推广和应用的策略

1. 成立 BIM 技术顾问服务公司

我国的软件公司集推广、开发和销售于一体，彼此之间并没有明确的分工，因此各部门之间职责界限不清楚，工作效率也非常低下。而 BIM 技术顾问服务公司成立之后，主要负责销售和推广的工作，会更注重该技术的推广和发展。而软件公司也可以和 BIM 技术顾问服务公司一起注重 BIM 技术的推广和发展。

2. 政府要扶植 BIM 技术的推广

在我国存在缺乏核心竞争力和软件开发费用高的问题，政府应该相应加大财政资金投入，增加研发费用，扶植 BIM 技术的推广和开发。自主研究 BIM 的核心技术，避免高价从国外引进技术的这种非常尴尬的局面。同时，我们还可以聘请高水准的国外专家对我们国内的建筑企业进行 BIM 专业培训。

3. 提高 BIM 软件的兼容性

当下大多数软件需要在各种不同的操作平台上进行操作，甚至有些软件需要重新编译和编排，这就给用户带来非常多的困难。与发达国家相比，我国企业对 BIM 研发和使用就存在合理使用仍造成机械设备故障的问题。

4. 加强 BIM 在项目中的综合运用

BIM 技术应该在项目管理的实践中充分运用，加强对各个项目的统筹规划、对项目的一些辅助设计和对工程的运营，从而实现 BIM 技术在项目管理中的一系列综合运用。而要使 BIM 技术在项目管理中发挥出更加强大的效用，建筑单位就必须建立一系列的动态数据库，将更多的实时数据接入 BIM 系统，并且对管理系统进行定期的维护和管理。

二、对于关键阻碍因素的应对方案

（一）保护数据模型内部的知识产权

BIM 数据模型包括与建筑、结构、机械以及水电设备等各种专业有关的数据资源。数据模型除了这些专业的物理及非物理属性以外，还包括取得专利的新产品或者施工技术的信息。BIM 数据模型是一种数据集成的数据库。模型里集成的数据越多，其应用范围越广，价值就越高。由于 BIM 数据模型的完整度不仅取决于建模工作的精准度，还取决于数据模型内在的数据资源输入的情况，因此，在 BIM 项目中，更多的项目参与方需要提供大量的数据资源。由于在 BIM 项目参与方之间使用 BIM 数据模型来进行协同工作，因此项目一方提供的数据资源则容易被其他参与方使用。如果项目参与方没有保护知识产权的意识，就难以保护其他参与方提供的数据模型中的知识产权。

政府要强化保护个人和企业的数据资源的力量。通过设立检查 BIM 数据的技术部门，如知识产权局，设定标准判断项目中数据资源的不正确的使用、套用、盗用他人数据的行为；再与行政和法律部门结合，建立配套的经济和行政上的惩罚措施，如罚款、公示、列入招标黑名单等；最终确立"上诉—审查—惩罚"的机制。

在 BIM 项目中，建议业主方专门指定"数据模型管理员"来控制数据模型的滥用。按使用者的专业和身份授权，在被许可的平台上允许使用其他使用者提供的数据模型。比如，"数据模型管理员"只允许结构设计师参考建筑和设备的数据模型，而不可改动模型中的任何属性。企业和个人都需要提高自身的防御意识，在 BIM 项目中互相监督，防止侵犯知识产权的行为。

（二）解决聘用 BIM 专家及咨询费用问题

据此项调查结果分析，除了业主之外，项目参与方大部分依靠自身的 BIM 团队来进行工作。然而，随着 BIM 项目数量的增加，现有用户对 BIM 技术的使用要求迅速增长，将会出现对 BIM 外包服务的大量需求。当企业选择 BIM 外包服务时，会面临两个问题：费用的标准问题和费用承担问题。

对于 BIM 外包服务的费用标准，目前还没有可以参考的。由于 BIM 技术服务的种类多，难以规定费用标准。依据 BIM 项目的实践经验来看，政府或者权威的企业研究机构需要为企业或者个人提供互相交流的平台，即分享有关 BIM 外包服务的信息，建立 BIM 外包服务的费用体系。

目前大部分工程项目中，是否使用 BIM 技术具有一定的选择性。在企业内部没有 BIM 团队的前提下，聘用 BIM 专家以及咨询会成为经济上的负担。在聘用 BIM 专家和咨询的过程中产生的费用应该由项目的参与方共同分担，特别是项目的业主方需要理解采用 BIM 技术所带来的经济效益，以分担其他项目参与方的经济压力。

（三）如何分担设计费用

由于中国施工图审查标准还是 2D 的，大部分设计工作还是以 2D 的绘图为主。在 BIM 项目的实施过程中，自然会出现传统的 2D 工作和 BIM 的 3D 工作相重复的现象，从而使设计费用有所增加。而且由于设计方直接承担软（硬）件的购买、计算机升级以及聘用 BIM 专家等的一系列费用，设计方会向业主方要求更高的设计费合理。

在 BIM 项目中各参与方都是 BIM 技术的受益者。因使用 BIM 技术而产生的费用应该由所有项目参与方共同承担。业主方也是 BIM 项目的直接受益者。借助于项目中 BIM 技术的应用，业主可以获得高质量、低成本的建筑设施，并且能够降低在项目结束后的运营和管理阶段中所产生的费用。业主方作为项目的买方，必须得考虑项目其他参与方在引进 BIM 技术时所承担的费用。政府或者企业制定 BIM 标准时，需要考虑 BIM 设计费的定价问题，为 BIM 项目的业主方提供使用 BIM 技术的支付标准。

（四）增强 BIM 技术的研究力量

中国拥有世界最大规模的建筑市场。虽然设计院、高校的研究所以及个人等在建筑业不同领域进行有关 BIM 技术的研究，但是其研究力度不够。

在 BIM 技术的研究方面，政府机构可以起导向性的作用。在欧美发达国家的建筑业中，政府竭力帮助对于 BIM 技术方面的研究。为了强化 BIM 研究的力量，中国政府在这方面也可提供大力支持。比如，通过制定政策鼓励相关研究。政府机构也可以提供部分经费，补助企业和高校对 BIM 技术进行研究。政府还可以设立相应的科研奖项并帮助宣传优秀的研究成果，鼓励成果产业化。在 BIM 研究中也需要企业的参与。企业在实施 BIM 项目的过程中可以进行相关的研究，得出宝贵的研究成果。从 BIM 项目中得到的这些研究成果可以直接应用到其他 BIM 项目中，创造更多的经济效益。

在研究 BIM 技术的路上，对外的合作与交流是一种有效的方法，是实现 BIM 的一条最佳捷径。国外建筑业已经有几十年的研究历史，通过和他们的合作，可以切身感受到更为丰富的、更有深度的研究成果。在研究 BIM 技术的过程中，最重要的是政府、企业以及个人之间的交流。研究成果的共享能够推动 BIM 技术的普及和应用。

三、建筑施工安全管理中 BIM 技术的运用

科学技术和经济的发展让建筑行业越来越意识到建筑施工安全管理的重要性，开展建筑施工安全管理不仅能保障施工安全，更能保障建筑的质量和

延长建筑的使用年限。同时，开展建筑施工安全管理是国家要求，也是对建筑行业负责。但是，即使越来越多的建筑企业意识到建筑施工安全管理的重要性，仍有部分建筑企业片面追求经济效益和节约成本，不顾施工安全和施工质量，导致发生大量的建筑施工事故，这些事故给人民的生命和财产造成重大损失，产生了不良的社会影响，也阻碍了企业的经营和发展。在这样的前提下，BIM 技术应运而生，将 BIM 技术运用于建筑工程中，不仅能保障施工安全，更能保障建筑质量。为此，笔者在查阅了大量的资料，并聆听了多次 BIM 推广讲座之后，简要阐述建筑施工安全管理和 BIM 的相关概念，分析当前我国建筑行业在施工安全管理过程中存在的问题，结合 BIM 技术，探讨 BIM 技术在建筑施工安全管理过程中的运用。

BIM 技术是 CAD 技术之后又一项在建筑行业领域被广受关注的计算机应用技术，随着 BIM 技术的推广，它将代替 CAD 技术在建筑工程行业中普及，并为设计和施工提供使用价值。BIM 技术逐渐取代了 CAD 技术，BIM 技术可以将工程项目的规划、设计、施工等流程通过三维模型实现资源共享。在完成三维模型的过程中，BIM 技术还可以对整个建筑项目进行预算，预测工程项目实施过程中可能存在的问题及风险性，它的这一功能，为工程设计解决方案提供了参考价值，减少了工程施工过程中可能产生的损失，同时提高了效果，缩短了工程流程。由此可知，BIM 技术可以运用到整个工程项目的生命周期，即勘察、设计阶段，运行、维护阶段以及改造、拆除阶段。BIM 技术可以在工程项目的整个生命周期实现建立模型、共享信息以及应用，保持各个施工单位的协调一致。

BIM 技术可以对工程项目的建筑、结构、设备工程等进行设计，在设计过程中通过应用 BIM 技术建立三维模型，实现每个环节之间的共享。例如，设计方按照客户要求完成建筑模型的建立后，可以将建筑模型转交给结构工程师，让结构工程师在原有基础上进一步设计。设计之后，再转交设备设计工程师，工程师录入设计数据。在这一过程中，每个环节衔接顺畅，且效率较高。在以往的工程项目设计过程中，设计方、结构工程师分属不同的企业或部门，两者由于某些因素的制约难以实时进行交流，因而在进行工程项目设计中，容易出现意见分歧问题，而 BIM 技术的引进，为两者建立了沟通桥梁，同时，BIM 技术的引进，让工程项目的设计流程更加有顺序和规范化。

在传统的手绘图纸中，一般需要借助二维软件（AutoCAD）完成工程设计图，二维设计图完成后再导入 3D Max 软件进行三维模型构建，这一设计过程不仅浪费时间，更浪费资源。而利用 BIM 技术可以直接跳过二维图纸设计，利用 BIM 相关技术直接完成三维模型构建，既节省了时间，又能避免重复工作。使用 BIM 技术软件可以对设计过程中出现的问题进行审核和纠正，也可以自动将三维数据导入各个分析软件中。例如，对绿色建筑等进行模拟分析，BIM 技术能实现快速建立工程模型，预算工程所需要成本，协助工程造价师完成工程的预算、估算等。总之，在工程项目的设计阶段，应用 BIM 技术不仅可以规范项目设计流程，简化设计过程，更可以及时纠正设计过程中出现的问题，辅助工程造价师对工程进行预算。

BIM 技术完成了三维模型后，对整个工程建筑进行了虚拟构建。虚拟构建建筑最主要的目的是对整个建筑施工过程进行演示，及时发现施工过程中的问题，结合问题及时改进。例如，在建筑模拟构建过程中，构件出现问题，特别是各专业之间的碰撞问题，可以及时提出解决方案，并更改设计方案，避免实际施工过程中出现问题，这样的演示方式不仅节省了工程实际施工时间，更节约了成本，缩短了工期。而在传统的工程施工阶段，由于没有引进 BIM 技术，难以发现工程后期可能存在的施工问题，在正式施工之后，也会出现种种预料不及的问题，这些问题的出现，不仅打乱了工程进度，更影响了工程项目质量。将 BIM 技术引进工程项目的施工阶段，可以预示工程施工中可能存在的问题，降低施工事故发生概率。

BIM 技术在工程的运维阶段主要应用在以下 4 个方面，第一，有利于建筑管理，增加建筑商业价值。现当代建筑为了满足经济需要，楼层建设往往比较高，且每一楼层为了满足不同的需求，设计也不同，BIM 技术的引进方便对每一楼层进行管理，BIM 技术可以模拟再现每一楼层的结构和框架。第二，前期整合信息为后期运维提供保障和支持。在建筑施工前期，利用 BIM 技术建模后可以保留建筑的相关信息资料，如果建筑投入使用之后出现问题，可以使用 BIM 技术保留的相关信息对建筑进行维护。第三，BIM 技术提供和互联网的接口。BIM 技术需要三维数字设计和工程软件支持，同时支持和互联网进行连接，BIM 技术和互联网连接后可以将建筑结构展示在屏幕中，全面地展示建筑的相关信息。第四，运营过程中利用 BIM 技术可以获取故障发生在建筑物里面的方位，便于尽快解决问题。BIM 技术不仅具有 CAD 技术的功能，更具有定位功能，将建筑建设完毕投入使用之后，若出现问题，BIM 技术可以快速准确地定位故障点，为故障的处理提供指导。

经济的发展推动了我国建筑行业的发展，在面临机遇的同时势必会面临竞争和挑战，建筑行业在生产运营过程中，必须将安全生产放在首位。利用 BIM 技术，将 BIM 技术投入建筑施工过程的设计阶段、施工阶段以及运维阶段，只有将 BIM 技术全面地应用到建筑施工项目的整个施工周期中，才能保障建筑施工项目的安全施工，也才能保证建筑施工项目的质量。但需提出的一点是，BIM 技术虽然有诸多优点，也不乏缺点。在 BIM 技术下，当前大多数建筑施工企业利用 BIM 技术的便利直接设计工程图纸，减少专业人才和技术人才的投入使用，这一现状无疑会使我国建筑专业设计师面临挑战。同时，大多数建筑企业在应用 BIM 技术时，没有意识到 BIM 技术只是辅助工具，混淆了专业人才和 BIM 技术的地位和价值。建筑企业必须认识到，在建筑施工安全管理过程中，必须坚持专业人才为主导，BIM 技术为辅助手段，只有这样，才能更好地发挥 BIM 技术的作用。

四、促进中国建筑业 BIM 引进和应用的流程

通过文献调查、问卷调查及专家访谈，可以得知 BIM 技术在中国建筑业中才刚刚起步，并且面临着众多的阻碍因素。目前中国建筑科学研究院和中国建筑设计研究院等中央企业、欧特克、广联达和鲁班等软件开发公司、中建国际设计顾问有限公司和北京市建筑设计研究院等建筑设计咨询机构，以及一些高校正在推动中国建筑业引进并应用 BIM 技术，但是从整个中国建筑业 BIM 发展的现状来看，其推动力仍然不足。

研究根据关键阻碍因素的 15 个应对方案和 5 个"阻碍因素"的特点，提出了促进中国建筑业 BIM 引进和应用的阶段和流程。BIM 促进方案分成"推动 BIM 引进的阶段""BIM 应用的过渡阶段"及"推动 BIM 应用的阶段"三个阶段。

在"推动 BIM 引进的阶段"中，最关键的是增加中国建筑市场对 BIM 技术的需求量。由于政府具有直接带动建筑市场变化的优势，所以建议政府在公共项目中率先规定使用 BIM 技术，要求项目参与方具有一定的 BIM 应用实力。同时，从项目立项开始，邀请研究机构对 BIM 技术的应用展开跟踪研究，其主要目的在于分析 BIM 技术所带来的经济效益。企业通过自身的试点项目尝试 BIM 项目，不仅能提高技术上的操作能力，而且能熟悉 BIM 的工作模式以及业务流程。为了有效地实施 BIM 项目，政府的行业主管部门首先需要研制并颁发 BIM 标准和指南，建立 BIM 应用的框架。政府的标准和指南为企业和个人提供具体的 BIM 应用指导。

根据政府颁发的 BIM 标准和指南，企业可以根据自身的情况编制企业 BIM 标准和指南。企业的 BIM 标准和指南包括更具体的 BIM 应用方法，比如，BIM 应用的目的、使用 BIM 的主体、BIM 应用范围、BIM 模型建模方法、BIM 模型详细程度、协同工作程序以及模型的评价方式等有关项目的 BIM 应用准则。同时，软件开发商需要提供切实可用的软件，以保证 BIM 项目正常运行。此阶段，由于缺乏可用的国内软件，可先使用从外国引进的

BIM 软件。在"推动 BIM 引进的阶段",建筑业各参与方之间,即政府、企业、个人以及行业协会等,需要以团体或者个人的方式进行交流并共享有关 BIM 技术的知识。在推动 BIM 引进的过程中,虽然政府和企业的项目在 BIM 技术的应用范围上会有一定的限制,但不管其项目的成果怎样,政府、企业以及个人都能够积累 BIM 项目的实践经验,而实践经验的互相交流和对 BIM 技术的定量分析以及结果的分享,都将会成为中国建筑业 BIM 引进的驱动力。

"BIM 应用的过渡阶段"是指政府、企业以及个人在引进 BIM 技术以后,适应 BIM 的工作模式以及业务流程的过渡阶段。借助于 BIM 实践经验和 BIM 效益的定量化进行评价,企业方面尤其是项目的业主方,了解并认可 BIM 技术的优点,从而开始要求项目参与方使用 BIM 技术。企业和个人在参与 BIM 项目的过程中能积累一定的技术和管理方面的经验,潜移默化地适应 BIM 工作模式。通过 BIM 项目的参与和 BIM 技术的应用,企业和个人不仅能得到一定的经济收益,而且能够应对 BIM 技术所带来的变化,从而他们对 BIM 技术的抵触心理就会逐渐减少。同时,"老设计员"通过参与 BIM 项目,也适应了 BIM 的 3D 思维模式。在"BIM 应用的过渡阶段",业主方对于 BIM 技术的认可、消除企业和个人的心理障碍以及向 3D 思维模式的转变都需要有足够的适应时间。

在"推动 BIM 应用的阶段"中,关键是扩大政府和民营企业的项目中 BIM 的适用范围,还包括硬(软)件投资、教育体系的确立以及 BIM 合同文本的研制等。在扩大政府和民营企业的项目适用范围的过程中,把 BIM 标准和指南更具体化、更体系化。政府和企业对 BIM 项目的执行中所遇到的一系列问题要进行详细分析并反映在 BIM 标准和指南里,补充并改正 BIM 标准和指南,使其完善。在进行 BIM 项目中,项目的业主方向 BIM 使用者提出了更高的要求,从而促使企业和个人具备更高水准的 BIM 操作和管理能力。企业通过对于员工的培训和再培训来培养 BIM 人才,而对于个人使用者来说,也需要不断地开发自己的能力,以适应 BIM 的发展。

同时,BIM 使用者对于软件功能的要求也需要提高。BIM 软件不但需要满足使用者更为复杂的需求,而且要符合国内建筑业的使用标准。从长期的中国建筑业 BIM 发展的远景来看,国产 BIM 软件的开发是必需的环节。在开发国产 BIM 技术产品的过程中,政府对于软件盗版市场加以强化管制,保护开发商的权益。企业和个人基于健全的购买意识分担软件购买的费用,支持国产 BIM 软件的开发。除了国产 BIM 软件以外,也需要研究符合中国建筑业标准规范的 BIM 数据交换标准,以提高中国建筑业的国际竞争力。

在 BIM 应用中所追加的硬件购买的费用、聘用 BIM 专家及咨询费用以及设计费用由所有项目参与方共同承担。尤其是项目的业主方按照其他参与方提供的 BIM 服务水平需要支付相应的费用。通过企业和个人的投资，坚定 BIM 应用的物理环境基础。政府和项目的业主可以采取奖励政策，扩大 BIM 使用者的范围。比如，选定承包商的时候，采用加分制，鼓励项目参与方使用 BIM 技术。或者对他们进行强制性的要求，以促使项目参与方使用 BIM 技术。

随着 BIM 项目数量的增加，对于 BIM 人力资源的需求也在增加。公共教育部门确立 BIM 教育体系，从在校学生开始进行基于 BIM 技术的教育，培养 BIM 技术的人才，而私人教育机构也与公共教育部门同步，承担 BIM 人才培养的工作，以为 BIM 研究和应用提供丰富的人力资源。

在 BIM 项目中，基于 BIM 技术的协同工作，因此数据模型中的知识产权存在被误用、套用以及盗用的可能性。为了保护项目参与方所提供的信息，政府和企业在 BIM 项目中专门聘用管理员来防止数据模型的不正确使用、套用和盗用。政府通过设立检查 BIM 数据的技术部门来制定判断标准、接受投诉、解决争端、实施经济和行政上的处罚。为了促进数据资源的交流和分享，企业和个人需要保持积极的、开放的态度，但是也需要保护自身的权益。在与合作伙伴进行交流并分享信息的同时，要提高自身的防范意识，在 BIM 项目中互相监督，防止出现侵犯他人知识产权的行为。

为了推动更多企业和个人的参与，政府委托行业协会和研究机构共同制定 BIM 标准合同文本。在制定合同文本的过程中，建筑业的所有领域都参与并提出自己的意见和要求，都反映在 BIM 标准合同文本中。政府和企业在自身 BIM 项目中使用 BIM 标准合同文本，从而把所发现的问题进行反馈，以完善 BIM 标准合同。在 BIM 标准合同文本中有必要制定有关 BIM 数据模型的条款，条款应包括数据模型的所有权及责任方等问题，从而应对一些 BIM 项目中所出现的争议问题。从长远来考虑，需要建立 BIM 项目的争议处理机制。

总而言之，促进中国建筑业 BIM 引进和应用，需要政府、企业及个人三方共同努力。在促进过程中，政府、企业及个人有阶段性地、有针对性地应对所面临的问题，才能奠定中国建筑业 BIM 引进和应用的基础。

第二章 基于 BIM 的工程项目 IPD 模式分析

第一节 基于 BIM 的 IPD 模式应用

一、IPD 的含义与特征

（一）IPD 的内涵

IPD（Integrated Project Delivery，集成项目交付）是一种集成形式的项目交付模式，与传统的 DB、DBB、CM 等交付模式不同的是，在 IPD 模式中，至少要由业主、设计方和施工方三个主要参与方共同签署一份协同合作的契约协议，该协议规定各参与方的利益和风险是基于共同的项目目标而统一的，并且各方都要遵从契约中关于成本和收益的分配方式。以这种关系型合同为特征的 IPD 模式是一种能够集成项目所有资源、考虑合同全过程的项目交付方法，其体现项目各参与方朝着同一个目标努力、争取利益和价值最大化的合作理念，而不是一种正式的合同结构形式或者一种标准的管理范式。IPD 倡导项目主要参与单位在项目早期就成立团队（至少有业主、设计方和施工方三方参与），该团队在项目的初期就进行各方的协同工作，如协同设计、挑选合作伙伴等，这种合作大大减少了传统模式中出现的浪费；各方共同签订的多方协议围绕项目整体目标，促使项目各参与方协同进行资源管理、成本管理和风险与利益管理，提高了管理的效率和效益。

IPD 不仅仅考虑项目产品，更加关注项目的合同过程及合同过程中各参与方之间的关系，换句话说，IPD 强调项目整体的策划、设计、施工和运营的综合流程。实践证明，当业主、设计方和施工方彼此之间形成更加流动、互动、协作的工作流程时，IPD 更容易成功，因此采用 IPD 模式必定要重新考虑项目中核心工作的流程，改变项目中主要参与方的角色定位及彼此之间的关系，即 IPD 需要打破各个参与方的工作责任界限和设计工作的范围界限。

对业主来说，成功使用 IPD 模式需要一定程度的经验和合作意愿，而 IPD 也并不会比传统的交付模式需要更多的资源，并且业主的早期介入可以令其在设计阶段就能亲身参与体验。对设计方而言，IPD 打破了其设计工作的界限和顺序，他们可以从一些烦琐的传统事务（如施工资料的发布、合同审批、招投标、与施工方沟通等）中节约出更多的时间来进行设计的推敲，以保证施工方能够提前预计成本。对施工方而言，早期的介入设计和彼此之间透明公开的协作方式能够减少其预算过程中的不确定性，保证了其预算的准确度。

通常项目（企业）选择 IPD 模式有以下五种动机。

①赢得市场（竞争力）。企业使用 IPD 的经验和对交付方式（产品）的改善能够为企业在行业竞争中领先提供优势。而对于多项目的业主来说，通过一个 IPD 项目节约的费用可以平衡到其他项目中使用。对于医疗保健行业，IPD 有可能成为一种理想的标准交付方式。

②成本的可预测性。每个项目都不想让最后的成本超过合同的预算，因此，成本的可准确预测性是一些企业或者项目选择 IPD 模式的一个主要驱动力。

③工期的可预见性。类比于项目的成本，每个项目也不想超期完成，但是工期因素仅仅是一些企业或者项目的主要考虑因素。

④风险管理。项目的风险通常被认为是项目工期和成本风险，但也可能包括与项目类型、项目位置等其他因素相关的交易风险。如果风险管理是企业或者项目主要考虑的因素，那么 IPD 模式下各参与方之间更多的交流会成为一种特殊的优势。

⑤技术的复杂程度。技术有一定复杂度的项目，需要专业的综合集成和一定程度的协同性，这些要求在 IPD 的环境下可以被满足。

（二）IPD 模式的特点

1.管理层面特点

①各主要参与方都是项目的领导者。IPD 项目的牵头人大部分是业主，但是也有可能是其他参与方的各种组合。而 IPD 项目中每一方都是项目的领导者，只要该方对项目的实施有任何意见和建议就可以站出来"领导"，这也是 IPD 项目各参与方地位平等的体现。

②集成式的项目团队结构。大多数的 IPD 项目在项目团队结构上都采用集成式。组织存在多种形式，例如，最早的 IPD 项目 Sutter Health Fairfield Medical Office Building 项目是将团队结构划分为三个层次：集成项目团队（IPT，Integrated Project Team），更高层次的核心团队（Higher Level Core

Team），执行层次委员会（Executive Level Committee），其均由三方代表组成，只是代表层级不同，解决项目中不同层次的问题。而 Spaw Glass Austin Regional Office 项目则是采用协同项目交付团队的形式（CPD，Collaborative Project Delivery）。

③运用精益建造等管理工具。在 IPD 项目的实施过程中，处处都能看见精益管理工具的使用，如最后计划者体系（LPS，Last Planner System），拉动式（Pull）的管理等。IPD 模式和精益管理都强调创造价值和减少浪费，IPD模式为精益管理思想在施工项目中的使用提供了平台空间，而精益管理工具又为 IPD 项目的成功提供了保障，因此二者是相辅相成的关系。精益工具的使用能够帮助 IPD 项目团队实现协作和做出决策。

2. 交流层面特点

①各参与方提早介入项目。各参与方提早介入项目是 IPD 最突出的特点之一，在 IPD 项目中，主要参与方甚至一些主要的水电暖的分包商在方案设计阶段就参与到项目中，这要比传统的 DBB 项目早许多。例如，项目在进行设计标准的制定时就有分包商的参与，这使得各参与方容易对项目目标达成统一，培养各方的领导意识以及帮助各方在项目初期就形成互相信任的伙伴关系。

②由主要参与方共同参与决策，对项目进行控制，共同改进和实现项目目标。IPD 模式要求各主要参与方（有时也会包括分包方）共同进行项目目标和标准的制定，以保证各方平衡决策，提高项目的效率和效益，增强各方之间的信任感。

3. 工作环境和技术层面特点

①协同工具与协同办公。IPD 项目经常会采用 BIM 和 VDC 这种三维建模工具和虚拟建设技术，其使用能够为各方的协同合作和早期介入项目提供空间与平台，而这些工具的使用也需要 IPD 各方的共同参与。大多数 IPD 项目也会要求各主要参与方在同一间办公室办公，这能够有利于问题的及时解决，提高决策效率。

②信息交流共享的网络平台。大多数 IPD 项目为了实现信息的共享与交流都建立了自己的网络信息平台，并取得了良好的效果。例如，国外某 IPD项目施工方建立了一个项目信息共享和流程审批的网站平台，使得设计审批的无纸化率达到了 50%，而这种方式也使设计方和分包商可以进行直接的交流，会议次数也会增加，从而达到交流的效果。

另外，几乎所有的 IPD 项目案例中都提到，主要参与方形成联合体后在选择合作伙伴时比较倾向于先前合作过的伙伴，这样彼此之间比较熟悉，有过成功的合作经验，更能促进彼此相互信任和坦诚。

二、基于 BIM 的 IPD 模式

（一）IPD 模式的实践准则

IPD 模式中基于项目相关方之间相互信任的合作而构成的项目团队，将鼓励团队成员聚焦于项目的整体目标与团队整体利益，而不再是团队成员所服务企业的独立目标。如果不以充分信任为基础进行合作，IPD 模式不会取得项目的成功，项目参与方之间仍然会停留在因利害冲突而相互转移风险的状态。IPD 模式和 BIM 的应用实施需要项目全体成员遵循以下实践准则。

1. 相互尊重，互相信任，互利互惠

业主、设计方、施工方、供应商必须理解并认可团队协作的价值，积极主动地作为项目团队的一个成员参与协同工作，基于相互尊重、相互信任以及互利互惠行为准则，共同制定项目的目标与激励机制。

2. 在合作基础上进行创新与决策

只有当某种思想能在项目所有成员之间自由交换时，才能激发创新，一个主意是否有价值和切合实际，要由整个团队来评判并获得改进。

3. 关键的项目成员应尽早介入

关键参与方的早期介入，可以为项目提供多学科的知识与经验，这些知识和经验对于项目的早期决策是非常有帮助的。

4. 尽早制定项目总体目标

项目总体目标应是在项目初期被全体参与成员关注并一致同意的结果，获得每一个项目成员对总体目标的理解与支持是重要的，它将推动项目成员的创新意识，鼓励项目成员以项目总体目标为框架制定其个体目标。

5. 增强设计

集成化方法让人们认识到，增强设计会产生很好的项目实施效果，通过施工阶段降低返工、避免浪费、避免工期延误展现出来。因此，IPD 方法的主旨不是简化设计，而是加强设计投入来避免在施工过程中产生更大的投入。

6. 创造开放式的交流与沟通氛围

开放、直接而坦诚的交流几乎是所有 IPD 推介者所强调的，而实际上这样的氛围在项目中的确是重要的，可以说是实现 IPD 一切目标的基础，没有这样的氛围，没有信息的开放与共享，IPD 所承诺的目标只能停留在计划层面。

7. 相匹配的技术和工具

采用相匹配的技术和工具实现项目功能性、整体性和协同工作能力的最大化，开放的、互用的数据交换将给予 IPD 强力支持，基于公开标准的技术将支持团队成员之间进行最好的交流。

8. 团队组织与负责人的选择

项目团队是一个拥有自主决策权的组织，所有的团队成员都应致力于项目团队的目标和价值观。团队负责人应是在专业工作和服务方面能力最强的团队成员。通常情况下，设计领域专家和承建商以在其各自领域的能力可赢得整个团队的支持，但是具体的角色必须结合项目实情确定。

（二）IPD 模式的组织与契约综述

在传统项目实施过程中，当出现问题时，习惯性做法是做好守住自己一方利益的准备，而将损失转移到其他方，这种做法使各参与方之间的合作受到打击。相比之下，当问题出现时，IPD 则要求参与方协调一致解决问题，共同承担责任与损失。IPD 模式战略性地重组项目的角色、工作目标以及工作方式，希望充分发挥每个项目成员的能力、知识和经验的价值，产生最佳项目绩效。在人们习惯于传统建设模式下，这种对传统角色和项目目标的重新界定，将不可避免地导致一些新问题的出现，包括如何改变参与者的习惯行为、如何在大协作环境下应对风险等。

在 IPD 项目中，项目团队应在项目早期尽快组建，项目团队一般包括两类成员：主要参与方和关键支持方。主要参与方与项目有实质性关联并从头至尾承担项目责任，与传统项目相比，IPD 的主要参与方的成员选择范围更加宽泛，一般情况下既包括业主、设计方、承包方等项目相关方，也包括因利益关系而参与进来的其他组织或个体，他们将通过合约聚集为一个整体，或被集成到单一目标实体（SPE，Single Purpose Entity，一般指项目公司）中，SPE 虽是临时的，但在工程建设过程中却是一个正式组织，可以是公司或者有限公司。关键支持方是 IPD 项目的重要角色，在为项目服务的形式上更加独立，如为项目提供结构设计咨询服务的结构专家，在许多 IPD 项目中可以以关键支持方角色为 IPD 项目提供结构设计咨询服务。关键支持方也将直接和主要参与方或 SPE 建立合同关系，并同意主要参与方之间的合作方法和工作流程，关键支持方和主要参与方的主要区别在于其阶段性，例如，在大部分建筑工程中，结构工程师一般不作为主要参与方服务于 IPD 项目，因为他们仅为项目的一个独立的阶段服务而不是贯穿整个项目生命周期，而在桥梁工程中，结构工程师作为主要参与方会更加合适。

团队一旦建立，保持团队合作的意识和开放式的交流氛围是很重要的，它将有利于信息在团队成员之间共享，有利于发挥技术工具——BIM 的重要作用。团队以保密协议约定对敏感、私密信息的共享与使用权限。成功的集成项目有着让所有成员理解、认同并遵循的决策方法和过程，最终决策权并不固定在某成员身上，而是落在经团队一致同意的决策主体上，决策主体一般是以主要参与方为主、关键支持方为辅的权力团体，决策主体一般也在项目初始阶段组建。由于团队成员之间的相互关联性较高，某一成员的离去、内部产生激化矛盾都将对团队产生较大的负面影响，因此维护团队成员的稳定性及其良好的内部关系也是 IPD 项目应重视的问题。

IPD 模式试图突破因各参与方维护自身利益而产生关系割裂、最终损害项目整体利益的现状，但这并不意味着各参与方的利益与工作范围含混不清，相反，IPD 模式对各方的责权利有着清晰的界定，IPD 团队成员的职责划分基于其能力基础，确保承担者能够胜任其职责。

主要项目成员及其职责包括以下几方面。

1. 设计方

设计方是承担产品设计的主体，参与项目设计过程的定义，在设计阶段提供增强的冲突检查服务，全面解决产品设计中潜在的冲突问题，频繁而及时地为其他成员提供用于评估和专业工作的产品设计信息，获取反馈并改进设计。

2. 施工方

在项目早期参与项目，基于其施工知识与经验，为项目提供施工方面的咨询与决策支持信息，包括施工计划、成本估算、阶段成果分析定义、系统评估、可建设性检视、采购程序定义，提供产品设计评估建议，在产品优化设计中发挥比传统项目更显著的作用。

3. 业主

业主是评估与选择设计结果的主要角色，在项目早期提出对项目建设进行分析测量的标准，按照 IPD 项目的灵活性需要，业主也将更多地协助解决项目在实施过程中所发生的问题。作为 IPD 决策主体的成员，与传统项目相比，业主将参与更多的项目细节工作，并需要为项目的持续、有效发展做出迅速反应。

从上述分析中可以看出，每一个项目都是互联的、角色间沟通和彼此承诺的网络，每个角色将承担比传统项目中更宽泛的职责，其责任之间的相互影响比传统项目更加密切，这也容易引发责任主体不清的问题。因此，在 IPD 项目实施过程中，需通过定义良好的 IPD 协议划清每个参与方的工作与责任范围，各方的利益也将在合同中相应地做出明确规定。在 IPD 协议中，需要对某方不履行职责所产生的风险做出规定，从而推动跨越传统角色及其责任的合作。IPD 协议将在所有直接参与方之间分散风险，基于这种原则和方法，设计方可能会直接分担因施工方不作为的风险，反之亦然。在洽谈协议和搭建项目团队成员关系时，这一条款将作为公认条款放在首要位置。在 IPD 模式中，项目主要参与方有必要清晰地认识他们将要承担的风险与传统项目有着本质的区别。IPD 协议是确保 IPD 项目获得成功的关键文档，伴随 IPD 模式的发展以及项目类型的不同，IPD 协议存在多种形式，本章将在其后对 IPD 协议进行更详细的介绍。

在这样的团队创建并进入项目实施后，项目参与方的利益完全依赖于项目的成功，基于项目的总体目标，各参与方的角色定位、责任目标、风险承担方式等均有清晰的界定，对各方职责的实施绩效仍然可以像传统项目那样依据合约做出明确的判定，基于相互信任的合作与明确的 IPD 协议将保驾集成化团队的工作朝着出色地实现项目目标的方向发展。最终，人们会发现，项目参与方在传统项目中养成的保护、提高自身利益的习惯将会成为促成 IPD 项目目标实现的动力，这或许说明了 IPD 模式具有艺术性的一面特征。

（三）IPD 模式下典型的项目流程

IPD 模式把项目流程划分为两个方面：集成化团队建设方面和项目实施方面，集成化团队建设是项目实施的必要条件，它由以下 6 项工作构成：

①尽可能早地确定主要项目参与方，这项工作对项目至关重要。

②对项目主要成员进行资格预审。

③考虑并选择其他项目相关方，包括行业主管部门、保险商、担保银行等。

④用易于理解的方式定义项目总体目标、利益关系以及主要参与方的活动目标。

⑤确定最适合于项目的组织与经营结构。

⑥开发、签署项目协议，定义参与方的角色、责任和权益。

在建设项目实施过程中，按照 IPD 思想重组传统建设项目的实施流程。IPD 的项目实施流程与传统项目的关键区别，是将项目决策和设计的时间尽最大可能朝项目起始方向推移，实现以尽可能小的成本产生尽可能好的设计成果。

另外，在 IPD 模式和 BIM 技术实施过程中，定义和分析项目实施的每个阶段的工作应基于以下两个关键的原则：

一是在项目早期集成来自施工方、制造方、供应商和设计方的工作果。

二是使用 BIM 技术和工具建模并准确地模拟分析项目、组织和过程。

这两个原则会在施工图设计开始之前将设计的完成度提升到相当高的水平，从而使之前的方案设计、扩初设计和施工图设计三个阶段的工作效果显著地高于其他传统的建设模式，这种高水平的早期设计的完成度使得后续阶段的设计、规范和标准审查、冲突检查等不再像传统项目那样需要付出较大的精力和时间，并在施工阶段降低返工成本、缩短施工周期。在每一个实施阶段，IPD 模式清晰定义了阶段性项目成果与各方的责任分工。

三、BIM 在 IPD 模式中的应用

（一）IPD 模式与 BIM 的相互关系

BIM 与 IPD 有着近乎完全一致的项目目标——实现项目利益的最大化，将这一目标分解开来，主要包括产品形式与功能满足业主的要求，为实现这个目标所付出的投资均能产生预期价值，项目能在最短的时间内实现，要实现项目质量和功能，需要在进行建筑实物建设投资之前，通过合适的方法让项目各参与方充分理解设计意图，在业主及相关方对产品的设计完全认可之后，再进行建筑实物的建设投资。BIM 技术和工具可以为项目提供多维可视化检视功能，对于安全、能耗、设施维护方案等诸多方面的设计结果可以进行虚拟仿真与分析，这些已被证明是在大量资金投入之前让项目相关方充分理解设计意图的最佳技术方法。IPD 团队中的设计成员需要使用 BIM 技术和工具进行优化设计，以满足业主的需求，施工管理成员则需要通过 BIM 技术对施工过程进行仿真模拟，检查施工方案在空间协调、安全保障等方面的可执行性。

BIM 是 IPD 最强健的支撑工具。BIM 可以将设计、制造、安装及项目管理信息整合在一个数据库中，为项目的设计、施工提供了一个协同工作平台，另外，由于模型和数据库可以存在于项目的整个生命周期中，在项目交付之后，业主可以利用 BIM 进行设施管理、维护等，BIM 的应用正在不断发展。一个较大的复杂项目，可能需要依赖于多个相互关联的模型。例如，加工模型将与设计模型共同产生加工信息，同时，可在设计与采购阶段进行冲突协调。在施工之前，施工方的工作模型与设计模型关联进行施工模拟，以降低材料浪费、缩短施工周期。使用 BIM 可以在项目早期阶段产生精确的施工成本与工程造价，在极端复杂的工程中应用 BIM，可能不再需要为项目的复杂性而增加额外的建设周期和资金投入。

BIM 的技术和工具不是一个系统的项目建设模式，但是 IPD 的建设模式

与 BIM 紧密关联并充分应用这种技术和工具所具有的能力。因此，项目团队有必要理解关于模型如何被开发，如何建立相互关联，如何被使用，以及信息在模型和参与方之间如何进行交换，没有对这些知识的清晰理解，模型可能被误用。软件的选用应基于功能和数据互用的需要，开放性技术平台本质上是 BIM 技术和其他模型在项目流程中的集成，这种集成将促进项目各阶段的交流，为了实现这一目标，以数据互用为目标的数据交换协议（如 IFC 标准等）已陆续开发出来。

BIM 模型的开发级别和模型精度应依据用途来确定。例如，如果将模型用于成本计划与成本控制，则模型中的协议将包括成本信息如何创建和交换，管理和交换模型的方法也应确定下来。如果 BIM 模型作为承包合同的一部分，那么模型与其他合同文档之间的关系就要确定下来。在 IPD 模式下 BIM 模型的决策和协议对于 BIM 的实施效果是至关重要的，在确定和签署之前，最好经过 IPD 团队讨论，并使项目各方达成共识。

IPD 模式所倡导的基于信任的协同工作环境和开放性交流氛围，无疑为 BIM 的数据交换提供了最佳实施环境，BIM 技术则反过来帮助 IPD 的项目参与方实现超越传统意义的协同工作。IPD 模式与 BIM 技术融合在一起，能够实现建筑产品与施工过程的同步设计，最终彻底消除因设计缺陷所导致的施工障碍和返工浪费。

（二）BIM 在 IPD 模式中的实施过程

在 IPD 模式下，BIM 应用将贯穿整个建设项目生命周期，其突出价值会体现在工程设计、施工和运营各个阶段，基于之前所描述的 IPD 典型项目流程以及国内通常对项目的阶段性划分，在 IPD 模式下的 BIM 技术的实施过程包括以下七个阶段。

1.方案设计阶段

由业主提出建筑形式、功能、成本以及建设周期相关的设计主导意见，这个主要意见是项目的主要目标，应被整个项目参与团队理解并接受。在听取业主、专业工程师、承包商等团队中各专业人员相关意见的基础上，建筑师使用 BIM 模型创建工具反映建筑方案的 3D 模型，该模型将反映出团队中各方成员对项目的相关意见。在这一创作过程中，虽然模型主要由建筑师或其助手创建，但团队其他成员所提供的专业建议，能使 3D 模型包含多方面满足项目目标的必要信息。方案模型将经过团队成员的检视、讨论并最终确定，由 IPD 团队确定的方案在建筑形式、规模范围、空间关系、主要功能、估算造价范围、结构选型等方面，同时满足业主要求及实施的可行性。

2. 初步设计阶段

业主将在检视方案设计模型的基础上，提供更加细致的项目要求，包括使项目规模、投资浮动范围、空间关系、功能要求，建筑师按照业主要求修改设计模型，并将模型提交给其他专业设计，由各专业设计人员进行专业设计和专业分析，产生量化的分析结果，包括建筑能耗、结构、设备选型、施工方案等，BIM 的 3D 模型将由单个建筑专业模型扩展为多专业的初步模型，初步模型中的关键构件、设备、系统，要经总包商、分包商、供应商检视并反馈其在制造、运输、安装等流程中的技术问题，用于建筑和系统设计的改进，并确定型号与价格范围。对于特大型及复杂项目，施工承包方在该阶段将基于初步设计模型中的构件、设备选型，创建 4D 模型，模拟项目中关键部位的施工方案，确认设计的施工可行性。团队在综合多专业信息的基础上，产生与初步产品设计及施工方案相呼应的概算造价、施工工期、安全环保措施等初步设计成果，依据初步设计成果，由业主进行后续项目进展的决策。

3. 扩大初步设计阶段

也称详细设计阶段，业主将审查初步设计模型和相应的设计结果，依据审查意见提出局部修改和细化要求。建筑师、专业工程师、分包商将进一步细化各自的专业模型，并将各专业模型集成为综合模型，进行碰撞检查与空间协调设计，承包方将依据设计模型，创建相对完整的项目 4D/5D 模型，对项目的实施进行模拟，检视项目实施过程中的组织、流程、施工技术、安全措施等方面的潜在问题，改进、完善施工方案。当产生较大的设计变更时，相关专业需要基于模型重新进行专业分析，核实设计结果。最终，整个 IPD 项目团队将产生经充分协调后的各专业模型——充分协调模型，依据充分协调模型所产生的新一轮设计概算，将作为业主审查和最终批准项目的依据。

4. 施工图设计阶段

业主将最后一次审核该项目设计，需工厂化加工的构件将由分包商或产品供应商进行加工建模和零件设计，并将加工模型叠加到相关的专业模型上，建筑、结构、设备、施工各专业将最终完善模型，并依据模型出具工程施工图。承包商将进行采购协调和施工场地、施工过程中的动态空间冲撞检查，调整优化工程施工流程。

5. 审查与最终审批阶段

IPD 团队将向建设项目的审查机构提交包括图纸、模型及相关设计文档在内的审查文件，协助审查机构审查设计，完成基于模型和图纸的施工交底。总包方继续将设计模型升级到施工模型，以满足对施工过程进行可视化项目管理的需要。

6. 施工阶段

业主或工程监理单位将监督施工过程，对有关的工程变更请求提出审核意见，工程设计方负责项目变更的设计，施工承包商负责将该阶段的相关变更反映到施工模型上，最终产生建设项目的 BIM 竣工模型，其他相关方将协助进行竣工模型的修改和完善。

7. 运营阶段

该阶段项目的设施管理单位将使用建设项目的竣工模型进行设施的管理，必要时将根据设施管理工作需要对竣工模型进行修改和优化。在 IPD 模式下，项目的规模、复杂程度不同，将使各阶段 BIM 实施的内容可能有所不同。但是，项目相关方按照一致的项目目标进行密切协同工作的特点将保持不变，该模式将是 BIM 技术发挥最佳效果的建设模式，作为区别于其他模式的典型特征，将成为与 BIM 应用相互促进、共同发展的基础。

第二节 基于 BIM 的 IPD 模式生产过程

一、传统工程建设管理模式的弊端

在传统工程建设管理模式中，决策阶段的开发管理（DM，Development Management）、项目实施的项目管理（PM，Project Management）和运营期的设施管理（FM，Facility Management）是相互分割和相互独立的，这会对整个项目的业主方和运营方管理带来种种弊端，主要表现在以下方面：

①传统管理模式中相互独立的 DM，PM 和 FM 针对决策阶段、实施阶段和运营阶段分别进行管理，往往由不同的专业队伍负责，很难对不同参与方之间的界面、不同阶段之间的界面进行有效管理，缺少对建设项目真正从全生命周期角度进行分析，全生命周期目标往往成为空中楼阁而难以实现。

②传统工程管理模式难以真正以建设项目的运营目标来导向决策和实施，最终用户需求往往从决策阶段开始就很难得到准确、全面的定义，无法实现运营目标的优化。

③传统管理模式中承担 DM，PM 和 FM 服务的专业工程师各自在本阶段代表业主或运营方利益提供咨询服务。建设项目作为一个复杂系统，要实现全生命周期目标，需要从决策阶段开始就将各方的经验和知识进行有效集成，而传统管理模式相互独立的 DM，PM 和 FM 很难做到这点。

④传统管理模式中 DM，PM 和 FM 的相互独立，造成全生命周期不同阶段用于业主或运营方管理的信息支离破碎，形成许多信息孤岛或自动化孤岛，

决策和实施阶段生成的许多对物业管理有价值的信息往往不能在运营阶段被直接、准确地使用，造成很大的资源浪费，不利于全生命周期目标的实现。

⑤适用于 DM，PM 和 FM 的信息系统为各自管理目标服务，建立在不同的项目语言和工作平台之上，难以实现灵活、有效、及时的信息沟通。

二、BIM 技术对建设生产过程的影响

（一）BIM 对建筑业生产方式的影响

BIM 应用对建筑业的生产方式产生很大的影响，参数化建模（parametric modeling）跟传统设计有非常大的区别，它等于参数化设计。以前 2D 的 CAD 用线条、圆弧来进行设计，而现在应用 BIM 是基于构件的各种参数来进行设计，设计的数据都存入了 BIM 数据库。BIM 模型不是简单地把东西放在一起，而是把它们都弄成一个相互关联的整体，通过 BIM 把整个建设工作变成一个整体。

非现场建造（offsite construction），也是 BIM 技术的主要特点功能。非现场制造量越大，代表工业化程度越高。非现场制造可以节约建设成本，加快施工速度。此外，还可以降低安全事故率和减少对环境的污染。很多安全事故和环境污染就是现场制造造成的，统计表明，非现场制造可以使事故率大大降低，环境污染大大减少。

另外，还有虚拟建造（virtual building）、数字沟通（digital communication）或者 4D（3D+construction scheduling）、5D（4D+cost modeling）、nD（performance modeling）等相关技术。4D 就是把我们的进度横道图可视化，即相当于一个 3D 加一个横道图，这样我们再看进度的时候就不是枯燥的根根横线，而是动画的工程进度视频。5D 就是将我们现在枯燥的工程量清单进行可视化，即工程量与工程实体进行可视化的、有机的链接，并能够自动计算。所谓 nD，就是对建筑性能进行可视化分析，包括能耗、消防、交通等建筑性能的可视化分析。有了 4D，5D，nD 技术就可以以可视化方式进行工程项目管理和建筑性能分析，并在此基础上，进一步实现工程项目管理自动化和建筑性能改进自动化。BIM 技术代表的是一种新的理念和实践，把现在的信息技术和商业模式结合到一起，减少建筑业的各种浪费，提高建筑效果和建筑业的效率。

（二）BIM 对建筑业生产流程的影响

BIM 不仅仅是软件，也不仅仅是技术，它也是过程。建筑行业中 BIM 技

术的应用可以改变传统的工作方式、工作习惯、项目管理，从而实现更高的效率和更低的造价，提高施工配合度。建筑设计建造过程中 BIM 技术的应用，从方案比选、初步设计的绿色建筑模拟、施工的碰撞检查、概算阶段的工程量统计以及竣工阶段的施工模拟等多个方面，可以显著提高建筑设计全周期的工作效率。

目前流行的建设模式，包括平行发包（Multi-Prime）、设计—投标—施工（Design-Bid-Build）、设计—施工或交钥匙（Design-Build）和承担风险（Construction Management at Risk）等模式，它们都有一个天生的缺陷：项目各参与方均以合同规定的自身的责权利作为努力目标，而忽视整体项目的总体目标，即参与方的目标和项目总体的目标不一致。经常出现这样的情况：项目的目标没有完成（例如造价超出预算），但某个参与方的目标却圆满完成（例如施工方实现盈利）。

而 BIM 模型中有一个 3D 的工程项目数据库，它集成了构件的几何、物理、性能、空间关系、专业规则等一系列信息，可以协助项目参与方从项目概念设计阶段开始就在 BIM 模型支持下进行项目的造型、分析、模拟等各类工作，提高决策的科学性。首先，这样的 BIM 模型必须在主要参与方（业主、设计施工方、供应商等）一起参与的情况下才能建立起来，而传统的项目实施模式由于设计、施工等参与方的分阶段介入很难实现这个目标，其结果就是设计阶段的 BIM 模型仅仅包括了设计方的知识和经验，很多施工问题还得留到工地现场才能解决。其次，各个参与方对 BIM 模型的使用广度和深度必须有一个统一的规则才能避免错误使用和重复劳动等问题。假想一个从项目一开始就建立的由项目主要利益相关方参与的一体化项目团队，这个团队对项目的目标整体成功负责。这样的一个团队至少包括业主、设计总包和施工总包三方，跟传统的接力棒形式的项目管理模式比较起来，团队变大变复杂了，在任何时候都更需要利用 BIM 技术来支持项目的表达、沟通、讨论、决策。这就是 IPD 模式的概念。

（三）BIM 对建筑业组织的影响

IPD 模式可以大幅提高建筑生产过程的效率，英国国家商业办公室的研究表明：采用 IPD 模式的项目团队通过在多个项目上的不断磨合可以持续提高项目的建设水平，磨合后的项目团队可以将目前的建设成本减少 30%，即使只在一个项目上应用 IPD，也可以减少 2%~10% 的成本。除了上述优势之外，IPD 模式还可以让主要的项目参与方从中受益。

在 IPD 的方法下，业主可以在项目的早期了解到更多的项目知识，这不仅有利于业主和各个项目参与方的交流，而且有利于业主做出正确的决策，以实现自己的目标。IPD 的方法也有助于其他项目参与方更好地理解业主的需求，帮助业主实现项目的目标。

IPD 的方法可以让承包商在设计阶段就参与其中，这样不仅可以提高他们对设计方案的理解水平，更好地安排施工计划，及时发现设计过程中存在的问题并着手解决，合理安排施工顺序，控制施工成本。总之，承包商的早期参与有助于更好地完成项目，IPD 的方法可以使设计方从承包商的早期参与中受益，例如及早发现设计方案中存在的问题，帮助设计人员更好地理解设计方案对施工的影响，IPD 的方法可以让设计人员把更多的时间投入前期的方案设计中，施工图出图的时间可以大量减少，提高对项目成本的控制能力。所有的这些都有助于项目目标的实现。

IPD 的方法需要项目各参与方之间精诚合作，这就需要各方之间相互信任。基于组织间相互信任而建立的合作关系会引导项目各参与方共同努力来实现项目目标，而不是以各自的目标作为努力的方向。相反，如果各方之间失去了相互信任，IPD 实现的基础将不复存在，各方依然会回到对抗与各自为政的老路上。IPD 的方法可以实现比传统建设方法更好的效果，但这种效果不会自动产生，它需要各方都能按照 IPD 方法的原则各司其职协同工作。

由项目各参与方组成以追求项目成功为最终目标的集成化项目团队是应用 IPD 方法的关键。在 IPD 的方法下，一旦出现矛盾或问题，各方首先考虑的将是如何携手解决问题，而不是单纯考虑如何保护各方自己的利益。在传统的建筑业中，面对矛盾和问题，自我保护已经成为各参与方的一种本能反应，它已经成为传统建设项目文化的一部分，要想改变，首先需要在项目文化上有所突破。在选择项目团队成员时，不仅需要考虑他们完成任务的能力，还需要考虑他们是否愿意采用新的方法进行协作，这两点对 IPD 项目的成功实施都至关重要。

第三节　基于 BIM 的 IPD 模式组织设计

组织论是项目管理的母学科。在国际上，对一个工程系统存在的问题往往从四个方面进行分析和诊断：组织、管理、经济和技术，而组织是其中最重要的。组织不但反映了系统结构及其运行机制，还融合了系统的管理思想，它既是系统运行的支撑条件，也是目标实现的决定性因素，任何系统目标的实现都离不开有效的组织保障。IPD 模式下的 BIM 应用和实施需要确定项目 BIM 实施目标、确定项目参与各方的任务分工及流程，只有在理顺组织的前提下，才有可能有序高效地进行 BIM 实施管理。基于 BIM 的 IPD 模式组织设计对 BIM 应用目标及项目目标的实现具有重要影响。

一、基于 BIM 的 IPD 模式组织概念

组织的含义比较宽泛，常用的组织一词一般有两个意义：动态意义为组织工作，表示对一个过程的组织，对工作的筹划、安排、协调、控制和检查，如组织一次活动；静态意义为结构性组织，是指人们（单位、部门）按照一定的目的、任务和形式编制起来的集体或团体，具有一定的职务结构或职位结构，如项目组织。建设项目组织不同于一般的企业组织、社团组织和军队组织。

在建设项目的全生命周期（包括决策阶段、实施阶段及运营阶段）中，围绕建设活动形成的组织系统不仅包括建设单位本身的组织系统，还包括参与单位共同或分别建立的针对特定工程项目的组织系统，主要包括开发方，运营方，业主方项目管理，设计总包单位，设计分包单位，总承包商，分包商，材料供应商，设备供应商、技术咨询单位、法律咨询单位及政府有关的建设和监督管理部门等。工程项目组织是建设活动开展的载体，是有意识地对建设活动进行协调的体系。基于 BIM 的工程项目 IPD 活动的项目组织范畴与传统建设模式下的项目组织范畴并无不同。为阐述方便，在不违背组织范畴划分依据的前提下，将上述复杂的组织关系简化成业主方（包括开发方、运营方、业主方项目管理，业主聘请的其他专业咨询单位）、设计方（包括设计总负责单位、专业设计单位）、施工方（包括总承包商、分包商）及供货方（包括材料供应商、设备供应商、预制构件供应商等）。他们是构成基于 BIM 的工程项目 IPD 模式的基本组织单元。基于 BIM 的 IPD 模式组织设计需要重点分析与梳理项目各主要参与方之间的跨组织关系。

二、基于 BIM 的 IPD 模式组织设计目标

作为一种新的建设项目生产组织模式，基于 BIM 的 IPD 模式强调下游组织的前期参与和投入，考虑下游组织对项目设计活动的影响，提倡组织间活动的并行和交叉，鼓励组织间的协同工作和信息共享，这些都对传统的项目组织模式提出了很大挑战。为了使基于 BIM 的 IPD 模式可以顺利实施，须对传统建设模式的组织模式进行重新设计，从组织的角度采取措施，确保项目的顺利实施。基于 BIM 的 IPD 模式的组织设计目标包括以下几点。

（一）有利于系统目标的实现

组织是系统良好运行的支撑条件，组织理论认为系统目标决定了系统的组织，组织是系统目标能否实现的决定性因素，组织反映了系统的结构，而系统的结构影响系统行为。因此，基于 BIM 的 IPD 模式的组织设计目标是促进各项目组织努力与系统目标协调一致，从组织结构上保证参与各方围绕共同目标工作，从组织分工上强化参与各方的相互关联性，使系统的目标高效率地实现。在构造基于 BIM 的 IPD 模式的组织时，目标至上原则是进行组织设计的最高原则。

（二）有利于组织系统功能的发挥

项目组织本身就是由不同项目参与方组成的系统，因而具有系统的整体性特征。参与项目建设的组织分属不同的专业和利益归属，它们既存在竞争关系，也存在合作关系，因而组织设计的目标就是要促进组织间的合作，减少组织间的内耗，共同为项目目标的实现而努力。

（三）具有充分的弹性和柔性

项目组织的弹性表现为组织的相对稳定性和对内外条件变化的适应性，柔性表现为组织的可塑性。组织权变理论认为，每个组织的内在要素和外在环境条件都各不相同，组织需要根据所处的内外环境发展变化而随机应变，具有快速响应外部环境变化和进行内部调整的能力。基于 BIM 的 IPD 模式的组织应该具备开放、动态、柔性特征，既能够适应外部环境的变化，又具有一定的稳定性。

（四）有利于形成协同化的组织环境

BIM 作为一种新的生产工具，由于内在的建筑全息模型，应用环境与传统的 2D 生产工具有着很大的区别，其功能的充分发挥需要通过不同项目组织、不同专业的协同工作来实现，因而新的组织模式应该为协同化环境的形成创造有利条件，使其可以更好地为项目服务。

三、基于 BIM 的 IPD 模式组织设计步骤

组织设计需根据组织的内在规律有步骤地进行。根据组织论的基本原理，要建立一个有效组织系统，必须首先明确该系统的目标，有了明确的目标才能分析系统的任务，有了明确的任务才可以考虑组织结构，分析和确定组织中各部门的任务与职能范围，确定组织分工，这是一个系统组织设计的基本

程序。组织设计将遵循上述原理，首先根据基于 BIM 的 IPD 模式的特点提出组织设计目标，在详细分析传统组织结构和组织分工体系对基于 BIM 的 IPD 模式实施的制约路径后，提出基于 BIM 的 IPD 模式组织结构和组织分工设计原则，并以此为根据构建基于 BIM 的 IPD 模式的组织结构和组织分工模型。组织设计并非一蹴而就，它需要在实践中不断改进，以新的认识和结论进行反复迭代，在运用过程中不断改进和完善。

四、基于 BIM 的 IPD 模式组织结构

（一）传统组织结构对基于 BIM 的 IPD 模式的制约

1. 不利于组织间的信息沟通

作为一种面向全局的综合性生产方法，IPD 的有效实施需要对信息进行高效的收集、处理、传输。基于 BIM 的 IPD 模式能否成功实施，很大程度上取决于各项目参与方的合作水平，而组织间的协同工作需要以可靠和及时的信息沟通为基础。在基于 BIM 的 IPD 模式下，项目组织间沟通频率要远高于传统建设模式，因而需要有良好的沟通途径作保障。在传统的项目组织结构下，各项目参与方之间的信息沟通方式是建立在严格的层级制基础上的，这种信息沟通方式的特点是重在纵向命令，缺乏横向沟通。一方面，纵向多层次的信息传递方式使自下而上的信息流由于受传统等级领导制度的压制而变得被动和衰减；另一方面，各项目参与方之间缺乏横向沟通使各参与方之间的信息交流形成一堵无形的信息沟通隔墙，导致设计单位与施工单位的组织分割。上述信息沟通障碍不但加剧了建设生产过程的分离，也造成工程建设过程中的信息孤岛现象及孤立生产状态，严重破坏了组织的有效性，极大降低了组织工作效率，其后果必然是工程建设成本增加、工期拖延、质量下降，甚至会导致整个工程建设失败。

2. 不利于组织间建立平等与信任的工作关系

IPD 模式的核心理念是协同合作，要求在项目生命周期内，项目各参与方紧密协作，共同完成项目目标并使项目收益最大化。而高效的合作和充分的信息共享建立在平等、信任的基础上。在传统的层级式组织内，权力意味着对组织内关键资源的支配能力，对权力的追逐和向往使传统项目组织变得等级森严、官僚和低效，组织内普遍存在的不平等现象迫使很多参与方只能是被动地执行命令。这种组织内的不平等现象和缺乏协商的独断作风在我国工程项目建设中表现得尤为突出，业主大权独揽，独断式地随意决策，设计与施工等实施方只是被动地执行决策。这种工作方式极大地挫伤了直接从事

工程建设生产活动的设计、施工及供货各方的生产积极性和工作热情。平等是信任的基础，只有参与各方平等协商，相互之间才可能建立相互信任的工作关系。不平等的地位造成利益上的矛盾，利益上的矛盾在工作过程中就会演变成不信任。项目各参与方之间缺乏信任使各方在工作之中各自为政，甚至人为地制造障碍封锁信息，业主一味压低造价，施工方为了赢利而不惜偷工减料，弄虚作假，这对工程建设的恶劣影响是不言而喻的。各参与方之间缺乏信任不仅会削弱组织的战斗力，而且使大量的资源都损耗在组织界面上，而不是用于目标的实现。

3. 不利于灵活地应对工程建设过程中的变化和风险

工程项目建设活动的最大特点是实施环境复杂多变，建设过程中会有很多不可预见的风险因素需要及时处理，正如同济大学丁士昭教授所指出的，工程项目管理依据的哲学思想就是：变化是绝对的，而不变是相对的。

要有效应对建设过程中的变化，就必须建立灵活的组织结构，可以快速对环境做出反应。但传统的组织结构往往会因为层级过多而错失解决问题的最佳时机，在建设过程中，一个指令往往要经过业主、代建方、总承包、分包商工作班组等多个层次才能最终下达到直接从事生产操作的一线工人那里。如果再考虑每个层次内部的组织结构，多层管理的复杂局面是不难想象的，这种多层级的信息传递方式不仅会因信息传递时间过长导致组织错失解决问题的最佳时机，而且容易导致信息的短缺、扭曲、失真甚至是错误。

（二）基于 BIM 的 IPD 模式组织结构设计原则

1. 目标统一及责权利平衡原则

基于 BIM 的 IPD 模式的有效运行，需要各参与方有明确统一的目标。由于项目参与方隶属于不同的单位，具有不同的利益，项目运行的障碍较大，为了使项目顺利实施，达到项目的总目标，需要注意以下几方面：

①项目参与方应就总目标达成一致。

②在项目设计、合同、计划及组织管理规范等文件中贯彻总目标。

③项目实施全过程中考虑项目参与各方的利益，使项目各参与方满意。

2. 无层级原则

基于 BIM 的 IPD 模式在组织结构上要遵循无层级、扁平化的原则。组织可以看成关系的模式，组织的基础是信息沟通。John Taylor Eric 等认为，传统层级式组织是由传统的信息管理观念决定的，传统的分工协作理论及面向管理职能的组织设计原则与传统的信息处理及传递手段有重要的直接关系。由于传统的信息处理和传递工具落后，传递速度慢、效率低，为了实现对复杂生产过程的监督和控制，只能把复杂的工作过程分解为相对简单的工作任务或活动，并针对工作任务或活动实施监督和控制，并相应地设置层层的职能管理部门进行信息的"上传下达"，可以说，传统的信息沟通方式产生了传统的层级式组织。基于 BIM 的 IPD 模式将彻底改变传统的信息传递方式，借助于 BIM 和现代网络通信工具，各项目参与方可以实现自由沟通，传统组织结构的层级设置将不再是必要的，取而代之的是无层级的网络组织，组织无层级的深层含义是否定传统组织的信息观。

3. 强化关联原则

参与工程建设的项目各参与方都是相互独立的组织系统，各方都有自己的利益归属和运行体系。但是为了完成项目目标，项目各参与方必须将自己的组织目标融入项目目标中，成为项目组织系统的一员。组织结构设计的目标是通过对组织资源的整合和优化，使之融合成统一的整体，实现组织资源价值最大化和组织绩效最大化。传统的建设模式割裂了设计与施工活动的固有联系，也造成了项目组织的分离。基于 BIM 的 IPD 模式不仅要在生产过程中恢复设计与施工的联系，而且要从组织上强化设计与施工的联系。要实现这一目标，不同项目组织间就必须强化关联，以整体的方式对待项目建设过程中的问题，项目各参与方在建设过程中既需清楚自己的职责所在，也需了解自己的工作对其他组织的影响。增强组织的关联性需综合运用多种手段：在组织结构上，打破传统的层级组织模式，建立扁平化的网络组织；在组织分工上，打破传统的组织边界，建立新的组织分工体系；在工作关系上，打破原有工作组的办公形式，建立多功能的交叉职能团队；在契约设计上，打破传统的收益与风险分配格局，建立"共赢共输"的契约体系。

4. 面向多参与方跨专业协作的工作原则

传统的工程项目组织分工强调各部门完成各自的分工任务，而非共同完成一项整合的工作，体现在组织结构上就表现为组织与组织之间，尤其是具体的工作组之间缺乏合作。而基于 BIM 的 IPD 模式强调组织间的协同工作和相互支持，形成了前后衔接、相互支援的组织系统，这就需要在不同的组织和专业之间构造具有交叉功能的项目团队。例如，在设计阶段，为了实现优化设计、降低成本的目标，要求项目各参与方在项目前期介入，成立由设计、施工、供货等不同项目参与方构成的多功能项目团队，将参与方的经验和知识联合运用到工程项目中，这样不仅可减少项目过程中错误的发生，而且可以提高项目的效率。项目团队可以理解为若干处理共同项目任务的人员组合，项目团队内没有传统的上下级秩序、指令关系和层级的沟通渠道，而是强调团队成员间信息的直接沟通、平等协作，这与传统工作组式的建设生产单元有很大区别，详见表 2-1。

表 2-1　工作组与项目团队的区别

内容	工作组	交叉功能团队
领导	其结构一般预先确定并具备层级性；其方式是由专门的领导人员进行决策，然后将具体任务分配给各个成员	领导角色通常轮换，每一个成员都可以按照其相应的技能来承担确定的领导任务；对具体的任务共同讨论、决策和开展
责任	内部由个人负责，对外部则由领导人员负责	个人和领导人员相互之间的责任，对于外部由整个团队进行负责
目标	目标从外部予以确定，其实现过程由领导人员进行控制	由团队确定其自身的目标系统，所有成员在其中相互协调
工作成果	个人的工作成果	共同的工作成果
协调会议	基本上是由领导人员主持的面向沟通的会议，其参与人员是被动的	没有约束的积极讨论，面向问题解决的会议
效率衡量	工作的效率由其他的工作组或通过确定的业绩指标予以衡量	团队的工作业绩取决于目标实现的程度和最终结果的质量

（三）基于 BIM 的 IPD 模式组织结构模型

基于上述组织设计流程及原则的分析，构造了基于 BIM 的 IPD 模式组织结构模型。其有以下四个特征。

①在模型运用划分上，该模型包括两个方面。一方面是战略层，另一方面是实施层。

战略层的成员主要是项目的核心参与方，它是指对工程项目建设具有关键性作用、需要对整个项目进行全局性决策控制或进行整体协调管理的参与方，主要由业主方、设计总包方、施工总包方构成，但可根据工程项目的具体情况增加其他关键的设计分包商和施工分包商。

实施层的成员主要是支持性参与方，它是指围绕核心参与方并接受核心参与方协调管理的、阶段性地参与工程项目局部建设的参与方。核心参与方与支持性参与方的主要区别就在于他们在项目中的地位和稳定性不同，但他们之间并没有绝对的界限。例如，在一个结构简单的住宅项目上，结构工程师可能并不是项目的核心参与方，但是在一个结构复杂的体育馆项目上（如北京的国家游泳馆"水立方"），结构工程师的地位将非常重要，并需要一直参与项目，直到竣工，在这种情况下，他就会成为项目的核心参与方。

在项目的建设周期内，支持性参与方在不同的阶段可以发生变化，但核心参与方比较稳定，流动性很小，这样可以使项目结构既保持较高的稳定性，又具有一定的柔性。

②在任务分工上，战略层与实施层有很大区别。战略层主要由业主、设计总包单位和施工总包单位等智力密集型参与方构成，承担工程项目的高层管理和决策工作。支持性参与方通常由施工分包商、专业设计方、咨询方、材料与设备供应商等技术密集型和劳动密集型参与方构成，承担工程项目的具体实施工作。具体地说，战略层的主要工作包括规划、评价、协调，实施层的主要工作是计划、实施、检查和协调，具体的任务描述如表 2-2 所示。

表 2-2 战略层与实施层的任务分工

组织层次	任务	任务描述
战略层	规划	规划是确定项目目标，明确工作任务，协商制定项目各组织共同遵循的工程项目建设运行轨道
	评价	评价是对项目目标实际完成情况的评估，并根据评估结果对实施者提出指导性建议，改进组织的建设环境
	协调	协调是把不同的组织及人的活动联系到一起的过程，对组织之间的界面进行管理，处理组织间的争议
实施层	计划	实施层的计划是对战略层规划方案的细化，并根据工程进展不断修改调整
	实施	实施是指各项目参与方按照既定的工作计划完成建设过程中的任务
	检查	检查即查看现场，掌握目标完成的情况，以便及时发现问题，采取纠正措施
	协调	协调主要是指协调各组织成员之间的工作关系，构造组织内信任与合作的工作环境

③在工作方式上，基于 BIM 的 IPD 模式将不再以 2D、抽象、分隔的图纸作为组织间协作的媒介，取而代之的是 3D、具象、关联的 BIM 模型建设。项目的协同是跨组织边界、跨地域、跨语言的一种行为，除了需要建立支持这种工作方式的网络平台外，BIM 模型由于整合了项目的空间关系、地理信息、材料数量及构件属性等几何、物理和功能信息，使项目各参与方都可以 BIM 作为协同工作的基础，高效完成与自己责任相关的各项工作。

BIM 作为组织间协同工作的基础有两层含义，首先，BIM 为各项目参与方的协同工作提供统一的数据源，提高了建筑产品信息的复用性。BIM 作为共享的数据源旨在提高数据的复用性，减少数据冗余和信息转换过程中的错误和失真，这也是应用 BIM 技术最大的优势之一，上游参与方完成的模型可以直接为下游组织所利用。这里需要注意的是，作为信息源的模型不必是最终版本，也可以是工作过程中的模型。其次，BIM 技术为项目各参与方提供了协同工作平台。例如，在设计方与业主沟通时，BIM 的可视化功能可以增强业主对设计方案的理解，减少后期变更的概率；在业主与施工单位沟通时，

4D 模拟功能则可帮助业主更好地了解施工计划，提高对施工计划的认同度；而在设计方与施工方的合作层面上，BIM 的冲突检查功能可以发现设计方案的不合理之处，提高设计方案的可建造性。BIM 模型取代图纸成为项目组织间协同工作基础的意义并不仅仅意味着生产工具的升级，其深层次的含义在于它使传统的基于 2D 图形媒介的孤立工作方式转变为基于统一产品信息源和虚拟建设方法的协同工作方式。

④在沟通方式上，传统组织的管理职能是基于命令和控制的，而在基于 BIM 的 IPD 模式的组织中，透明的工作环境使传统组织中的层层监督、严格检查的体系失去了存在的价值，基于 BIM 的 IPD 模式中的控制是通过对目标的不断评价和对现场工作的指导而间接完成的，是通过营造相互信任、互相学习的组织环境和促进工作效率提高而实现的。因此，在基于 BIM 的 IPD 模式下，传统组织结构中的单箭头直接命令变为双箭头的相互联系，传统的指令关系转变为先后关联的工作关系。

五、基于 BIM 的 IPD 模式组织分工

（一）传统组织分工体系对基于 BIM 的 IPD 模式的制约

传统的工程项目建设思想是建立在亚当·斯密的分工与合作理论之上的，把整个建设过程看作是许多单个活动或任务的总和。在这种思想的指引下，为了能更好地实现项目目标，项目中的工作会被分解为众多可供管理的项目单元，并将这些项目单元预先安排给确定学科工种的项目组织，从而建立明确的工作归属和职责分工体系。工程项目建设活动中最常用的分解工具是 WBS（Work Breakdown Structure，工作分解结构）和 OBS（Organization Breakdown Structure，组织分解结构）。在工程建设活动开展之前，项目工作人员将项目任务按产品和活动进行分解，分解得到的产品分解结构和活动分解结构将作为任务分配、责任界定及进度安排的基础；在将工作任务分解之后，再将项目组织按专业分解成 OBS，建立 WBS–OBS 矩阵，确立组织的任务分工。WBS–OBS 矩阵的建立对于控制项目生产过程，明确各参与方的任务有着重要的作用，但也无形之中形成了系统之间的工作界面和组织界面。这些界面的存在对基于 BIM 的 IPD 模式的应用具有一定的制约作用。此外，传统的组织分工体系并未考虑 BIM 技术应用带来的岗位和职责变化。

传统工程项目组织分工体系对基于 BIM 的 IPD 模式的制约因素主要有以下几点。

1. 传统组织分工体系不利于项目组织间的协同工作

建筑产品的生产涉及多专业、多组织的合作，传统的分工协作理论及面向职能的组织设计原理逐渐使工程项目建设形成了多元化生产的组织格局。每个项目组织成员来自不同的单位，有自己的目标和利益归属，各部门只负责自己职责范围内的工作，对整个组织的目标考虑较少。从大的项目组织到具体的工作班组，甚至是每一个人都只顾完成自己分内的工作，对与自己工作相关的其他组织的工作考虑较少，组织与组织之间缺乏充分的信息交流。但实际上，建设项目是由许多互相联系、互相依赖、互相影响的活动组成的行为系统，具有系统的相关性与整体性特点，系统的功能通常是通过各项目单元之间的相互作用、相互联系和相互影响来实现的。项目的分解固然可以帮助项目组织更好地控制项目建设活动，但项目的整体性特点也要求不同的组织加强联系，分析项目单元之间的界面联系，将项目还原成一个整体。

2. 传统的组织分工体系容易造成责任盲区

在项目实施过程中，很多工作虽然可以分解成较为独立的工作单元，但各工作单元之间存在复杂的关联性，即各独立工作单元之间还存在复合工作面。工作 A 虽然分解为工作 B 和工作 C，但工作 B 和工作 C 之间还存在需 B 和 C 工作组织合作完成的 B+C 界面。界面的本义是两个以上物体之间的接触面，在这里可理解为不同工作单元间合作、连接及整合的介质。随着项目复杂性和专业化分工的加剧，项目建设过程中的工作界面也在急剧增加，界面工作往往是管理上的盲点、难点，研究表明，建设过程中大量的矛盾、争执和损失都发生在界面上。如果不能正确地识别界面的存在，就可能引发系统功能实效、组织加剧分离和过程控制失灵等问题，并直接导致返工、时间浪费和成本增加。建筑生产过程中的界面管理不善问题，不但造成工作上的等待、重复、延误及返工等现象，而且是产生若干质量疑难杂症的重要原因。例如，最常见的工程质量顽症——卫生间渗漏问题，就是由于水暖专业与土建专业及防水材料专业的施工班组之间界面管理不善造成的，为了不产生渗漏问题，需要多个专业班组的精心配合，只要其中的一道工序处理不好，就可能成为渗漏的隐患。对于需要多专业协作配合的界面性工作，传统的管理办法一般是开协调会，但协调会内容往往很难及时、全面地传达到直接从事施工的工作班组那里，再者，即使同在一个交叉界面工作的各个施工班组清楚问题的症结，也往往因为隶属于不同的单位，执行着代表不同利益的工作计划，而难以实现步调一致的合作。

3. 传统的组织分工体系没有考虑 BIM 应用引起的岗位职责变化

传统的组织分工体系是针对图形文件的，没有考虑 BIM 应用引起的新的岗位职责需求。在基于 BIM 的 IPD 生产环境下，BIM 成为项目各参与方协同工作的基础和平台，借助于信息网络，BIM 模型可在任何时间、任何地点被授权人访问或更新，模型的更新和访问频率要比传统信息媒介频繁得多，在这种环境下，保证模型信息交流、共享过程的可靠性、安全性、实时性对 BIM 的应用至关重要，这不仅需要技术上的保障，也需要组织管理方面的保障，应建立针对 BIM 应用的职责分工与职能分工体系，对模型的信息交换和共享过程进行管理。目前，很多应用 BIM 的工程项目都设置了专门从事模型管理工作的工程师，这种工程师被称为 BIM 经理（BIM Manager）。除了 BIM 经理外，项目还需要 BIM 建模员（BIM Operator）来构建 BIM 模型和从事与 BIM 相关的分析工作，也需要模型协调人（BIM Facilitator）来指导 BIM 的应用。表 2-3 详细描述了这三种工作的岗位职责及对从业人员的要求。

表 2-3　与 BIM 相关岗位的职责描述

职务	岗位职责	对从业人员的要求
BIM 经理	①维护并保证模型系统的安全。BIM 经理需要定期对模型中的数据进行备份和监测，如果发现系统漏洞，应立刻对系统进行修补，并对系统的故障进行记录和汇报。②管理用户对模型的访问。BIM 经理要负责创建、删除、更新、维护用户的账户，并负责对参与方的访问权限进行及时更新、删除或分配。③对模型的不同版本进行管理。基于 BIM 的设计过程比传统的设计过程更加开放，BIM 经理需要对不同版本的模型进行管理，保证模型的实时性	BIM 经理需要担负和主导建设生产过程 BIM 的应用任务，BIM 经理需要清楚了解建模过程中可能存在的技术问题和过程障碍，制订出具有可操作性的执行计划；掌握项目的基本情况和任务安排，统筹考虑各方的需求和 BIM 的应用经验，为各方提供有针对性的服务。BIM 经理的职位有点类似于传统的项目经理的职位，但内容既包括对项目的管理，也包括对 BIM 的管理。一般来说，BIM 经理并不负责具体的建模工作，也不对模型中信息的正确与否进行检查
模型协调人	模型协调人是 BIM 早期应用所需设置的工作岗位，是一种过渡时期的岗位，他的存在主要是为了解决项目组织早期应用 BIM 经验的缺乏。他的主要任务是帮助那些不熟悉 BIM 应用的项目组织使用 BIM，为工作人员提供与 BIM 相关的服务。例如，为项目工作人员编写 BIM 使用指南，帮助现场工作人员学习和掌握如何利用 BIM 模型进行工作	模型协调人需要熟悉 BIM 的应用过程，了解如何引导项目组织以最佳方式应用 BIM，例如：引导项目参与方利用 BIM 的可视化功能进行沟通交流，利用冲突检查功能排除施工过程中的障碍，利用 4D 信息模型进行进度安排等。模型协调人主要对软件的应用比较熟悉，而对建模过程不需要有深入的了解
BIM 建模员	BIM 建模的主要任务是建立和分析 BIM 模型，保证模型信息的准确性和全面性	BIM 建模员主要需要掌握具体的 BIM 建模方法和技术，熟悉不同模型间信息转换的方法

（二）基于 BIM 的 IPD 模式对传统组织分工体系的调整

1. 建立多维的组织分工体系，强化组织间的关联

建设项目是由许多互相联系、互相依赖、互相影响的活动组成的行为系统，具有系统的相关性与整体性特点，系统的功能通常是通过各项目单元之间的相互作用、相互联系和相互影响来实现的。要高效地完成项目，就必须深刻地认识到建设过程所固有的规律，加强项目组织间的合作。传统的组织分工方法强调各部门完成各部门的工作，而非所有参与方共同完成一项整体工作。基于 BIM 的 IPD 模式将建设项目看成是一个复杂的系统，各组织间的业务并不存在绝对的界限，而是相互影响，交织成网络。各方以合作为基础去解决建设过程存在的问题，各方的业务范围将突破传统建设模式下的界限，主要表现在打破了传统组织系统中的组织边界，重新设计工作与组织架构，形成了前后衔接、相互支援的组织系统，很多工作任务已不是传统意义上的"非此即彼"关系，而是"亦此亦彼"的中间状态。从宏观层面上讲，施工方作为下游参与方，在前期介入和交叉职能团队的建立，将使下游的参与方不再仅仅局限于施工阶段的工作，他们将与业主、设计方共同确定项目的建设目标，探讨设计方案的可建造性，而设计方和业主也将对下游项目参与方的工作提供建议，如共同分析施工计划、确定材料采购的时间等。从微观层面上讲，各工作团队之间也将相互支持，例如，水、暖、电、设备安装人员在工作过程中会积极和上游的土建施工人员保持联系，紧密合作，同时也会考虑下游的装饰人员的工作安排，为之创造便利的工作条件，形成相互之间彼此依靠的合作关系。当然，工作职责的交叉一方面会有利于合作创新，但另一方面也容易导致责任界限模糊不清。因此，基于 BIM 的 IPD 模式的组织分工体系除了强调组织的协同工作，也强调要明确组织的工作范围及责任界限，相互协作并不意味着责任模糊。

2. 增加与 BIM 相关的工作岗位和职责分配

以下将分别分析说明 BIM 经理、BIM 建模员和模型协调人这些工作岗位的组织安排。

（1）BIM 经理

从理论上讲，BIM 经理的任务既可以由项目组织的内部成员来负责，也可以外包给项目组织之外的第三方，只要他具备 BIM 经理的基本业务素质并为各项目参与方所认可即可。现有的成功应用 BIM 的案例中，模型管理工作既有通过外包形式来实现的，也有通过项目组织内部人员的管理来实现的，在 Chuck Eastman 教授等编著的 BIM Handbook 中提供了相当多的相关案例。在基于 BIM 的 PD 模式下，BIM 经理一般应由组织内的成员来担任，这一方

面是因为 BIM 经理的工作中对整个项目十分重要模型涉及大量与项目相关的核心数据，交给项目组织之外的第三方来管理本身存在一定的安全风险；另一方面，BIM 经理的任务不仅仅是在技术层面从事管理工作，而且需要和应用模型的项目参与方进行大量的沟通和协调，这就需要 BIM 经理有很强的组织协调能力，而外包的工作人员短期内难以对项目有全面的了解，而且第三方组织的加入也会使项目组织关系变得更加复杂。

（2）BIM 建模员

BIM 建模员是模型的具体操作人员，如果 BIM 的应用是从设计阶段开始的，那么相应的模型构建任务可由设计人员或承包商中负责装配图设计的工程师来担任。如果项目是从施工阶段开始应用 BIM，那么业主要么聘请第三方建模人员，要么由承包商自己来完成 2D 图纸的转化任务。

在可能的条件下，项目参与方最好能自己动手建立 BIM 模型，因为利用 BIM 的目的并不仅仅是得到 BIM 模型，而且包括在建模过程中提高项目团队对项目的理解水平，只有项目团队的成员自己动手建模，才能更好地理解项目，换言之，采用外包形式建立模型的项目参与方对项目的理解深度与自己建模的组织会存有很大差异。项目各成员方合作建模的过程不但会增强组织对项目的理解深度，还会提高组织成员间的合作水平，加深成员之间的信任程度。

（3）模型协调人

模型协调人是 BIM 早期应用所需要设置的工作岗位中过渡时期的岗位，他的存在主要是为了解决项目组织早期应用 BIM 经验缺乏的问题，因而模型协调人一定要由有 BIM 应用经验的人来担任。根据现有的项目应用经验来看，项目组织应用 BIM 通常都是由某一方主导的，主导方通常都具有 BIM 应用经验，例如，在山景城医院办公楼项目上，模型协调人的职位就是由承包商 DPR 公司来担任的，DPR 公司在此前的多个项目上都使用过 BIM，深知 BIM 应用对项目的影响，因而在项目建设开始前就力主应用 BIM，并在项目建设过程中对设计方和其他分包商应用 BIM 进行指导。BIM 模型协调人可由项目组织中有 BIM 应用经验的任何一方来担任，在斯坦福大学调研的 32 个 BIM 应用案例中，由业主主导应用的项目有 15 个，由总承包商主导的项目有 9 个，由设计方主导的项目有 8 个。如果项目各参与方都没有 BIM 应用经验，也可由第三方咨询公司来负责模型协调人的工作。

（三）基于 BIM 的 IPD 模式的组织分工设计

BIM 的应用、下游组织的前端介入以及项目交叉职能团队的建立使基于

BIM 的 IPD 模式的组织分工体系与传统的组织分工体系有了很大的区别，而这种差异既体现在组织职责分工的变化上，也体现在组织职能分工的变化上。在组织职责分工上，项目各参与方所承担的职责范围较传统建设模式有很大变化。下游参与方要同业主、设计方共同确定项目的建设目标，要为设计方案的可建造性担负一定的责任，要为上游参与方的工作提供必要的信息咨询，业主和设计单位也会对下游组织的施工计划、采购方案提供建议，这些都是对传统组织任务分工体系的改变。组织的任务分工首先要明确各方的工作范围，然后明确任务的主要负责方（R）、协助负责方（A）及配合部门（I），协办方将会参与执行任务，但不对任务负责；而配合方则只提供服务（如提供信息），不具体执行任务。组织间的相互协作并不意味着责任模糊，组织职责分工设计必须遵守的原则是每项任务只能有一个主要负责方。在职能分工上，一方面项目组织需要承担传统建设模式下没有的职能，例如，由项目的核心参与方对 BIM 应用计划进行决策；另一方面，传统建设模式下由某一组织单独完成的职能将会由项目交叉职能团队来完成。

在进行组织分工设计前，还需要考虑项目的单件性特征对组织分工的影响。每个项目的项目类型、契约模式、采购内容、生产流程及管理方式都不同于其他项目，因而，在不违背契约设计和生产过程设计的前提下，本文需对项目的单件性特征做如下约定：

①在契约模式上，假设业主方与 DB 联合体（由一家设计总包单位和施工总包单位组成）签订了委托代理契约，业主只和 DB 联合体发生联系，设计分包单位、施工分包单位及材料供应商的选择和管理由 DB 单位具体负责，业主不会参与决策和分包商的甄选工作。

②在项目类型上，假设项目比较复杂，信息开发要求比较高，因此下游的承包商和材料供应商需要尽早进入项目参与项目的前期决策。

③在采购内容上，假设项目采购的种类包括 ETO（Engineering to Order，面向定单设计）的预制构件，因此预制构件供应商（供货商的一种）需要介入项目的设计过程，为预制构件的制作进行准备，也需要参与 BIM 应用计划的制订，减少后期 BIM 模型的应用障碍。

④在模型管理任务的职责分配上，假设项目设计阶段和施工阶段的模型管理任务分别是由设计方和施工方来承担。

第三章 BIM 技术与建筑施工项目管理分析

第一节 项目与建筑施工项目

一、项目的定义及其基本特征

（一）项目的定义

项目的定义有很多，其中引用较多的有国际标准化组织《质量管理体系项目质量管理指南》（ISO 10006：2003）中给出的定义："由一组有起止日期的、相互协调的受控活动组成的独特过程，该过程要达到符合包括时间、成本和资源的约束条件在内的规定要求的目标。"

（二）项目的基本特征

①由过程和活动组成的阶段是唯一的且不重复。

②有一定程度的风险和不确定性。

③可以期望在预先确定的参数内，如与质量有关的参数，提交规定的定量结果。

④有计划好的开始和完成日期，明确规定的成本和资源约束条件。

⑤在项目的持续时间内，可以临时指定人员参与到项目组织中。

⑥项目周期可能很长，且会随时间推移而受内外部变化的影响。

二、建筑施工项目

（一）建筑施工项目的特征

建筑施工项目是指需要定量的投资，经过策划、设计和施工等系列活动，在一定的资源约束条件下，以形成固定资产为确定目标的一次性活动。建筑施工项目是最常见也是最典型的项目类型，都江堰、金字塔、人民大会堂等都是建筑施工项目的典范。

1. 项目产品特征

从最终的建筑施工项目产品形态来看，建筑施工项目通常具有以下基本特征。

（1）唯一性

任何一个建筑施工项目都是独一无二的，为了某种特定的目的在特定的地点建设，其实施的过程和最终的成果是不可重复的。例如，两个外观和结构看起来完全相同的房屋，但在具体方位、建造成本和最终形成的质量等方面都是有差异的，因而不能视为两个相同的项目。

（2）固定性

建筑施工产品通常是固着在地面上不可移动的，所以建筑施工项目的生产活动不可能像其他许多工业产品的生产那样在工厂进行，而是哪里需要就在哪里建设。

（3）产品庞大，造价高

建筑施工项目普遍具有规模大、技术复杂、投资额巨大的特点。例如，京津城际铁路项目，全长 120km，造价约为 200 亿元。

2. 项目过程特征

从项目的实施过程来看，建筑施工项目通常具有以下特征。

（1）一次性

建筑施工项目产品的唯一性决定了建筑施工项目实施过程的一次性。项目管理者不可能依据以往的项目管理经验，准确地预见拟建项目设计、施工和运转过程中有可能发生的问题。因此，项目管理者必须小心仔细地评估项目实施过程，发现其缺陷或工作中可能出现的问题，并妥善加以解决。

（2）目标明确性

建筑施工项目的目标有成果性目标和约束性目标。成果性目标是指项目所形成的特定的使用功能，如一座钢厂的炼钢能力；约束性目标是指实现成果性目标的限制条件，如工期、成本、质量等。建筑施工项目的目标一旦确定，项目的范围也即随之确定。

（3）约束性

任何建筑施工项目的实施都是在一系列约束条件下进行的，这些约束条件包括时间、资源、环境、法律等。其中来自时间的约束条件最为普遍，绝大多数的建筑施工项目，客观上都要求迅速建成。巨额的投资使业主总是希望尽快实现项目目标，发挥项目的效用，有时，建筑施工项目的作用、功能、价值只有在一定的时间范围内才能体现出来。例如，某种产品的生产线建设项目，只有尽快建成投产才能及时占领市场，该项目才有价值；否则，因时间拖延，市场上同种产品的生产能力已经供大于求，那么这个项目就失去了它的价值。

（4）不确定性

由于建筑施工项目产品自身的一些特点，项目建设周期往往比较长，而且实施的过程中会不断受到外部环境因素的影响，如现场实际地质条件与设计不一致、业主需求的改变、新法律法规的颁布、市场价格的变动等。由于这些大量的不确定因素的存在，使得项目管理者很难事先做出全面详细的计划。项目管理者应当充分认识到项目的不确定性，加强对风险的管理和变更的控制，以期实现既定的项目目标。

（5）阶段性

建筑施工项目的实施过程具有明显的阶段特征。例如，就房屋建筑工程项目来讲，初期阶段的项目活动主要是组织现场排水、挖土和地基平整等工作；之后，进行主体结构混凝土浇筑、砌筑填充墙、实施安装等；接下来是装饰装修活动。在施工的各个阶段，对管理工作的要求、工作部位及施工控制的复杂程度都迥然不同，这要求项目管理者采取不断变化的组织方式以适应施工活动的需要。

（二）建筑施工项目的类型

根据项目管理的需要，建筑施工项目有不同的分类方法，常见的划分方法有以下几种。

1. 按建设性质划分

（1）新建项目

新建项目是指从无到有，新开始建设的项目。有的建设项目原有基础很小，经扩大建设规模后，其新增加的固定资产价值超过原有固定资产价值（原值）三倍以上的也算新建项目。

（2）扩建项目

扩建项目是指原有企业、事业单位，为扩大原有产品生产能力（或效益）或增加新的产品生产能力，而新建主要车间或工程的项目。

（3）改建项目

改建项目是指原有企业为提高生产效率，改进产品质量或改变产品方向，对原有设备或工程进行改造的项目。有的企业为了平衡生产能力，增建一些附属、辅助车间或非生产性工程，也算改建项目。

（4）迁建项目

迁建项目是指原有企业、事业单位，由于各种原因经上级批准搬迁到新地址建设的项目。迁建项目中符合新建、扩建、改建条件的，应分别作为新建、扩建或改建项目。迁建项目不包括留在原址的部分。

（5）恢复项目

恢复项目是指企业、事业单位因自然灾害、战争等原因使原有固定资产全部或部分报废，以后又投资按原有规模重新恢复起来的项目。在恢复的同时进行扩建的应作为扩建项目。

2. 按项目在国民经济中的作用划分

（1）生产性项目

生产性项目是指直接用于物质生产或直接为物质生产服务的项目，主要包括工业项目（含矿业）、建筑业、地质资源勘探及与农林水有关的生产项目、运输邮电项目、商业和物资供应项目等。

（2）非生产性项目

非生产性项目是指直接用于满足人民物质和文化生活需要的项目，主要包括文教卫生、科学研究、社会福利、公用事业建设、行政机关和团体办公用房建设等项目。

3. 按建设过程划分

（1）筹建项目

筹建项目是指尚未开工，正在进行选址、规划、设计等施工前各项准备工作的建设项目。

（2）施工项目

施工项目是指报告期内实际施工的建设项目，包括报告期内新开工的项目、上期跨入报告期续建的项目、以前停建而在本期复工的项目、报告期施工并在报告期内建成投产或停建的项目。

（3）投产项目

投产项目是指报告期内按设计规定的内容，形成设计规定的生产能力（或效益）并投入使用的建设项目，包括部分投产项目和全部投产项目。

（4）收尾项目

收尾项目是指已经建成投产和已经组织验收，设计能力已经全部建成，但还遗留少量尾工，需要继续进行扫尾的建设项目。

（5）停缓建项目

停缓建项目是指根据现有人力、财力、物力和国民经济调整的要求，在计划期内停止或暂缓建设的项目。

4. 按建设规模大小划分

基本建设项目可分为大型项目、中型项目、小型项目。基本建设大、中、小型项目是按项目的建设总规模或总投资来确定的。习惯上将大型和中型项目合称为大中型项目。新建项目按项目的全部设计规模（能力）或所需投资（总概算）计算；扩建项目按扩建新增的设计能力或扩建所需投资（扩建总概算）计算，不包括扩建以前原有的生产能力。基本建设项目大、中、小型划分标准是国家规定的，不同类型的项目适用的标准不同。例如，新能源基本建设项目的经济规模为风力发电装机 3000kW 及以上、太阳能发电装机 1000kW 及以上、地热发电装机 1500kW 及以上、潮汐发电装机 2000kW 及以上、垃圾发电装机 1000kW 及以上、沼气工程日产气 5000m³ 及以上及投资额 3000 万元以上的其他新能源项目。达到经济规模的为大中型新能源基本建设项目，达不到的为小型项目。

（三）建筑施工项目的组成

建筑施工项目按产品对象范围从大到小，一般可分为建设项目、单项工程、单位工程、分部工程、分项工程五个级别。

1. 建设项目

建设项目又称基本建设项目，是以实物形态表示的具体项目，一般是指在一个总体设计或初步设计范围内，由一个或几个单项工程组成，在经济上进行统一核算，行政上有独立组织形式，实行统一管理的建设单位，它以形成固定资产为目的。凡属于一个总体设计范围内分期分批进行建设的主体工程和附属配套工程、供水供电工程等，均应作为一个建设项目，不能将其按地区或施工承包单位划分为若干个建设项目。对每个建设项目，都应编有计划任务书和独立的总体设计，如一个学校、一个房地产开发小区等。

2. 单项工程

单项工程是建设项目的组成部分。一个建设项目可以是一个单项工程，也可能包括几个单项工程。单项工程是具有独立的设计文件，建成后可以独立发挥生产能力或效益的一组配套齐全的项目单元，如一所学校的教学楼、一个工厂的某个车间等。

3. 单位工程

单位工程是单项工程的组成部分，单位工程是指具有独立的设计文件，可以独立组织施工和单项核算，但不能独立发挥生产能力和使用效益的项目单元。单位工程不具有独立存在的意义，它是单项工程的组成部分，如车间的厂房建筑单位工程，车间的设备安装单位工程，还有电器照明工程、工业管道工程等。

4. 分部工程

分部工程是单位工程的组成部分，是指按工程的部位、结构形式的不同等划分的项目单元。例如，房屋建筑单位工程可划分为基础工程、墙体工程、屋面工程等；也可以按工种划分为土石方工程、钢筋混凝土工程、装饰工程等。

5. 分项工程

分项工程是分部工程的组成部分，分项工程是根据工种、构件类别、使用材料划分的项目单元。一个分部工程由多个分项工程构成，如混凝土及钢筋混凝土分部工程中的带形基础、独立基础、满堂基础、设备基础等。

（四）建筑施工项目的生命周期

建筑施工项目的一次性决定了项目的生命周期特性，任何一个建筑施工项目都会经历一个从产生到消亡的过程。一般可将建筑施工项目的生命周期划分为前期策划和决策阶段、设计与计划阶段、实施阶段及使用阶段（运行阶段）四个阶段。

1. 前期策划和决策阶段

这个阶段工作的重点是对项目的目标进行研究、论证、决策。其工作内容包括项目的构思、目标设计、可行性研究和批准立项。

2. 设计与计划阶段

这个阶段的工作主要包括设计、计划、招标、投标和各种施工前的准备工作。

3. 实施阶段

这个阶段从现场开工直到工程建成交付使用为止。

4. 使用阶段（运行阶段）

这个阶段从项目正式启用到报废为止。

在同一个项目中，有众多的参与方，如建设单位、投资人、设计单位、施工单位等。不同的参与方承担的工作任务不同。这些工作任务属于整个建筑施工项目的不同阶段，但又都符合项目的定义，也都可以独立地作为一个项目，因此就出现了从各参与方角度出发的不同的项目管理，如业主方的项目管理、设计方的项目管理、施工方的项目管理等。

第二节　项目管理与建筑施工项目管理

一、项目管理

建筑施工项目自古就有，有建筑施工项目就必然有建筑施工项目管理活动。但由于科学技术水平和人们认识能力的限制，历史上的项目管理大都是经验性的、不系统的管理，不是现代意义上的建筑施工项目管理。人们实施项目管理，无一例外是希望取得项目的成功。通常情况下，一个成功的项目至少应当满足以下条件：

①在预定的时间内完成项目的建设，按时交付或投入使用。

②在预算的费用范围内完成项目，不出现超支的情况。

③满足预期的使用功能要求，能够按照预定的生产能力或使用效果，经济、安全、高效地运行。

④项目实施能够按计划有序高效地进行，变更较少，对时间和资源的浪费较少。

事实上，对项目成功与否从来都没有一个统一标准，也不可能有。对不同的项目类型，从不同的角度，在不同的时点，以不同的身份对项目成功会有不同的认识和标准。例如，对承包商来讲，通过项目的实施取得了超额的利润可能被认为是成功的，但是对业主来讲，可能意味着投资控制不力，从而被认为是失败的。

现代项目管理理论认为，项目管理是通过项目经理和项目组织的努力，运用系统理论和方法对项目及其资源进行计划、组织、协调和控制，旨在实现项目的特定目标的管理方法体系。现代项目管理知识体系可分为以下三个层次。

1. 技术方法层

这是项目管理知识体系中最基础层面的内容，主要是一些相对独立的技术和方法，如工作分解采用的 WBS（工作分解结构）技术、进度管理中采用的网络计划技术、成本管理中采用的挣值法、质量管理中的控制图法等。

2. 系统方法层

这是项目管理知识体系中较高层面的知识，强调的是一种综合集成型的方法和技术的有机集合，如项目质量管理中采用的全面质量管理体系方法、项目管理信息系统的应用等。

3. 哲理层

哲理层的知识是项目管理知识体系中最高层面的知识，是整个项目管理知识体系的灵魂，如系统的思想、动态平衡的观念等。

二、建筑施工项目管理

（一）建筑施工项目管理的类型

建筑施工项目管理是项目管理中的一类，其管理对象为建筑施工项目。每个建筑施工项目都可以看作是存在于整个社会经济系统下的一个相对独立的、动态开放的小系统。在建筑施工项目的建设过程中，存在众多的参与主体，各参与主体的建设活动不仅会对项目自身的最终结果产生影响，也会作用于周围的社会环境，所以，受项目建设过程和成果影响的相关组织和个人也会对项目有些要求，整个项目的建设过程都会渗透着社会经济、政治、技术、文化、道德和伦理观念的影响和作用。因此，从不同的角度可将项目管理分为不同的类型。

1. 按管理层次不同划分

项目管理按管理层次不同，可分为宏观项目管理和微观项目管理。

（1）宏观项目管理

宏观项目管理是指政府（中央政府和地方政府）作为主体对项目活动进行的管理。宏观项目管理的对象是某一类或某一地区的项目，而不是某一个具体的项目。宏观项目管理的目的是追求国家或地区的整体综合效益，而不是某个具体项目的微观效益。宏观项目管理的手段包括利用行政手段、法律手段和经济手段，如制定与贯彻相关的法规、政策，调控项目资源要素市场，制定与贯彻项目实施程序、规范和标准，监督项目实施过程和结果等。

（2）微观项目管理

微观项目管理是指项目的主要参与方为了各自的利益而以某一具体项目为对象进行的管理，包括业主方对建设项目的管理、承包商对承包项目的管理、设计方对设计项目的管理等。一般意义上的项目管理均指的是微观项目管理。微观项目管理的对象是某一管理主体所承担的具体的项目任务。微观项目管理的目的是项目管理主体自身利益的实现。微观项目管理的手段通常为具体的经济、技术、合同和组织等手段。

2. 按管理范围和内涵不同划分

项目管理按管理范围和内涵不同，可分为广义项目管理和狭义项目管理。

（1）广义项目管理

广义项目管理包括从项目投资意向、项目建议书、可行性研究、建设准备、设计、施工、竣工验收、项目运行使用直至项目报废拆除所进行的全生命周期的管理。广义项目管理的主体是业主，其管理追求的是项目全生命周期的最优，而不是局部或阶段的最优。

（2）狭义项目管理

狭义项目管理指从项目正式立项（从项目可行性研究报告获得批准）到项目通过竣工验收开始使用为止这一阶段所进行的管理。一般来说，项目管理多指的是狭义项目管理。

3. 按管理主体不同划分

一项工程的建设，涉及众多的管理主体，如项目业主、项目使用者、科研单位、设计单位、施工单位、生产厂商、监理单位等。不同的管理主体在项目管理各阶段的任务、目的和内容各不相同，因而形成了不同主体的项目管理，主要包括以下几个方面。

（1）业主方项目管理

业主方项目管理是指由项目业主或委托人对建筑施工项目建设全过程所进行的管理，是业主为实现预期目标，运用所有者的权力组织或委托有关单位对建筑施工项目进行策划和实施计划、组织、协调、控制等管理职能的过程。

业主方项目管理的主体是业主或代表业主利益的咨询方。项目业主泛指项目的所有出资人，包括资金、技术和其他资产入股等。但项目业主实质上是指项目在法律意义上的所有人，是指各投资主体依照一定的法律关系所组成的法人形式。目前我国所实施的项目法人责任制中的项目法人就是业主方项目管理的主体之一，按项目法人责任制的规定，新上项目的项目建议书被批准后，由投资方派代表，组建项目法人筹备组，具体负责项目法人的筹建工作，待项目可行性研究报告获得批准后，正式成立项目法人，由项目法人对项目的策划、资金筹措、建设实施、生产经营、债务偿还、资产的增值保值，实行全过程负责，依照国家有关规定对建设项目的建设资金、建设工期、工程质量、生产安全等进行严格管理。

业主是建筑施工项目实施过程的总集成者——人力资源、物资资源和知识等，他在项目目标的决策、项目实施过程的安排、项目其他参与方的选择等问题上均起决定性的作用。因此，业主方的项目管理是各方建筑施工项目管理的核心。

（2）设计方项目管理

设计方项目管理是指设计方受业主委托承担建筑施工项目的设计任务，以设计合同所界定的工作目标及责任义务作为管理的对象、内容和条件的过程，通常简称设计项目管理。设计方项目管理大多数情况下是在项目的设计阶段，但业主根据自身的需要可以将建筑施工设计项目的范围往前或往后延伸，如向前延伸到前期的可行性研究阶段或向后延续到施工阶段，甚至竣工、交付使用阶段。一般来说，建筑施工设计项目管理包括以下工作：设计投标、签订设计合同、开展设计工作、施工阶段的设计协调工作等。建筑施工设计项目的管理同样要进行质量控制、进度控制和费用控制，按合同的要求完成设计任务，并获得相应的报酬。设计方的项目管理是建筑施工设计阶段项目管理的重要方面，只有通过设计合同，依靠设计方的自主项目管理，才能贯彻业主的建设意图和实施设计阶段的投资、质量和进度控制。

（3）施工方项目管理

施工方项目管理是指站在施工方的立场，按照建筑施工承包合同所确定的任务范围，通过有效的计划、组织、协调和控制，使所承包的项目在满足合同所规定的时间、费用和质量要求的条件下完成，并实现预期的建筑施工承包利润的过程。在大多数情况下，施工方项目管理的范围包括建筑施工投标、签订建筑施工承包合同、施工与竣工、交付使用等过程，但在项目管理实践中，根据业主选择的发包方式不同，承包方项目管理的范围还有可能是包含设计与设备采购的建设总承包，也有可能是只承担部分施工任务的专业分包或劳务分包。

（4）其他方项目施工管理

在建筑施工项目管理中，除了以上三个管理主体外，还有许多其他参与方，如监理方、材料和设备的供应方、咨询方等，这些参与方也都有着各自的项目管理任务，通过自身的项目管理工作，实现项目管理目标，并获得合理的利润。尽管他们各自的任务不同，工作内容也不同，但在项目管理方法和技术的使用上是相同的。

（二）建筑施工项目管理的基本目标

争取项目成功是建筑施工项目管理的最终目标。但是对以工程建设为根本任务的建筑施工项目管理来说，判断其是否成功的主要标准就是建筑施工项目建设目标完成的程度如何。在评价建筑施工项目管理绩效的目标体系中至少包括以下五个方面。

1. 安全

安全是指安全地建造。这是所有的项目管理目标中最基本的目标，没有什么东西比人的生命和健康更重要，任何施工生产活动成果的取得都不应当以牺牲建筑工人的健康和生命为代价。

2. 质量

质量是指满足事先所确定的对项目的各种要求，使其具备相应的功能。这个目标是建筑施工项目管理的核心目标，如果项目产品质量不能得到保证，项目无法实现预期的使用价位，则任何其他目标的实现都是毫无意义的。

3. 工期

工期是指在施工合同要求的时间内完成项目施工任务。工期目标往往是业主强调最多的目标，因为项目及早建成投入使用，可以为业主尽快带来投资回报，反之，工期的拖延很可能会使项目失去最佳的市场盈利机会。因此，所有项目管理计划的安排，都必须以保证工期为前提，如果工期目标难以保证，则再经济合理的方案也无法获得业主的认可。

4. 成本

成本是指为完成项目任务而支付的价值牺牲。对项目施工成本的有效管理是项目盈利的关键，而对利润的追逐是所有企业的本性。因此，在项目管理中，对任何活动的决策都应当考虑成本支出的必要性和合理性。

5. 环境保护

环境保护是指保证施工过程中不对环境造成破坏和污染。环境是人类生存和发展的基本前提，对环境的保护是人类可持续发展的必然要求。在施工项目生产活动中，应当尽可能全面地识别其存在的环境因素，采取措施，把施工生产活动对环境的破坏降至最低。

在这些目标中，质量、工期和成本是传统的三大项目管理目标，这些目标反映了为完成项目任务而对项目管理工作自身的基本要求。环境保护目标和安全目标为外部施加于项目的目标。环境保护目标体现了整个社会可持续发展的要求，安全目标体现了对人权的尊重与要求，这两个目标均反映了对建筑业企业承担社会责任的要求。

五个项目管理目标之间既相互矛盾，又相互统一。一方面，采取赶工措施会使工期缩短，但是需要额外支付赶工的费用，使成本增加；采取环境保护措施和安全措施，会导致工作量增加，致使工期延长，成本上升，这些都是矛盾的表现。另一方面，安全的施工环境会提高劳动生产效率，降低成本；良好的质量会降低返工返修的成本，这些都是统一的表现。在建筑施工项目管理中，必须保证各项目管理目标之间的均衡性和合理性，任何片面强调工期、成本或质量的做法都是不可取的。

（三）建筑施工项目管理的工作内容

项目管理目标是通过项目管理工作活动实现的，由于工程项目的复杂性，要想实现项目管理目标就必须对项目进行全过程、多方面的管理。从不同的角度，对项目管理的工作内容可有不同的描述。

1. 从管理职能角度

按照法约尔（Fayol）对管理职能的定义，项目管理工作就是对项目进行计划、组织、指挥、协调和控制，使项目参与者在项目组织中有效率地完成既定的项目任务。

2. 从项目管理过程角度

在建筑施工项目实施的不同阶段，项目管理工作的内容各有不同。

（1）发起过程

获得批准或许可，正式开始一个项目或项目的某一阶段的工作。

（2）规划过程

明确项目工作范围，优化管理目标，并为实现目标制订一系列管理计划，包括项目总体计划、工期计划、成本（投资）计划、资源计划等。

（3）实施过程

完成项目管理计划的工作，以实现项目管理目标。

（4）收尾过程

完结所有过程活动，以正式结束项目或项目工作阶段。

3. 从管理任务范围角度

按照项目管理任务范围，项目管理工作可分为以下几个方面。

（1）成本管理

成本管理具体的管理活动包括：工程估价，即工程的估算、概算、预算；成本（投资）计划；支付计划；成本（投资）控制，包括审查监督成本支出、成本核算、成本跟踪和诊断；工程款结算和审核等。

（2）工期管理

这方面的工作是在工程量计算、实施方案选择、施工准备等工作的基础上进行的。具体的管理活动包括：工期计划编制、资源供应计划和控制以及进度控制。

（3）质量管理

这方面的工作主要包括：制定质量目标、质量策划、质量控制、质量保证和质量改进。

（4）安全管理

这方面的工作主要包括：制定安全目标、危险源辨识与评价、制定安全管理方案、安全控制、应急预案的编制等。

（5）环境管理

这方面的工作主要包括：制定环境管理目标、环境因素的识别与评价、制定环境管理方案、运行控制、应急预案的编制等。

（6）合同管理

这方面有以下具体管理活动：招投标管理、合同规划、合同实施控制、合同变更管理、索赔管理等。

（7）组织和信息管理

这方面包括以下具体管理活动：建立项目组织机构和安排人事，选择项目管理班子；制定项目管理工作流程，落实各方面责权利关系，制定项目管理规范；处理内部与外部关系，沟通、协调各方关系，解决争执；确定组织成员（部门）之间的信息流，确定信息的形式、内容、传递方式、时间和存储，进行信息处理过程的控制等。

（8）风险管理

由于项目实施过程的不确定性，项目管理必然会涉及风险管理，它包括风险识别、风险计划和控制等。

（9）现场管理

这方面的内容包括：合理规划施工用地、科学进行施工现场平面布置、现场防火、文明施工等。

第三节 建筑施工项目管理系统分析

任何建筑施工项目都是一个系统，具有鲜明的系统特性。建筑施工项目的管理者和参与者都必须确立基本的系统观念。下面主要从系统和系统工程的基本概念入手，系统地介绍建筑施工项目的系统性、建筑施工项目的结构分析、建筑施工项目的界面分析等。

一、系统与系统工程的概念

（一）系统的概念

系统的概念来自人类长期的社会实践及工程实践。中外学者从不同角度对系统的定义做出了描述。在《韦氏词典》中，对系统一词的解释是，"有组织的或被组织化的整体所形成集合整体的各种概念、原理的综合，由有规律的相互作用或相互依存形式结合起来的对象的集合"。《中国大百科全书·自动控制与系统工程》中的解释是，"系统是由相互制约、相互作用的一些部分组成的具有某种功能的有机整体"。在日本工业标准（JIS）中系统被界定为"许多组成要素保持有机的秩序，向同一目的行动的集合体"。一般系统论的创始人奥地利生物学家 L.V. 贝塔朗菲（L.V.Bertalanfy）把系统定义为"相互作用的诸要素的综合体"。美国著名学者 R.L. 阿柯夫（R.L.Ackof）则认为，"系统是由两个或两个以上相互联系的任何种类的要素构成的集合"。我国的钱学森院士将系统定义为"由相互作用和相互依赖的若干组成部分合成的具有特定功能的有机整体"，并指出，"这个系统本身又是它所从属的一个更大系统的组成部分"。虽然这些定义的表述不同，所涉及的学科领域不同，但其本质是相同的。因此，系统是由两个以上有机联系、相互作用的要素所组成，具有特定结构、环境和功能的整体。该定义有四个要点。

1. 系统及要素

系统是由两个以上要素组成的整体，构成这个整体的各个要素可以是单个事物（元素），也可以是一群事物组成的分系统、子系统等。

2. 系统和环境

任何一个系统都是它所从属的一个更大系统（环境或超系统）的组成部分，并与其相互作用，保持较为密切的输入输出关系。系统连同其环境或超系统一起形成系统总体。系统与环境也是两个相对的概念，例如，一辆汽车或一架飞机的发动机、一个企业的生产线、一所大学的某个学院都分别是一个子系统；而一辆汽车对于一个车队、一架飞机对于一个航空公司、一所高校对于全国或地区的高教系统来说，分别只是其中的一个组成部分或一个子系统。

3. 系统的结构

在构成系统的诸要素之间存在一定的有机联系，这样在系统的内部形成一定的结构和秩序。结构即组成系统的诸要素之间相互关联的方式。

4. 系统的功能

任何系统都应有存在的作用与价值，有运作的具体目的，即都有特定的功能。系统的功能会受到环境和结构的影响。

（二）系统工程的概念

我国著名科学家钱学森曾指出："系统工程是组织管理系统的规划、研究、设计、制造、试验和使用的科学方法，是一种对所有系统都具有普遍意义的科学方法。"简言之，"系统工程就是组织管理系统的技术。"

美国学者切斯纳（H.Chestnut）于 1967 年指出："系统工程认为，虽然每个系统都是由许多不同的特殊功能部分所组成的，而这些功能部分之间又存在相互联系，但是每一个系统都是完整的整体，都要求有一个或若干个目标，系统工程则按照各个目标进行权衡，求得最优解或满意解，并使各组成部分能够最大限度地相互适应。"

日本学者三浦武雄指出："系统工程与其他工程学的不同之处在于它是跨越许多学科的科学，而且是填补这些学科边界空白的边缘科学。因为系统工程的目的是研究系统，而系统不仅涉及工程学的领域，还涉及社会经济和政治等领域。为了圆满解决这些交叉领域的问题，除了需要某些纵向的专门技术以外，还要有一种技术从横向上把它们组织起来。这种横向技术就是系统工程，也就是研究系统所需的思想、技术、方法和理论等体系化的总称。"

中国系统工程学会前理事长、中国工程院院士许国志教授认为，系统工程是一大类工程技术的总称，它有别于经典的工程技术；它强调方法论亦即一项工程由概念到实体的具体过程，包括规范的确立，方案的产生与优化、实现、运行和反馈；因为优化理论成为系统工程的主要内容之一，规划运行中的问题不少是离散的，所以组合优化又显得至关重要。综上所述，系统工程是从总体出发，合理开发、运行和革新一个大规模复杂系统所需的思想、理论、方法与技术的总称，属于一门综合性的工程技术。

二、建筑施工项目的系统性

任何建筑施工项目都是一个系统，具有鲜明的系统特性。作为项目的管理者，在实施建筑施工项目管理时，必须有意识地培养自己的系统观，用系统的思想、原理和方法研究分析项目的系统构成以及与这个系统有关的一切内外部环境，全面、动态、统筹兼顾地分析处理问题，寻求建筑施工项目系统目标的总体优化以及与外部环境的协调发展。

（一）建筑施工项目系统描述

建筑施工项目是一个复杂的系统，有其自身的结构和特点，要想对一个建筑施工项目有全面的认识，需要从多个角度对其进行描述和观察。以下是几种重要的建筑施工项目系统描述。

1. 目标系统

建筑施工项目的目标系统，即对建筑施工项目所要达到的最终结果状态进行描述的系统。建筑施工项目通常具有明确的系统目标,各层次的项目目标是项目管理的一条主线,人们通常会首先通过项目目标来了解和认识一个项目。建筑施工项目目标系统有如下特点。

(1)项目目标系统有自身的结构

任何系统目标都可以逐层分解为若干个子目标,子目标又可分解为若干个可操作的目标。例如,建筑施工项目施工环境保护目标是建筑施工项目管理目标的一个子目标,这一子目标又可分为大气污染防治目标、水污染防治目标、噪声污染防治目标、危险废弃物处置目标等。

(2)完整性

项目通常是由多目标构成的一个完整的系统,项目目标应完整地反映上层系统对项目的要求,特别是来自法律、法规的强制性目标因素。目标系统的缺陷会导致工程技术系统的缺陷、计划的失误和实施控制的困难。

(3)均衡性

目标系统应是一个稳定的均衡的目标体系。片面地、过分地强调某一个目标(子目标),而牺牲或损害另一些目标,会造成项目的缺陷,如过分地强调进度可能会导致成本上升、质量下降、安全业绩降低等情况。项目管理者应当不断平衡进度、质量、成本、安全等目标之间的相互关系,才能维持项目作为一个整体的稳定性。建筑施工项目目标的均衡性除包含同一层次的多个目标之间的均衡外,还包括项目总体目标及其子目标之间的均衡、项目目标与组织总体战略目标之间的均衡等。

(4)动态性

目标系统有一个动态的发展过程。它是在项目目标设计、可行性研究、技术设计和计划中逐渐建立起来的,并形成了一个完整的目标保证体系,由于环境在不断变化,上层系统对项目的要求也会变化,项目的目标系统在实施中也会产生变更。例如,目标因素的增加、减少,指标水平的调整,会导致设计方案的变化、合同的变更和实施方案的调整。对目标系统的定义存在于项目章程、项目任务书、合同文件、施工组织设计或项目管理大纲等项目管理文件中。

2. 对象系统

建筑施工项目是要完成一定功能、规模和质量要求的工程,这个工程是项目的行动对象。建筑施工项目是由许多分部分项工程和许多功能区间组合起来的综合体,有自身的系统结构形式。例如,一个学校由各个教学楼、办公楼、实验室、学生宿舍等构成,其中教学楼又可分解为建筑、结构、水电、机械、技术、通信等专业要素。它们之间互相联系、互相影响、互相依赖，共同构成项目的工程系统。建筑施工项目的对象系统通常表现为实体系统形式，可以进行实体的分解，得到工程结构。

建筑施工项目的对象系统决定项目的类型和性质，决定项目的基本形象和本质特征，决定项目实施和项目管理的各个方面。例如，具有同样使用功能的钢结构工业厂房和现浇钢筋混凝土结构的工业厂房，钢结构施工生产活动的主要内容是结构构件的预制和吊装，而现浇钢筋混凝土结构施工生产活动的主要内容则是模板安装、钢筋绑扎、混凝土浇筑。建筑施工项目的对象系统是由项目的设计任务书、技术设计文件（如实物模型、图样、规范、工程量表）等定义的，并通过项目实施完成。

3. 行为系统

建筑施工项目的行为系统即实现项目目标、完成项目任务的所有必需的过程活动的集合。这些活动之间存在各种各样的逻辑关系，构成一个有序、动态的工作过程。各种项目管理计划编制的主要内容通常就是对项目实施行为进行系统安排。

项目行为系统的基本要求如下：

①应包括实现项目目标系统所必需的所有工作，并将它们纳入计划和控制过程中。

②保证项目实施过程程序化、合理化，均衡地利用资源（如劳动力、材料、设备），降低不均衡性，保持现场秩序。根据各项活动之间的逻辑关系，制定有序的工作流程。

③保证各分部实施和各专业之间有利的、合理的协调。通过项目管理，使上千个、上万个工程活动成为一个有序、高效、经济的实施过程。项目的行为系统也是抽象系统，用项目结构图、网络计划、实施计划、资源计划等表示。

4. 组织系统

项目的组织系统是由项目的行为主体构成的系统。由于社会化大生产和专业化分工，一个项目的参加单位（或部门）可能有几个、几十个甚至成百上千个，常见的有业主、承包商、设计单位、监理单位、分包商、供应商。它们之间通过行政的或合同的关系连接形成一个庞大的组织体系，为了实现共同的项目目标承担着各自不同的项目任务。项目组织是一个目标明确开放的、动态的、自我形成的组织系统。

上述几个系统之间又存在着错综复杂的内在联系，它们从各个方面决定着项目的形象。

（二）建筑施工项目的系统特点

从前面的分析可见，项目是一个复杂的社会技术系统。按照系统理论，建筑施工项目具有如下系统特点。

1. 综合性

任何建筑施工项目系统都是由许多要素组合起来的。不管从哪个角度分析项目系统，如组织系统、行为系统、对象系统、目标系统等，都可以按结构分解方法进行多级、多层次分解，得到子单元（或要素），并可以对子单元进行描述和定义。这是项目管理方法使用的前提。

2. 相关性

建筑施工项目各个子单元之间互相联系，互相影响，共同作用，构成一个严密的、有机的整体。项目的各个系统单元之间、项目各系统与大环境系统之间都存在复杂的联系与界面。

3. 目的性

建筑施工项目有明确的目标，这个目标贯穿项目的整个过程和项目实施的各个方面。由于项目目标因素的多样性，它属于多目标系统。目标系统是建筑施工项目系统的核心。

4. 开放性

任何建筑施工项目都是在一定的社会历史阶段、一定的时间和空间中存在的。在它的发展和实施过程中一直是作为社会大系统的一个子系统，与社会大系统的其他方面（环境）有着各种联系，有直接的信息、材料、能源、资金的交换。

建筑施工项目的输出有：工程设施、产品、服务、利润、信息等。

建筑施工项目的输入有：原材料、设备、资金、劳动力、服务、信息、能源、上层系统的要求和指令。

只有开放的系统，才存在系统的功能，具有功能的建筑施工项目才有建造的价值。项目受到环境系统的制约，必须利用环境系统提供的条件与系统环境协调并共同作用。

5. 动态性

建筑施工项目的各个系统在项目过程中都显示出动态特性。例如，整个项目是一个动态的、渐进的过程；在项目实施过程中，由于业主要求和环境发生变化，必须相应地修改目标，修改技术设计，调整实施过程，修改项目结构；项目组织成员随相关项目任务的开始和结束而进入和退出项目。

6. 其他特点

除以上特点之外，建筑施工项目系统还可表现为其他特点，如新颖性、复杂性和不确定性等。

（1）新颖性

现代建筑施工项目的技术含量越来越高，包括大量的高科技、开发型、研究型的工作任务。在项目设计、实施及运行过程中，需要新知识、新工艺。

（2）复杂性

这表现在现代建筑施工项目的规模大、投资大、持续时间长、参加单位多，需要国际的合作，合同条件越来越复杂，环境和其他方面对项目的要求越来越高。

（3）不确定性

现代建筑施工项目都面临许多风险，由于外界经济、政治、法律及自然等因素的变化造成对项目的外部干扰，使项目的目标、成果及实施过程有很大的不确定性。

三、建筑施工项目的结构分析

（一）建筑施工项目结构分析的概念

建筑施工项目是由许多互相联系、互相影响、互相依赖的工程活动组成的行为系统，它具有系统的层次性、集合性、相关性、整体性特点。按系统工作程序，在具体的项目工作，如设计、计划和实施之前必须对这个系统作分析，确定它的构成及它的系统单元之间的内在联系。

建筑施工项目结构分析工作包括如下几方面内容。

1. 对项目的系统总目标和总任务进行全面研究

以划定整个项目的系统范围，包括工程产品范围和项目实施责任范围。

例如，对于承包商，分析的对象是招标文件（包括合同文件、规范、图样、工程量表），通过分析可以确定承包商的工程范围和应承担的总体的合同责任。

2. 建筑施工项目的结构分解

按系统分析方法将由总目标和总任务所定义的项目分解开来，得到不同层次的项目单元（工程活动），或者将项目总任务或总目标分解为各种形式的工程活动。建筑施工项目结构分解可以按照一定的规则由粗到细、由总体到局部、由上而下地进行。结构分解是项目系统分析最重要的工作。

3. 项目单元的定义

将项目目标和任务分解落实到具体的项目单元上，从各个方面（质量、技术要求、实施活动的负责人、费用限制、工期、前提条件等）作详细的说明和定义。这项工作应与相应的技术设计、计划、组织安排等工作同步进行。

4.项目单元之间界面的分析

项目单元之间界面的分析包括界限的划分与定义、逻辑关系的分析、实施顺序的安排。通过项目结构分析，将一个完整的项目分解成各个相对独立的项目单元，再通过项目单元之间的界面分析，将全部项目单元还原成一个有机的项目整体。

项目结构分析是项目管理的基础工作，又是项目得力的工具。实践表明，对于一个大的复杂项目，没有科学的系统结构分析，或是项目结构分析的结果得不到很好的利用，则不可能有高水平的项目管理，因为项目的设计、计划和控制不可能仅以整个笼统的项目为对象，而必须考虑各个部分、各个细节，考虑具体的工程活动。

项目结构分析是一个渐进的过程，它随着项目目标设计、规划、详细设计和计划工作的进展逐渐细化。

在项目的设计和计划阶段，人们常常难以把所有的工作（工程）都考虑周全，也很难透彻地分析各子系统的内部联系，所以容易遗忘或疏忽一些项目所必需的工作（工程）。这会导致项目设计和计划的失误、项目实施过程中频繁的变更、实施计划被打乱、项目功能不全和质量缺陷、激烈的合同争执，甚至可能导致整个项目的失败。而在项目设计和计划阶段的结构分析能使项目构思更有条理地转化为明确的项目目标体系，在项目实施阶段的结构分析将为解决各种复杂的项目管理问题打下基础。

因此，有必要在项目的总目标和总任务定义后进行详细的、周密的项目结构分析，系统地剖析整个项目，以避免上述情况发生。在国外它又被称为"计划前的计划"或"设计前的设计"。项目越大、越复杂，这项工作越重要。

（二）项目管理中常用的系统分解方法

系统分解方法是将复杂的管理对象进行结构分解，以观察内部结构和联系。它是项目管理最基本的方法之一。在项目管理中常用的系统分解方法有以下几种。

1.结构化分解方法

任何项目系统都有独特的结构，都可以进行结构分解。例如，工程的技术系统可以按照一定的规则分解成子系统、功能区间和专业要素；项目的目标系统可以分解为系统目标、子目标、可执行目标；项目的总成本可以分解为各成本要素。此外，组织系统、管理信息系统也都可以进行结构分解。

2. 过程化分解方法

项目由许多活动组成，是活动的有机组合及形成过程。该过程可以分为许多互相依赖的子过程或阶段。在项目管理中，可以从如下几个角度进行过程分解。

（1）项目实施过程

根据系统生命周期原理，把建筑施工项目科学地分为若干发展阶段，每一个阶段还可以进一步分解为若干工作过程。例如，北大西洋公约组织将武器研制项目分为七大阶段：任务需求评估、初步可行性研究、可行性研究、项目决策、计划与研制、生产以及使用等阶段。每两个阶段之间有一个决策点和正式评审程序，每个阶段又可分解为许多工作过程。

（2）管理工作过程

例如，整个项目管理过程，或某一种职能管理（如成本管理、合同管理、质量管理等）过程都可以分解为许多管理活动，如预测、决策、计划、实施控制、反馈等。

（3）行政工作过程

例如，在项目实施过程中有各种申报和批准的过程、招标投标过程等。

（4）专业工作的实施过程

从专业的角度对项目实施过程进行分解，对工作包内工序（或更细的工程活动）的安排和构造工作包的子网络十分重要。例如，基础工程施工可以分解为打桩、挖土、做垫层、扎钢筋、支模板、浇混凝土、回填土等工程活动。

在这些过程中，项目实施过程和管理工作过程对项目管理者来说是最重要的过程，他必须十分熟悉这些过程。项目管理实质上就是对这些过程的管理。

（三）项目结构分解过程

对于不同种类、性质、规模的项目，从不同的角度进行结构分解的方法和思路有很大的差别，但分解过程却很相近，其基本思路是：以项目目标体系为主导，以工程技术系统范围和项目的总任务为依据，由上而下、由粗到细地进行。一般经过如下几个步骤：

①将项目分解为单个定义的且任务范围明确的子部分（子项目）。

②研究并确定每个子部分的特点和结构规则、它的实施结果以及完成它所需的活动，以作进一步的分解。

③将各层次结构单元（直到最低层的工作）收集于检查表上，评价各层次的分解结果。

④用系统规则将项目单元分组构成系统结构图（包括子结构图）。

⑤分析并讨论分解的完整性。

⑥由决策者决定结构图，并形成相应的文件。

⑦建立项目的编码规则，对分解结果进行编码。

目前项目结构分解工作主要由管理人员承担，常常作为一项办公室的工作。但是任何项目单元都是由实施者完成的，所以在项目结构分解过程中，甚至在整个项目的系统分析过程中，应尽可能让相关部门的专家、将来项目相关任务的承担者参与其中，并听取他们的意见，这样才能保证分解的科学性和实用性，进而保证整个计划的科学性。

四、建筑施工项目的界面分析

（一）界面的概念

界面首先出现在工程技术领域。它主要用来描述各种仪器、设备部件及其他组件之间的接口，也就是说，当各类组件结合在一起时，它们之间的结合部分就称为界面。因为界面的概念较好地反映了两种物体之间的结合状态，能够用于说明要素与要素之间的连接关系，因此人们将其引入了管理活动当中。从管理的角度来理解的话，界面的内涵和外延都得到了拓展：它不仅是指不同职能部门之间的联系状况，也可以反映不同工序、流程之间的衔接状态，甚至可以描述人与物之间的关系，如人机交互界面等。从内涵来看，管理界面已经超出了工程领域所指的物体结合部位的意义。

在工程技术领域，界面多表现为有形体，但在管理界面中大多数均是无形的，也就是说，管理活动中所涉及的界面问题，大多是看不见摸不着的。例如，人机界面表示人与计算机之间的交互关系，它只是一种相互作用的状态关系。界面的这种无形性给人们的管理工作带来了相当大的难度，人们往往难以认识把握界面的根源及实质，从而给解决界面中存在的问题造成了阻碍。

综上所述，管理中的界面可定义为：为完成某一任务或解决某一问题所涉及的企业之间、各组织部门之间、各有关成员之间或各种机械设备、硬件软件、工序流程之间在信息、物资、资金等要素交流与联系方面的作用状况。

通过项目结构分解工作可将一个项目分解为若干各自独立的项目单元，通过结构图对项目进行静态描述，这有助于项目的实施与安排，但是，仅仅进行分解工作是不够的。项目是一个有机的整体，系统的功能常常是通过系统单元之间的互相作用、互相联系、互相影响实现的，只有按照各单元之间的联系规律，有机地整合在一起，项目才能更好地实现既定功能。各类项目单元之间存在复杂的关系，即它们之间存在界面。系统单元之间界面的划分和联系是项目系统分析的内容。

在建设项目中不同特性的部分可能是实体物质、工作内容或活动过程等。从系统的角度来看，人类的建设过程或建设结果都是开放系统，一个系统由若干子系统或要素组成，不同的子系统对系统的作用有所不同，因此，从广义上讲，建设项目各子系统之间以及项目系统与外部环境的衔接部位就是建筑施工项目的界面。如果把建设项目看作轮动装置，各子系统是不同的轮轴，则要让这个轮动装置正常地工作，除了各轮轴能正常同向运转外，还需要轮轴之间不能有过大的摩擦力，而解决这个问题的通常做法是用传动带或润滑剂。界面管理正是要起到传动带或润滑剂的作用，即减少各子系统之间的摩擦，减少内耗，协调各子系统的关系，确保有限资源的有效配置，以顺利实现建设项目总目标。

（二）界面管理

在项目管理中，界面是十分重要的，大量的矛盾、争执、损失都发生在界面上。在现代项目管理中，界面管理具有十分重要的地位，是当前项目管理研究的热点之一。对于大型的复杂的项目，界面必须经过精心组织和设计，并纳入整个项目管理的范围。

在进行界面管理时，应注意以下几点：

①界面管理首先要保证系统界面之间的相容性，使项目系统单元之间有良好的接口和相同的规格，这种良好的接口是项目经济、安全、稳定、高效率运行的基本保证。

②保证系统的完备性，不丢失任何工作、设备、数据等，防止发生工作内容、成本和质量责任归属的争执。在实际工程中，人们特别容易忘记界面上的工作。项目参与者们常常推卸界面上的工作任务，引起组织之间的争执。

③对界面进行定义并形成文件，在项目的实施中保持界面清楚，当工程发生变更时应特别注意变更对界面的影响。

④界面通常位于专业的接口处，项目生命周期的阶段连接处。项目控制必须在界面处设置检查验收点和控制点，大量的管理工作（如检查、分析和决策）都集中在界面上，应采用系统方法从组织、管理、技术、经济、合同各个方面主动地进行界面管理。

⑤在项目的设计、计划和施工中，必须注意界面之间的联系和制约，解决界面之间的不协调、障碍和争执，主动地、积极地管理系统界面的关系，对相互影响的因素进行协调。

随着项目管理的集成化和综合化，界面管理越来越重要。

由于界面具有非常广泛的意义，所以一个建筑施工项目的界面不胜枚举，数量极大。一般仅对重要的界面进行设计、计划、说明和控制。

（三）建筑施工项目管理界面

1. 建筑施工项目管理界面的类型

在建筑施工项目管理中，界面具有十分广泛的意义，项目的各子系统之间、各系统的组成单元之间，以及系统与外部环境之间都存在界面。

（1）目标系统的界面

目标因素之间在性质上、范围上互相区别，但它们之间又互相影响。有的相互依存，如建筑施工项目的工作量和费用；而有的目标因素之间则存在冲突，如建筑施工项目的质量标准的提高会导致项目费用的增加。尤其是建筑施工项目的工期、质量和费用三大目标之间，既有依存，又有矛盾。

（2）技术系统的界面

项目单元在技术上的联系最明显的是专业上的依赖和制约关系。例如，土建和建筑之间，土建、建筑和工艺、设备、水、电、暖、通风各个专业之间。此外，工程技术系统是在一定的空间中存在并起作用的，完成这些任务的活动也必然存在空间上的联系。各个功能面之间、各个车间之间以及生产区域（分厂）之间都存在技术上的区别与复杂的联系，它们共同构成一个有序的工程技术系统。例如，按照生产流程安排各车间、仓库、办公楼等的位置，使项目运行有序、效率高、费用少。技术系统界面的划分对建筑施工项目结构分解和合理分标的影响很大，常常会涉及合同的界面划分及界面附近工作的责任归属。

（3）行为系统的界面

行为系统的界面最主要的是工程活动之间的逻辑关系，通过对项目单元之间联系的分析，将项目还原成一个整体，这样才能将静态的项目结构转化成一个动态的实施过程。对逻辑关系的安排实质上是对项目实施流程的设计和定义，最终以网络的形式描述项目流程。在行为系统中，里程碑事件都位于界面处。在项目阶段的界面（如由可行性研究到设计、由设计到招标、由招标到施工以及由施工到运行的过渡）上，各种管理工作，如计划、组织、指挥及控制最为活跃，也最重要。

（4）组织系统的界面

组织系统界面的涉及面很广，项目组织划分为不同的单位和部门，它们各自有不同的任务、责任和权利，项目组织责任的分配、项目管理信息系统的设计、不同的组织的协调主要就是解决组织系统的界面问题。不同的组织有不同的目标、不同的组织行为和处理问题的风格。它们之间有复杂的工作交往（工作流）、信息交往和资源（如材料、设备和服务等）的交往。

（5）项目的各类系统（包括系统单元）与外界环境系统之间存在复杂的界面

从总体上看，项目所需要的资源、信息、资金、技术等都是通过界面输入的；项目向外界提供产品、服务、信息等也都是通过界面输出的。

为了取得项目的成功，项目组织必须疏通与环境组织，如外部团体、上层系统组织、顾客、承包商、供应商的关系，特别是要获得上层系统的授权与支持，把来自环境的外部干扰减至最少。项目能否顺利达到预期的目标就在于项目与环境系统界面的配合程度。

2. 建筑施工项目管理界面的定义文件

建筑施工项目管理界面的定义文件应能够综合地表达界面的信息，如界面的位置；组织责任的划分；技术界面，如界面工作的界限和归属；工期界面，如活动关系、资源、信息、能量的交换时间安排；成本界面等。

在项目结构分析时，应注意对界面的定义，在项目实施过程中可通过图样、规范、计划等进一步详细描述界面。在项目实施过程中，目标、工程设计、实施方案、组织责任的任何变更都可能引起界面上一些工作内容的变更，此时，界面文件必须随着工程的变更而全面更新。在大型的复杂的建筑施工项目中，界面文件特别重要，常常关系到项目的成败。

第四节　BIM 在施工管理项目中的优势

随着建筑行业的快速发展，传统的分专业设计、分包施工的模式虽然提高了设计和施工速度，但是各专业的协作不紧密、三维设计无法表现、各施工队交接不衔接等问题，越来越多地困扰着设计和施工质量的提升。BIM 的主要目标就是通过三维表现技术、互联网技术、物联网技术、大数据处理技术等方式使各专业设计协同化、精细化，全周期项目成本明细化、透明化，施工质量可控化，工程进度可视化，做到施工过程的精细化管理。由于社会对精细化设计的要求会越来越高，建设规模的速度不断降低，国家对于工程浪费等现象的管理越来越严格，BIM 技术的推广和普及将是建筑行业发展的必然趋势。

BIM 的应用，使工程项目造价管理从 2D 向 nD 不断发展，促进了工程造价管理的信息化和精细化进程，本节通过分析总结传统造价管理在建筑经济大环境下存在的问题，结合 BIM 的特征，研究 BIM 技术在工程造价管理中的应用。

一、传统项目管理存在的缺陷

传统的项目管理模式下，管理方法成熟、业主可控制设计要求、施工阶段比较容易提出设计变更、有利于合同管理和风险管理，但存在以下不足：

①业主方在建设工程不同的阶段可自行或委托进行项目前期的开发管理、项目管理和设施管理，但是缺少必要的相互沟通；

②我国设计方和供货方的项目管理还相当弱，工程项目管理只局限于施工领域；

③监理项目管理服务的发展相当缓慢，监理工程师对项目的工期不易控制、管理和协调工作较复杂、对工程总投资不易控制、容易互相推诿责任；

④我国项目管理还停留在较粗放的水平，与国际水平相当的工程项目管理咨询公司还很少；

⑤前期的开发管理、项目管理和设施管理的分离造成了一些弊病，如仅从各自的工作目标出发，而忽视了项目全寿命的整体利益；

⑥由多个不同的组织实施，会影响相互间的信息交流，也就影响项目全寿命的信息管理等；

⑦二维 CAD 设计图形象性差，二维图纸不方便各专业之间的协调沟通，传统方法不利于规范化和精细化管理；

⑧造价分析数据细度不够，功能弱，企业级管理能力不强，精细化成本管理需要细化到不同时间、构件、工序等，难以实现过程管理；

⑨施工人员专业技能不足、材料使用不规范、不按设计或规范进行施工、不能准确预知完工后的质量效果、各个专业工种相互影响；

⑩施工方过分地追求效益，质量管理方法很难充分发挥其作用，对环境因素的估计不足，重检查，轻积累。

因此，我国的项目管理需要利用信息化技术弥补现有项目管理的不足，而 BIM 技术正符合目前的应用潮流。

二、基于 BIM 技术的项目管理的优势

"十二五"规划中提出"全面提高行业信息化水平，重点推进建筑企业管理与核心业务信息化建设和专项信息技术的应用"，可见 BIM 技术与项目管理的结合不仅符合政策的导向，也是发展的必然趋势。基于 BIM 的管理模式是创建信息、管理信息、共享信息的数字化方式，具有很多的优势。

基于 BIM 的项目管理，工程基础数据如量、价等，数据准确、透明、共享，能完全实现短周期、全过程对资金风险以及盈利目标的控制；基于 BIM 技术，可对投标书、进度审核预算书、结算书进行统一管理并形成数据对比；可以提供施工合同、支付凭证、施工变更等工程附件管理，并为成本测算、招投标、签证管理、支付等全过程造价进行管理；BIM 数据模型保证了各项目的数据动态调整，可以方便统计，追溯各个项目的现金流和资金状况；根据各项目的进度进行筛选汇总，可为领导层更充分地调配资源、进行决策创造条件；基于 BIM 的 4D 虚拟建造技术能提前发现在施工阶段可能出现的问题，并逐一修改，提前制定应对措施；使进度计划和施工方案最优，在短时间内说明问题并提出相应的方案，再用来指导实际的项目施工，BIM 技术的引入可以充分发掘传统技术的潜在能量，使其更充分、更有效地为工程项目质量管理工作服务；除了可以使标准操作流程"可视化"外，也能够做到对用到的物料，以及构建需求的产品质量等信息随时查询。采用 BIM 技术，可实现虚拟现实和资产、空间管理、建筑系统分级等技术内容，从而便于运营维护阶段的管理应用；运用 BIM 技术，可以对火灾等安全隐患进行及时处理，从而减少不必要的损失，对突发事件进行快速应变和处理，快速、准确地掌握建筑物的运营情况。

总体上讲，采用 BIM 技术可使整个工程项目在设计、施工和运营维护等阶段都能够有效地实现建立资源计划、控制资金风险、节省能源、节约成本、降低污染和提高效率。应用 BIM 技术，能改变传统的项目管理理念，引领建筑信息技术走向更高层次，从而大大提高建筑管理的集成化程度。BIM 集成了所有的几何模型信息功能要求及构件性能，利用独立的建筑信息模型涵盖建筑项目全生命周期内的所有信息，如规划设计、施工进度、建造及维护管理过程等。

BIM 技术较二维 CAD 技术有以下优势。基本元素方面，CAD 技术的基本元素为点、线、面，无专业意义，BIM 技术的基本元素为墙、窗、门等，不但具有几何特性，还具有建筑物理特征和功能特征。修改图元位置或大小方面，CAD 技术需要再次画图，或者通过拉伸来调整大小，而 BIM 技术所有图元均为附有建筑属性的参数化建筑构件，更改属性即可调节构件的尺寸、样式、材质、颜色等。各建筑元素的关联性方面，CAD 技术各建筑元素之间没有相关性，BIM 技术各个构件相互关联，如删除一面墙，墙上的窗和门将自动删除，删除一扇窗，墙将会自动恢复为完整的墙。建筑物整体修改方面，CAD 技术需要对建筑物各投影面依次进行人工修改，BIM 技术只需进行一次修改，则与之相关的平面、立面、剖面、三维视图、明细表等均自动修改。

建筑信息的表达方面，CAD 技术纸质图纸电子化提供的建筑信息非常有限，BIM 技术包含了建筑的全部信息，不仅提供形象可视的二维和三维图纸，而且提供工程组清单、施工管理、虚拟建造、造价估算等更加丰富的信息。

BIM 技术提供给建设各方的益处主要包括：业主方，实现规划方案预演、场地分析、建筑性能预测和成本估算；设计单位，实现可视化设计、协同设计、性能化设计、工程系统设计和管线综合；施工单位，实现施工进度模拟、数字化建造、物料跟踪、可视化管理和施工配合；运营维护单位实现虚拟现实和漫游、资产、空间等管理，建筑系统分析和灾害应急模拟；软件商，软件的用户数和销售价格迅速增长，为满足项目各方提出的各种需求，不断开发、完善软件的功能，从软件后续升级和技术支持中获得收益。

工程的事前控制首先通过技术交底来实现，传统的技术交底都是纸质的，通过文字表达某一道工序的施工工艺、施工过程、注意要点，虽然也经过各班组的签字确认，但限于文字的表现力和工人的文化层次，工人们不能很好地理解技术交底的内容，结果纸质的技术交底被束之高阁，还是按照自己以往的经验干。基于 BIM 的可视化的技术交底是利用 BIM 技术的可视化、模拟性的优势特点，将特殊施工工艺和专项施工方案做成视频动画，对技术人员及工人进行交底，使其能够直观准确地掌握整个施工过程和技术的要点难点，避免施工中因过程不清楚、技术经验不足造成质量、安全问题。可视化交底的具体操作流程是：根据工程部给出的某一道工序的施工方案，用 BIM 建模软件建立三维模型，模型建好后用渲染工具进行渲染，然后用视频剪辑软件将施工过程和注意事项的文字注释合成一个视频，经工程部技术人员审核可视化交底的施工过程和注意点表达完整后，最终形成可视化交底资料供工人学习使用。例如在东广场项目上，通过地连墙、抗拔桩等分项的可视化交底，在工程管理层及一线工人中起到了很好的效果。工人们根据直观真实的动画效果快速高效地了解了地连墙的施工原理，明确了成槽机、挖土机、大型吊车的作业范围，明确了地连墙及抗拔桩施工过程中的各种注意事项，避免了施工中因过程不清楚造成的返工，也避免了因多个大型机械交叉作业过程中造成的安全事故；项目的技术安全管理人员则不用每天一遍又一遍地对着工人讲这些技术要点和注意事项，提高了工程质量和生产效率。

经过可视化的技术交底，可避免出现工程质量的方向性错误和现场大的安全隐患，但现场的很多细节仍有不到位的地方，在传统的管理方式下，现场技术、安全人员会将发现的问题告知分项的班组长，由班组长派工人处理，但是由于没有对发现的问题进行记录，经常会遗漏很多问题，再加上业主要求的工期都很紧，往往是匆匆忙忙就浇筑混凝土了。这样一来，像钢筋工程、预埋件等隐蔽工程的问题就成了糊涂账，那么现场的管理人员对施工过程中发现的问题如何进行很好的记录、管理和复检呢？

基于BIM的质量控制是项目的技术、安全人员将施工过程中的质量、安全问题的图片上传BIM协同管理平台，通过BIM模型精确地标记问题所在部位，描述问题的内容，由分项的班组长负责整改问题并上传整改后的情况，最后由上传问题的人确认整改是否通过。

经过这一闭合的质量、安全控制流程，取得的效果是：施工单位能够很好地解决管理人员发现的所有细部问题，保证工程顺利地进行；将这些质量、安全问题以这种方式形成资料，在后期需要调出这些数据时，能很方便、高效地查出某个问题的细节。在问题资料整理到一定数量后，对这些问题进行分类与分析，针对某一类出现频繁的问题采取专门的预防与管理措施，把问题消灭在源头上。在BIM协同平台上的三维模型上可直观看出不同坐标、不同高程的监测点的位置，可按不同类型、不同日期快速查询每个监测点的数值，以及系统分析处理后给出监测点的状态。经过监测值与规范要求的极限值的对比，对变形大的监测点显示红色预警。通过这样的精细化管理，使项目的管理方和相关各部门成员都能清晰地掌握基坑安全情况，及时对预警部位设置警戒标志，采取加固措施等，从而保证工程的顺利、安全进行。

根据施工总进度计划安排工程进度，在施工前通过BIM软件对施工全过程及关键过程进行模拟施工，验证施工方案的可行性并优化施工方案；可视化施工计划进度和实际形象进度；由模型提取的工程量数据、成本数据可以对项目进行阶段性的资源分配等。通过这些措施，减少了不必要的返工和材料浪费，大大提高了建设项目的实施效果。

第五节　基于BIM技术的施工项目管理平台

一、施工项目管理平台概述

BIM项目管理平台是最近出现的一个概念，基于网络及数据库技术，将不同的BIM工具软件链接到一起，以满足用户对于协同工作的需求。施工方项目管理的BIM实施，必须建立一个协同、共享平台，利用基于互联网通信技术与数据库存储技术的BIM平台系统，将BIM建模人员创建的模型用于各岗位、各条线的管理决策，才能按大后台、小前端的管理模式，将BIM价值最大化，而非变成相互独立的BIM孤岛。这也是由施工项目、施工作业场地的不确定性等特征所决定的。

目前市场上能够提供企业级 BIM 平台产品的公司不多，国外以 Autodesk 公司的 Revit，Bendy 公司的 PW 为代表，但大多是文件级的服务器系统，还难以算得上是企业级的 BIM 平台。国内提到最多的是广联达和鲁班软件，其中，广联达软件已经开发了 BIM 审图软件、BIM 浏览器等，鲁班软件可以实现项目群、企业级的数据计算等。出于数据安全性的考虑，可以预见国内的施工企业将会更加重视国产 BIM 平台的使用。

国内也有企业尝试独立开发自己的 BIM 平台来支撑企业级 BIM 实施，这需要企业投入大量的人力、物力，并要以高昂的成本为试错买单。站在企业的角度，自己投入研发的优势是可以保证按需定制，能切实解决自身实际业务需求。但是从专业分工的角度而言，施工企业搞软件开发是不科学的，反而会增加项目实施风险和成本。并且，由于施工企业独立开发做出来的产品很难具有市场推广价值，这对于行业整体的发展来说，也是资源上的极大浪费。

因此，与具有 BIM 平台研发实力兼具顾问服务能力的软件厂商合作，搭建企业级协同、共享 BIM 平台，对于施工企业实施企业级 BIM 应用就显得至关重要。而且，要通过 BIM 系统平台的部署加强企业后台的管控能力，为子公司、项目部提供数据支撑。另外，企业级 BIM 实施的成功还离不开与之配套的管理体系，包括 BIM 标准、流程、制度、架构等，实施企业级 BIM 应用时需综合考虑。

二、施工项目管理平台的功能研究

（一）基于 BIM 技术的协同工作基础

BIM 应用软件和信息是 BIM 技术应用的两个关键要素，其中应用软件是 BIM 技术应用的手段，信息是 BIM 技术应用的目的。当我们提到 BIM 技术应用时，要认识清楚 BIM 技术应用不是一个或一类应用软件的事，而且每一类应用软件不只是一个产品，常用的 BIM 应用软件就有十几个到几十个之多。对于建筑施工行业相关的 BIM 应用软件，从其所支持的工作性质角度来讲，基本上可以划分为 3 个大类：第一类，技术类 BIM 应用软件。主要是以二次深化设计类软件、碰撞检查和计算软件为主。第二类，经济类 BIM 应用软件。主要是与方案模拟、计价和动态成本管理等造价业务有关的应用软件。第三类，生产类 BIM 应用软件。主要是与方案模拟、施工工艺模拟、进度计划等生产类业务相关的应用软件。在 BIM 实施过程中，不同参与者、不同专业、不同岗位会使用不同的 BIM 应用软件，而这些应用软件往往由不同软件商提供。没有哪个软件商能够提供覆盖整个建筑生命周期的应用系统，也没有哪个工程只用一个公司的应用软件产品就能完成。据 IBC（Institute for BIM in Canada，加拿大 BIM 学会）对 BIM 相关应用软件比较完整的统计，包括设计、施工和运营各个阶段大概有 79 种应用软件，其中施工阶段有 25 个应用软件，这是一个庞大的应用软件集群。在 BIM 技术应用过程中，不同应用软件之间存在大量的模型交换和信息沟通的需求。由于各 BIM 应用软件开发的程序语言、数据格式、专业手段等不尽相同，导致应用软件之间信息共享方式也不一样，一般包括直接调用、间接调用、统一数据格式调用三种模式。

1. 直接调用

在直接调用模式下，两个 BIM 应用软件之间的共享转换是通过编写数据转换程序来实现的，其中一个应用软件是模型的创建者，称为上游软件，另外一个应用软件是模型的使用者，称为下游应用软件。一般来讲，下游应用软件会编写模型格式转换程序，将上游应用软件产生的文件转换成自己可以识别的格式。转换程序可以是单独的，也可以作为插件嵌入所使用的应用软件中。

2. 间接调用

间接调用一般是利用市场上已经实现的模型文件转换程序，借用别的应用软件将模型间接转换到目标应用软件中。例如，为能够使用结构计算模型进行钢筋工程量计算，减少钢筋建模工作量，需要将结构计算软件的结构模型导入钢筋工程量计算软件中，因为二者之间没有现成可用的接口程序，所以采用了间接调用的方式完成。

3. 统一数据格式调用

前面两种方式都需要应用软件一方或双方对程序进行部分修改才可以完成。这就要求应用软件的数据格式全部或部分开放并兼容，以支持相互导入、读取和共享，这种方式广泛推广起来存在一定难度。因此，统一数据格式调用方式应运而生。这种方式就是建立一个统一的数据交换标准和格式，不同的应用软件都可以识别或输出这种格式，以此实现不同应用软件之间的模型共享。IAI（International Alliance of Interoperability，国际协作联盟）组织制定的建筑工程数据交换标准 IFC（Industry Foundation Classes，工业基础类）就属于此类。但是，这种信息互用方式容易引起信息丢失、改变等问题，一般需要在转换后对模型信息进行校验。

（二）基于 BIM 技术的围档协同平台

在施工建设过程中，项目相关的资料成千上万、种类繁多，包括图纸、合同、变更、结算、通知单、申请单、采购单、验收单等文件，多到甚至可以堆满一个或几个房间。其中，图纸是施工过程中最重要的信息。虽然计算机技术在工程建设领域应用已久，但目前建设工程项目的主要信息传递和交流方式还是以纸质的图纸为主。对于施工单位来讲，图纸的存储、查询、提醒和流转是否方便，直接影响项目进展的便利程度。例如，一个大型工程50% 的施工图都需要二次深化设计工作，二次设计图纸提供是否到位、审批是否及时对施工进度将产生直接的影响，处理不当会带来工期的延迟和大的变更。同时，由于工程变更或其他的问题导致图纸的版本很难控制，错误的图纸信息带来的损失相当惊人。

BIM 技术的发展为图档的协同和沟通提供了一条方便的途径。基于 BIM 技术的图档管理核心是以模型为统一介质进行沟通，改变了传统的以纸质图纸为主的"点对点"的沟通方式。

协同工作平台的建立。基于 BIM 技术的图档管理首先需要建立图档协同平台。不同专业的施工图设计模型通过"BIM 模型集成技术"进行合并，并将不同专业设计图纸、二次深化设计、变更、合同等信息与专业模型构建进行关联。施工过程中，可以通过模型可视化特性，选择任意构件，快速查询与构件相关的各专业图纸、变更图纸、历史版本等信息，一目了然。同时，与图纸相关联的变更、合同、分包等信息也都可以联合查询，实现了图档的精细化管理。

有效的版本控制。基于 BIM 技术的图档协同平台可以方便地进行历史图纸追溯和模型对比。传统的图档管理一般需要按照严格的管理程序对历史图纸进行编号，不熟悉编号规则的人经常找不到想要的图纸。有时变更较多，想找到某个时间的图纸版本就更加困难，就算找到，也需要花时间去确定不同版本之间的区别和变化。以 BIM 模型构件为核心进行管理，从构件入手去查询和检索，符合人的心理习惯。找到相关的图纸后，可自动关联历史版本图纸，也可选择不同版本进行对比，对比的方式完全是可视化的模型，版本之间的区别一目了然。同时，与图纸相关联的变更信息会进行关联查询。

基于模型的深化设计预警。基于 BIM 技术的图档管理可以对二次深化设计图纸进行动态跟踪与预警。在大型施工项目中，50% 的施工图纸都需要二次深化设计，深化设计的进度直接影响工程进展。针对数量巨大的设计任务，除了合理的计划之外，及时提醒和预警很重要。

基于云技术和移动技术的动态图档管理。结合云技术和移动技术，项目团队可将建筑信息模型及相关图档文件同步保存至云端，并通过精细的权限控制及多种写作功能，确保工程文档能够快速、安全、便捷、受控地在团队中传递和共享。同时，项目团队能够通过浏览器和移动设备随时随地浏览工程模型，并进行相关图档的查询、审批、标记及沟通，为现场办公和跨专业协作提供了极大的便利。随着移动技术的迅速发展，针对工程项目走动式办公特点，基于 BIM 技术的图档协同平台开始提供移动端的应用，项目成员在施工现场可以通过手机或 PAD 实时进行图档的浏览和查询。

三、基于 BIM 技术的图纸会审

图纸会审是指建设单位组织建设、施工、设计等相关单位，在收到审查合格的施工设计文件之后，对图纸进行全面细致的熟悉，审查处理施工图中存在的问题及不合理的情况，并提交设计院进行处理的一项重要活动。其目的有两个：一是使施工单位和各参建单位熟悉设计图纸，了解工程特点和设计意图，找出需要解决的技术难题，并制定解决方案；二是解决图纸中存在的问题，减少图纸的差错，对设计图纸加以优化和完善，提高设计质量，消除质量隐患。

图纸会审是整个工程建设中的一个重要且关键的环节。对施工单位而言，施工图纸是保证质量、进度和成本的前提之一，如果施工过程中经常出现变更，或者图纸问题多，势必会影响整个项目的施工进展，带来不必要的经济损失。通过 BIM 模型的支持，不仅可以有效地提高图纸协同审查的质量，还可以提高审查过程及问题处理阶段各方沟通协作的工作效率。

（一）施工方对专业图纸的审查

图纸会审主要是对图纸的"错漏碰缺"进行审查，包括专业图纸之间平立剖之间的矛盾、错误和遗漏等问题。传统图纸会审一般采用的是 2D 平面图纸和纸质的记录文件。施工图会审的核心是以项目参与人员对设计图纸的全面、快速、准确理解为基础，而以 2D 表达的图纸在沟通和理解上容易产生歧义。首先，一个 3D 的建筑实体构件通过多张 2D 图纸来表达，会产生很多的冗余、冲突和错误。其次，2D 图纸以线条、圆弧、文字等形式存储，只能依靠人来解释，电脑无法自动给出错误或冲突的提示。

简单的建筑采用这种方式没有问题，但是随着社会发展和市场需要，异型建筑、大型综合、超高层项目越来越多，项目复杂度的增加使得图纸数量成倍增加。一个工程就涉及成百上千的图纸，图纸之间又是有联系和相互制约的。在审查一个图纸细节内容时，往往要找到所有相关的详图、立面图、剖面图、大样图等，包括一些设计说明文档、规范等。特别是当多个专业的图纸放在一起审查时，相关专业图纸要一并查看，需要对不同专业元素的空间关系通过大脑进行抽象的想象，这样既不直观，准确性也不高，工作效率也很低。

利用 BIM 模型可视化、参数化、关联化等特性，同时通过"BIM 模型集成技术"将施工图纸模型进行合并集成，用 BIM 应用软件进行展示。首先，保证审核各方可以在一个立体 3D 模型下进行图纸的审核，能够直观、可视化地对图纸的每一个细节进行浏览和关联查看。各构件的尺寸、空间关系、标高等相互之间是否交叉，是否在使用上影响其他专业，一目了然，省去了找问题的时间。其次，可以利用计算机自动计算功能对出现的错误和冲突进行检查，并得出结果。最后，在施工完成后，也可通过审查时的碰撞检查记录对关键部位进行检查。

（二）图纸会审过程的沟通协同

通过图纸审查找到问题之后，在图纸会审时需要施工单位、设计单位、建设单位等各方之间沟通。一般来讲，问题提出方对出现问题的图纸进行整理，为表述清晰，一般会整理很多张相关图纸，目的是让沟通双方能够理解专业构件之间的关系，这样才可以进行有成效的沟通和交流。这样的沟通效率、可理解性和有效性都十分有限，往往浪费很多时间。同时也容易造成图纸会审工作仅仅聚焦于一些有明显矛盾和错误集中的地方，而其他更多的错误，如专业管道碰撞、不规则或异型的设计跟结构位置不协调、设计维修空间不足、机电设计和结构设计发生冲突等问题根本来不及审核，只能留到施工现场。由此可见，2D 图纸信息的孤立性、分离性为图纸的沟通增加了难度。

BIM 技术可用于改进传统施工图会审的工作流程，由各专业模型集成的统一 BIM 模型可提高沟通和协同的效率。在会审期间，通过 3D 协同会议，项目团队各方可以方便地查看模型，更好地理解图纸信息，促进项目各参与方交流问题，更加聚焦于图纸的专业协调问题，大大降低检查时间。

四、基于 BIM 技术的现场质量检查

当 BIM 技术应用于施工现场时，其实就是虚拟与实际的验证和对比过程，也就是 BIM 模型的虚拟建筑与实际的施工结果相整合的过程。现场质量检查就属于这个过程。在施工过程中现场出现错误不可避免，如果能够在错误刚刚发生时就发现并改正，具有非常大的意义和价值。通过 BIM 模型与现场实施结果进行验证，可以有效、及时地避免错误发生。

施工现场的质量检查一般包括开工前检查、工序交接检查、隐蔽工程检查、分部 / 分项工程检查等。传统的现场质量检查，质量人员一般采用目测、

实测等方法进行，针对那些需要设计数据校核的内容，经常要去查找相关的图纸或文档资料等，为现场工作带来很多的不便，同时，质量检查记录一般是表格或文字，也为后续的审核、归档、查找等管理过程带来很大的不便。

BIM 技术的出现丰富了项目质量检查和管理的控制方法。不同于纯粹的文档叙述，BIM 将质量信息加载在 BIM 模型上，通过浏览模型，可摆脱文字的抽象性，让质量问题能在各个层面上高效地流传辐射，从而使质量问题的协调工作更易展开。同时，将 BIM 技术与现代化技术相结合，可以达到质量检查和控制手段的优化。基于 BIM 技术的辅助现场质量检查主要包括以下两方面的内容。

1. BIM 技术在施工现场质量检查中的应用

在施工过程中，当完成某个分部分项时，质量管理人员利用 BIM 技术的图档协同平台，集成移动终端、3D 扫描等先进技术进行质量检查。现场使用移动终端直接调用相关联的 BIM 模型，通过 3D 模型与实际完工部位的对比，可以直观地发现问题，对于部分重点部位和复杂构件，利用模型丰富的信息，关联查询相关的专业图纸、大样图、设计说明、施工方案、质量控制方案等信息，可及时把握施工质量，极大地提高现场质量检查的效率。

2. BIM 技术在现场材料设备等产品质量检查中的应用

提高施工质量管理的基础就是保证对"人、机、物、环、法"五大要素的有效控制，其中，材料设备质量是工程质量的源头之一。由于材料设备的采购、现场施工、图纸设计等工作是穿插进行的，各工种之间的协同和沟通存在问题。因此，施工现场对材料设备与设计值的符合程度的检查非常烦琐，BIM 技术的应用可以大幅降低该工作的复杂度。

在基于 BIM 技术的质量管理中，施工单位将工程材料、设备、构配件质量信息录入建筑信息模型，并与构件部位进行关联。通过 BIM 模型浏览器，材料检验部门、现场质量员等都可以快速查找所需的材料及构配件信息，其规格、材质、尺寸要求等一目了然，并可根据 BIM 设计该模型，跟踪现场使用产品是否符合实际要求。特别是在施工现场，通过利用先进测量技术及工具，可对现场施工作业产品材料进行追踪、记录、分析，掌握现场施工的不确定因素，避免出现不良后果，监控施工产品质量。针对重要的机电设备，在质量检查过程中，通过复核，及时记录真实的设备信息，关联到相关的 BIM 模型上，对于运维阶段的管理具有很大的帮助。运维阶段利用竣工建筑信息模型中的材料设备信息进行运营维护，例如模型中的材料，机械设备材质、出厂日期、型号、规格、颜色等质量信息及质量检验报告，对出现质量问题的部位快速地进行维修。

五、基于 BIM 技术的施工组织协调

建筑施工过程中专业分包之间的组织协调工作的重要性不容忽视。在施工现场，不同专业在同一区域、同一楼层交叉施工的情况是难以避免的，是否能够组织协调好各方的施工顺序和施工作业面，会对工作效率和施工进度产生很大影响。首先，建筑工程的施工效率的高低取决于各个参与者专业岗位和单位分包之间的协同合作是否顺利。其次，建筑工程施工质量和专业之间的协同合作有很大的关系。最后，建筑工程的施工进度和各专业的协同配合有关。专业间的配合默契有助于加快工程建设的速度。

BIM 技术可以提高施工组织协调的有效性，BIM 模型是具有参数化的模型，可以继承工程资源、进度、成本等信息，在施工过程的模拟中，实现合理的施工流水划分，并在模型中完成施工过程的分包管理，为各专业施工方建立良好的协调管理而提供支持和依据。

（一）基于 BIM 技术的施工流水管理

施工流水段的划分是施工前必须要考虑的技术措施。其划分的合理性可以有效协调人力、物力和财力，均衡资源投入量，提高多专业施工效率，减少窝工，保证施工进度。施工流水段的合理划分一般要考虑建筑工艺及专业参数、空间参数和时间参数，并需要综合考虑专业图纸、进度计划、分包计划等因素。实际工作中，这些资源都是分散的，需要基于总的进度计划，不断对其他相关资源进行查找，以使流水段划分更加合理。如此巨大的工作量很容易导致各因素考虑不全面，流水段划分不合理或者过程调整和管控不及时，容易造成分包队伍之间产生冲突，最终导致资源浪费或窝工。

基于 BIM 技术的流水段管理可以很好地解决上述问题。在基于 BIM 技术的 3D 模型基础上，将流水段划分的信息与进度计划相关联，进而与 4D 模型关联，形成施工流水管理所需要的全部信息。在此基础上，利用基于 4D 的施工管理软件对施工过程进行模拟，通过这种可视化的方式科学地调整流水段划分，并使之达到最合理状态。在施工过程中，基于 BIM 模型可动态查询各流水施工任务的实施进展、资源施工状况，碰到异常情况及时提醒。同时，根据各施工流水的进度情况，对相关工作进度状态进行查询，并进行任务分派、设置提醒、及时跟踪等。

一些超高层复杂建筑项目，分包单位众多、专业间频繁交叉工作多。此时，不同专业、资源、分包之间的协同和合理工作搭接显得尤为重要。流水段管理可以结合工作面的概念，将整个工程按照施工工艺或工序要求划分为一个个可管理的工作面单元，在工作面之间合理安排施工工序。在这些工作

面内部合理划分进度计划、资源供给、施工流水等，使得工作面内外部工作协调一致。

（二）基于 BIM 技术的分包结算控制

在施工过程中，总承包单位经常按施工段、区域进行施工或者分包。

在与分包单位结算时，施工总承包单位变成了甲方，供应商或分包方变成了乙方。在传统的造价管理模式下，施工过程中人工、材料、机械的组织形式与造价理论中的定额或清单模式的组织形式存在差异。同时，在工程量的计算方面，分包计算方式与定额或清单中的工程量计算规则不同。双方结算单价的依据与一般预结算也存在不同。对这些规则的调整，以及量价准确数据的提取，主要依据造价管理人员的经验与市场的不成文规则，常常称为成本管控的盲区或灰色地带。同时也经常造成结算不及时、不准确，使分包工程量结算超过总包向业主结算的工程量。

在基于 BIM 技术的分包管理过程中，BIM 模型集成了进度和预算信息，形成 5D 模型。在此基础上，在总预算中与某个分包关联的分包预算会关联到分包合同，进而可以建立分包合同、分包预算与 5D 模型的关系。通过 5D 模型，可以及时查看不同分包相关工程范围和工程量清单，并按照合同要求进行过程计量，为分包结算提供支撑。同时，模型中可以动态查询总承包与业主的结算及收款信息，据此对分包的结算和支付进行控制，真正做到"以收定支"。

第四章 BIM 技术在建筑业的应用

第一节 业主方 BIM 技术的应用

一、业主单位项目管理

业主单位是建设工程生产过程的总集成者——人力资源、物质资源和知识的集成，也是建设工程生产过程的总组织者。业主单位也是建设项目的发起者及项目建设的最终责任者，业主单位的项目管理是建设项目管理的核心。作为建设项目的总组织者、总集成者，业主单位的项目管理任务繁重、涉及面广且责任重大，其管理水平与管理效率直接影响建设项目的增值。

业主单位的项目管理是所有利益相关方中唯一涵盖建筑全生命周期各阶段的项目管理，业主单位的项目管理在建筑全生命周期的各阶段均有体现。作为项目发起方，业主单位应将建设工程的全寿命过程及建设工程的各参与单位集成对建设工程进行管理，应站在全方位的角度来设定各参与方的权责利分工。

二、业主单位 BIM 项目管理的应用需求

业主单位首先需要明确利用 BIM 技术实现什么目的、解决什么问题，才能更好地应用 BIM 技术辅助项目管理。业主往往希望通过 BIM 技术应用来控制投资、提高建设效率，同时积累真实有效的竣工运维模型和信息，为竣工运维服务，在实现上述需求的前提下，也希望通过积累实现项目的信息化管理、数字化管理。应用 BIM 技术可以实现的业主单位需求有以下几方面。

（一）招标管理

在业主单位招标管理阶段，BIM 技术应用主要体现在以下几个方面。

1.数据共享

BIM 模型的直观、可视化能够让投标方快速地深入了解招标方所提出的

条件、预期目标，保证数据的共通共享及追溯。

2. 经济指标精确控制

控制经济指标的精确性与准确性，避免建筑面积、限高，以及工程量的不确定性。

3. 无纸化招标

不仅能增加信息透明度，还能节约大量纸张，实现绿色低碳环保。

4. 削减招标成本

基于 BIM 技术的可视化和信息化，可采用互联网平台低成本、高效率地使招投标工作跨区域、跨地域进行，使招投标过程更透明、更现代化，同时能降低成本。

5. 数字评标管理

基于 BIM 技术能够记录评标过程并生成数据库，对操作员的操作进行实时的监督，有利于规范市场秩序，有效推动招标投标工作的公开化、法制化，使招投标工作更加公正、透明。

（二）设计管理

在业主单位设计管理阶段，BIM 技术应用主要体现在以下几个方面。

1. 协同工作

基于 BIM 的协同设计平台，能够让业主和各参与方实时观测设计数据更新、施工进度和查询施工偏差，实现图纸、模型的协同。

2. 基于精细化设计理念的数字化模拟与评估

基于 BIM 数字模型，可以利用更广泛的计算机仿真技术对拟建造工程进行性能分析，如日照分析、绿色建筑运营、风环境、空气流动性、噪声云图等指标；也可以将拟建工程纳入城市整体环境，将对周边既有建筑等环境的影响进行数字化分析评估，如日照分析、交通流量分析等指标，这些对于城市规划及项目规划意义重大。

3. 复杂空间表达

在面对建筑物内部复杂空间和外部复杂曲面时，利用 BIM 软件可视化、有理化的特点，能够更好地表达设计和建筑曲面，为建筑设计创新提供了更好的技术工具。

4. 图纸快速检查

利用 BIM 技术的可视化功能，可以大幅提高阅读和检查图纸的效率，同时，利用 BIM 软件的自动碰撞检测功能，也可以帮助图纸审查人员快速发现复杂和困难节点。

（三）工程量快速统计

目前主流的工程造价算量模式有几个明显的缺点：图形不够逼真；对设计意图的理解容易存在偏差，容易产生错项和漏项；需要重新输入工程图纸搭建模型，算量工作周期长；模型后续不能使用，没有传递，建模投入很大但仅供算量使用。

利用 BIM 技术辅助工程计算，能大大减轻工程造价工作中算量阶段的工作强度。首先，利用计算机软件的自动统计功能，即可快速地实现 BIM 算量。其次，由于是设计模型的传递，完整表达了设计意图，可以有效减少错项、漏项。同时，根据模型能够自动对各专业工程量进行快速统计和查询，对材料计划、使用做精细化控制，避免材料浪费。利用 BIM 技术提供的参数更改技术，能够将更改自动反映到其他位置，从而可以帮助工程师们提高工作效率、协同效率以及工作质量。

（四）施工管理

在施工管理阶段，业主单位关注更多的是施工阶段的风险控制，包含安全风险、进度风险、质量风险和投资风险等。其中安全风险包含施工过程中的安全风险和竣工交付后运营阶段的安全风险。同时，由于不可避免的变更因素，业主单位还要考虑变更风险。在这一阶段，基于各种风险的控制，业主单位需要对现场目标的控制、承包商的管理、设计者的管理、合同管理、手续办理、项目内部及周边管理协调等问题进行重点管控。为了有效管控，急需专业的平台来提供各个方面庞大的信息和各个方面人员的管理。

BIM 技术正是解决此类工程问题的首选技术。BIM 技术辅助业主单位在施工管理阶段进行项目管理的优势主要体现在以下几个方面：

①验证施工单位施工组织的合理性，优化施工工序和进度计划。

②使用 3D 和 4D 模型明确分包商的工作范围，管理协调交叉，施工过程监控，可视化报表进度。

③对项目中所需的土建、机电、幕墙和精装修所需要的重大材料进行监控，对工程进度进行精确计量，保证业主项目中的成本，控制风险。

④工程验收时，用 3D 扫描仪进行三维扫描测量，对表观质量进行快速、真实、可追溯的测量并与模型参照对比来检验工程质量，防止人工测量验收的随意性和误差。

（五）销售推广

利用 BIM 技术和虚拟现实技术、增强虚拟现实技术、3D 眼镜、体验馆等，还可以将 BIM 模型转化为具有很强交互性的三维体验式模型，结合场地环境和相关信息，从而组成沉浸式场景体验。在沉浸式场景体验中，客户可以定义第一视角的人物，身临其境，浏览建筑内部，增强客户体验。利用 BIM 模型，可以轻松出具房间渲染效果图和漫游视频，减少了二次重复建模的时间和成本，提高了销售推广系统的响应效率，对销售回笼资金将起到极大的促进作用。同时，竣工交付时可为客户提供真实的三维竣工 BIM 模型，有助于销售和交付的一致性，减少法务纠纷，更重要的是能避免客户二次装修时对隐蔽机电管道的破坏，降低安全和经济风险。

BIM 辅助业主单位进行销售推广的作用主要体现在以下几个方面。

1. 面积准确

BIM 模型可自动生成户型面积和建筑面积、公摊面积，结合面积计算规则适当调整，可以快速进行面积测算、统计和核对，确保销售系统的数据真实、快捷。

2. 虚拟数字沙盘

通过虚拟现实技术为客户提供三维可视化沉浸式场景，体验身临其境的感觉。

3. 减少法务风险

因为所有的数字模型成果均从设计阶段交付至施工阶段、销售阶段，所有信息真实可靠，销售系统提供给客户的销售模型与真实竣工交付的成果一致，将大幅减少不必要的法务风险。

（六）运维管理

我国《城镇国有土地使用权出让和转让暂行条例》第 12 条规定，土地使用权出让最高年限按下列用途确定：居住用地 70 年；工业用地 50 年；教育、科技、文化、卫生、体育用地 50 年；商业、旅游、娱乐用地 40 年；综合或者其他用地 50 年。与动辄几十年的土地使用权年限相比，施工建设期一般仅有数年，高达 127 层的上海中心也仅仅用了不到 6 年的施工建设时间。与较长的运营维护期相比，施工建设期则要短很多。在漫长的建筑物运营维护期间内，建筑物结构设施（如墙、楼板、屋顶等）和设备设施（如设备、管道等）都需要不断得到维护。一个成功的维护方案将提高建筑物性能，降低能耗和修理费用，进而降低总体维护成本。

BIM 模型结合运营维护管理系统可以充分发挥空间定位和数据记录的优势，合理制订维护计划，分配专人专项维护工作，以提高建筑物在使用过程中出现突发状况的应急处理能力。

BIM 辅助业主单位进行运维管理的作用主要体现在以下几个方面。

①设备信息的三维标注，可在设备管道上直接标注名称、规格、型号，三维标注跟随模型移动、旋转。

②属性查询，在设备上右击鼠标，可以显示设备的具体规格、参数、厂家等信息。

③外部链接，在设备上点击，可以调出有关设备设施的其他格式文件，如图片、维修状况、仪表数值等。

④隐蔽工程，工程结束后，各种管道可视性降低，给设备维护、工程维修或二次装饰工程带来一定难度，BIM 清晰记录各种隐蔽工程，避免错误施工的发生。

⑤模拟监控，物业对一些净空高度、结构有特殊要求，BIM 提前满足各种要求，并能生成 VR 文件，可以让客户互动阅览。

（七）空间管理

空间管理是业主单位为节省空间成本、有效利用空间、为最终用户提供良好工作和生活环境而对建筑空间所做的管理。BIM 可以帮助管理团队记录空间的使用情况，处理最终用户要求空间变更的请求，分析现有空间的使用情况，合理分配建筑物空间，确保空间资源的利用率最大化。

（八）决策数据库

决策是对若干可行方案进行决策，即对若干可行方案进行分析、比较、判断、选优的过程。决策过程一般可分为四个阶段：

①信息收集。对决策问题和环境进行分析，收集信息，寻求决策条件。

②方案设计。根据决策目标条件，分析制订若干行动方案，根据决策目标条件分析制订若干行动方案。

③方案评价。对方案进行评价，分析优缺点并排序。

④方案选择。综合方案的优劣，择优选择。

建设项目投资决策在全生命周期中处于十分重要的地位。传统的投资决策环节，决策主要依据经验获得。但由于项目管理水平差异较大，信息反馈的及时性、系统性不一，经验数据水平差异较大；同时由于运维阶段信息化反馈不足，传统的投资决策主要依据很难涵盖项目运维阶段。

BIM 技术在建筑全生命周期的系统、持续运用，将提高业主单位项目管理水平，将提高信息反馈的及时性和系统性，决策主要依据将由经验或者自发的积累转变为科学决策数据库，同时，决策主要依据将延伸到运维阶段。

三、业主单位项目管理中 BIM 技术的应用形式

鉴于 BIM 技术尚未普及，目前主流的业主单位项目管理中 BIM 技术应用有以下几种形式。

①咨询方做独立的 BIM 技术应用，由咨询方交付 BIM 竣工模型。

②设计方、施工单位各做各的 BIM 技术应用，由施工单位交付 BIM 竣工模型。

③设计方做设计阶段的 BIM 技术应用，并覆盖施工阶段，由设计方交付 BIM 竣工模型。

④业主单位成立 BIM 研究中心或 BIM 研究院，由咨询方协助，组织设计、施工单位做 BIM 咨询运用，逐渐形成以业主为主导的 BIM 技术应用。

四、业主单位 BIM 项目管理的节点控制

BIM 项目管理的节点控制就是要紧紧围绕 BIM 技术在项目管理中进行运用这条主线，从各环节的关键点入手，实现关键节点的可控，从而使整体项目管理 BIM 技术运用的质量得到提高，进而实现项目建设的整体目标。节点一般选择各利益相关方之间的协同点，选择 BIM 技术应用的阶段性成果，或选择与实体建筑相关的阶段性成果。针对关键节点，考核交付成果，对交付成果进行验收，通过对节点的有效管控，实现整体项目的风险控制。

第二节 设计方 BIM 技术的应用

一、设计方应用 BIM 发展概述

（一）基于数字技术的 BIM 发展与应用

CAD 技术在本质上并不能实现真正意义上的计算机辅助设计，其实现的只是计算机辅助制图。CAD 基于二维技术，表现的是二维或三维的图像，在建筑设计图中，只是表示线、面等图形，并不代表建筑中某一特定的实体及其元素。作为纯图形设计，它对建筑的解释不是十分严密，表达相对复杂的设计信息时较困难，且效率很低。同时，设计数据彼此无法关联，因此当发生设计变更时，修改工作繁重，错误风险大。而建筑信息模型是以数字技术仿真模拟建筑物所有的真实信息。在这里，信息的内涵不仅仅是几何形状描述的视觉信息，还包括大量的非几何信息，材料的物理性质和构件的价格等。

实际上 BIM 模型就是通过数字技术，在计算机中建立一个虚拟建筑，一个建筑信息模型就提供了一个统一的、完整一致的、逻辑关联的建筑信息库。BIM 的技术核心是三维模型所形成的数据库，不仅包含设计者的设计信息，而且可以容纳从设计到建成使用周期终结的全过程信息。BIM 技术可以持续即时地提供这些信息访问服务。它能促进加快决策效率，提高决策质量，从而使建筑质量提高，收益增加。

BIM 技术对设计者的帮助在于：

①三维建筑模型完全不会因为工具的原因限制设计者的想象力，反而更加鼓励设计创新。

②三维建筑模型能够提供项目参与人员之间和各专业之间完善的协同工作环境。

③三维建筑模型是更有效的设计沟通和设计表现工具。运用单一建筑模型，在实际建造建筑物之前，其实已经开始建造一栋虚拟的建筑物。通过三维建筑模型与业内专业人员及业主进行有效沟通，能够避免二维文件容易引起的对设计的误解，特别是对细部设计的认知混淆，以确保项目中与设计阶段相关的各种活动能够顺利正确地实施。

④集成化的设计信息管理能大大提高设计效率，并能方便地控制设计效果。

（二）BIM 着重于利用计算机的优势进行建筑信息的处理与传递

信息在建筑生命周期中的传递过程可以简述为，任何类型的建筑，一般遵循的操作过程可分为 5 个阶段：可行性研究阶段，方案设计、初步设计与施工图设计阶段，施工及施工验收阶段，交付使用、管理与维护阶段，销毁阶段。在全过程的不同阶段中，参与活动的人及其进行的活动都依所在建筑全过程的阶段不同而不同，但他们之间又有着一定的联系，以保证项目的实施。建筑信息是建筑项目的各个过程的重要元素，设计意图能否实现在最终交付使用的建筑上，就看建筑信息的传递是否准确、及时。建筑信息的创建、传递与使用因所处的阶段不同而不同。

在可行性研究阶段，信息是从现存的设施及过去的经验中获取，并生成一份可行性研究报告，分析市场需求和拟建规模，原材料、燃料及公用设施情况，选址，投资估算和资金筹措等，最后综合评价项目的技术经济可行性，给出结论和建议。

接下来可行性研究报告中得到的信息传递至方案设计、初步设计与施工图设计阶段。一般而言，这个阶段决定了建筑的设计实施方案，也就是确定了项目信息的构建与表现形式。设计方案正是在可行性阶段收集并分析信息的基础上得出的成果，方案设计阶段的成果设计文档包括图纸、设计说明、合同文本、工料清单。包含了详细信息的设计文档传递给初步设计和施工图设计时，足以确保概算与施工图设计工作的顺利开展。

设计阶段有很多建筑信息以及团队成员之间的沟通和交流，这些都将影响整个生命周期的效率与效果。设计过程中，许多团队成员接受的训练是不同的，他们有着各自的工作方式和表达方式。因此会产生的大量、复杂、零碎且需要人解释、传达的信息。而且在设计过程中，设计变更和修改司空见惯。不仅是设计团队成员之间需要交流意见，他们与开发商或业主之间也需要交流，此外，设计师与材料供应商之间也需要协调沟通，以保证设计、采购、施工过程的顺畅。只有这样才能确保建筑信息的一致性与准确性。然而，现阶段通过手工建立设计文档以及交流普遍存在大量的矛盾和问题。

然后，从设计阶段带来的大量信息传递给施工单位，一旦选定承建单位，建筑信息马上随着现场施工的展开而大量增加：各种施工细节必须确定，材料和辅助设施的定购，现场遇到的设计中未考虑到的问题必须确定相应的解决方案。材料供应与工程进度必须协调，以保证有效的施工。施工阶段的效率很大程度上取决于从设计阶段获取的信息是否合理，在设计和施工图阶段出现矛盾的地方在施工阶段将会继续扩大，变得更加明显。频繁的设计变更，最终结果是业主不满、预算超标。这些矛盾也随着项目的复杂度增大而增大，同时受时间和造价的限制。

竣工之后，建筑交付客户使用。在运营与维护阶段需要一个设施管理系统，一个建筑的数据库是设施管理信息系统的关键部分。建筑数据库不仅显示建筑的形体构造，还显示所有的管道系统、材料、施工工艺及维修计划表等。因此，设施管理信息系统提取一部分建筑信息，如空间配置、设备清单、相关的设施管理说明等，并可在此基础上开发详细的设施管理数据库。

在生命周期的最后一个阶段，建筑将被拆除并清理场地，以便建新的建筑物。这个阶段所需的关键信息是材料及结构信息。结构体系信息是为了准确确定拆除方案，而材料信息则是为了确定要清理的有毒或有污染的材料。

通过 BIM 模型可以有效地整合以上各阶段的信息。BIM 模型是一种全新的建筑设计、施工、管理的方法，它将规划、设计、建造、营运等各阶段的数据资料，全部包含在 3D 模型之中，让建筑物整个生命周期中任何阶段的工作人员在使用该模型时，都能拥有精确完整的数据，帮助项目团队提升决策的效率与正确性。具体来说，理想的建筑信息模型本身应包含的信息有：从规划部门的 CIS 模型中获取的规划条件信息，从市政、勘察部门提供的数字化模型中获取的地理环境现状信息，从建筑师的建筑造型与空间设计中获取的几何形体信息，从结构师的结构计算中获取的结构尺寸与受力等信息，从电气、暖通工程师的设计中获取的电气与暖通管道布置等信息，从建筑构件相关厂商提供的数字化模型中获取的建筑材料与构造信息。总之，任何在实际建筑工程中遇到的情况和产生的信息，都可以通过建筑信息模型得以精确的表达与高效的传递。将建筑信息处理的范畴细化到与设计相关的阶段，可表示为他们在设计过程中对 BIM 的应用也各有侧重。按照对设计信息的不同处理，可粗略地分为设计构思和设计表达与实现两个阶段。

二、建筑设计构思阶段的 BIM

方案构思对设计工具的要求是便捷与流畅。建筑师常用的工具有以下几种。

①草图。

②实体模型。

③计算机模型（造型工具）。

没有计算机的时候，我们怎么做方案设计？构思时，我们在脑子里想象建筑的形象，手里绘制草图。有时候参照曾经见过的建筑，我们也会用手勾画出建筑的模样。因为是手绘，所以我们可以有所选择，最后画出的一定是我们的关注点。这就是为什么建筑学本科教育之初要训练手绘草图的能力，其目标是能够随心所欲地表达设计想法。线条最好流畅，因为想法总是稍纵即逝；在方案构思阶段引入计算机，可用在以下几个方面：

①作为造型工具，可视化设计，分析形体关系，特别是复杂形体的遮蔽。

②模式化、构件化设计，体现计算机处理重复数据的高效性。

③算法生成设计。

其中作为造型工具是目前应用最为广泛的，在软件的三维可视化环境下，结合参数化设计的几何驱动或特征模型造型，建筑师能交互式设计建筑形体，预先体验建筑空间。

（一）在构思前期对设计信息与设计条件的整理分析

在概念构思的前期，设计师面临着来自项目场地、气象气候、规划条件的大量的设计信息。这些信息的分析反馈与整理对于建筑师来说是非常有价值的。

设计师可利用 BIM 技术平台结合 GIS 及相关的分析软件对设计条件进行判断、整理、分析，以便能在这些信息中找到关注的焦点，充分利用各种已知条件，在设计的最初阶段就可以朝着最有效的方向努力并做出适当的决定，从而避免潜在的失误。

1. 地形分析

在地形复杂的情况下，详细的地形分析是进行规划设计的首要条件，利用 BIM 结合 CIS 技术可以对地形快速地进行空间分析，如高程、坡度和坡向分析，并能在设计山地建筑时进行一些初步探索，提供一些新的方法和思路。利用高程分析图、地形分析图，通过不同的色调表示不同的高度，可对整个地形有一个整体的直观的印象。利用 GIS 建模并绘制坡度分析图，是表达和了解某一特殊地形结构的手段，能为某一地区不同坡度的土地的利用方式提供依据。

也可以利用 GIS 绘制坡向分析图，将地面坡度的朝向用不同色调表示。坡向会影响建筑的采光、通风。例如在炎热地区，建筑宜建在面对主导风向、背对日照的地方，而在寒冷地区，宜建在面对日照的地方，背对主导风向。利用 GIS 模拟技术可以很快、很方便地生成透视图，供设计者从不同的角度来观察地形的起伏变化和不同建筑间的体量关系。并且，CIS 模型可以作为进一步设计的基础数据，传输到下一步工作的软件中。

2. 景观视线及可视度分析

规划可视度是指周围一定范围内的区域中对于指定建筑物的可见程度。其影响因素包括周围环境的形态和建筑本身的几何特征，即获得目标建筑在指定范围内可见度程度指标，它特别适合于复杂的旧城改造、重要的地标性建筑和对景观视线有较高要求的建筑设计。建筑师在前期的方案推敲过程中可以随时通过 BIM 进行可视度分析，找出遮挡严重的区域，并有针对性地做出修改和优化。

3. 场地自然通风条件与潜力分析

利用 CFD 类软件对场地自然通风条件及潜力进行分析，以便为建筑的布局、朝向等设计提供依据。

4. 设计条件的整合与管理

建筑师在设计的开始阶段要接触大量的设计资料，利用 BIM 技术结合 Afinity 或 Onuma Planning System 等软件，可对收集到的信息进行存储与管理，并在设计过程中随时调用及验证。

（二）BIM 方案创作的变化

1. 从手工绘图到电子绘图

在 BIM 技术出现之前，CAD 技术的普及推广使建筑师、工程师们从手工绘图走向电子绘图。甩掉图板，将纸质图纸转换为计算机中的二维数据的创建，改变了传统的生产模式，把工程设计人员从手工绘图和计算中解放出来，成倍地提高生产效率，缩短设计周期。而 BIM 技术则进一步推进了工程信息的电子数据化。

2. 从二维设计到三维设计

二维设计实质上是将一个物体分解成平面、立面、剖面等不同的片段来加以研究，然后通过大脑的综合思维能力建立起一个完整的判断，从而完成设计。把三维的建筑空间，通过二维图纸进行表达，是人类设计思维的一个进步，可以使设计师能以较简单的方法操作复杂建筑的设计，但从深层次看，这也反映了设计工具的局限性，用二维图纸反映现实世界的三维实体，只是权宜之计。

在计算机三维技术出现之前，建筑师只能依靠透视草图或实体模型研究三维空间。这些工具有一定优势，也有不足之处。例如绘制草图，能够随心所欲流畅地表达设计想法，表达建筑师所关注的部分，但是在准确性和空间整体性上受到限制。实体模型在研究外部形态时作用较大，而要研究内部空间形态时就相形见绌了，难以提供一个对空间序列关系的人视点的直观体验和表达。

建筑信息模型采用的是虚拟现实物体的方式，以三维设计思维为基础，将传统的二维图纸完全转化为计算机的工作，让电脑代替人脑完成三维与二维之间的思维转化。

这样设计师可以更加关注设计本身，不再为绘制二维图纸耗费精力，二维与三维的界限在建筑信息模型中逐步模糊。而实体模型设计的弊端在建筑信息模型中也得到了解决，二维数字技术将外观模型与空间形态和序列的研究统一起来。建筑师可以通过设置相机进行人视点的各个空间推敲，也可以通过软件进行虚拟现实仿真或快捷地制作出动画进行空间序列的研究。

3. 从形式与功能相分离到整体化的空间设计

传统的设计方法大致可分为两种：一种是先设计二维的平面功能布局，然后结合平面布局设计二维立面，最后建立三维模型进一步调整造型；另一种是先从三维造型出发确定形体之后，再使用二维 CAD 绘制相应的平面、立面。这两种设计方法都有一个共同的缺陷，那就是建筑空间被设计者从设计过程中剥离出去，成为概念设计阶段并不重要的内容，建筑关注的只是平面功能和形象。实际上，空间对现代建筑而言并不是平面功能与建筑外表围合而成的副产品，而是一种控制建筑的设计方法。

对于古典建筑，空间基本是静态的，左右对称，创造和谐而统一的立面是其关注的主要内容，立面法则不仅是古典建筑设计的原则，而且上升到一个设计方法的高度来控制建筑。例如，古典建筑立面渲染图，并不只是表现图的概念，它是建筑师的设计方法和工具。现代建筑破除了古典建筑的种种信条，建立起了新的建筑语言。对空间的探索一度成为现代建筑探索的主题。在现代建筑中，空间同样上升为一种控制建筑的设计方法而存在。

然而在当今一些建筑师的设计中，空间一直没能成为一种控制建筑的方法。其中主要原因是由于设计工具的限制，建筑师无法在较短的设计周期内去研究和推敲空间，更难以用空间来控制设计。这使得目前较多的建筑师仍然在用"立面"的方法控制建筑。建筑信息模型的出现为我们改变这种状况提供了可能性。在建筑信息模型中，建筑室内空间、室外空间、建筑表皮、平面功能都可以被整合成一个相互关联的逻辑系统。在布置平面时，已经在同步设计建筑空间，而空间又可以被直观地反映在表皮上，这样空间与表皮可以共同形成建筑的立面。

4. 从传统空间组合到非线性参数化设计

美国建筑师罗伯特·文丘里在他的影响深远的著作《建筑的复杂性与矛盾性》中指出，只有当实际用途和空间的内、外部力量交汇的时候，才能创造出真正的建筑。这种相互作用是建筑形式能够产生的一个基本动力。简单地说，建筑形式是由空间、形体、轮廓、虚实、凹凸、色彩、质地、装饰等各种要素集合而形成的复合的概念。其中与功能有直接联系的形式要素则是空间，"埏埴以为器，当其无，有器之用。凿户牖以为室，当其无，有室之用。故有之以为利，无之以为用。"（《老子·第十一章》）表明了建筑被人利用的正是它的空间。所谓内容决定形式，表现在建筑中主要就是指：建筑功能，要求与之相适应的空间形式。因此，在现代建筑设计中，空间设计一直是形式设计的主导。然而，由于能力和工具的限制，在千变万化、错综复杂的空间组合形式中，建筑师往往只能概括出如通过交通组织空间、空间互相嵌套等典型组合方式来达到合理的布局，直到非线性参数化设计与算法生成设计的出现。

对于建筑设计而言，参数化设计并不是一个新的概念，甚至可以说其历史悠久。一些古典参数化方法被用在诸如金字塔、拱券等建筑中，经典的参数化方法有黄金分割、裴波那契数列、泰森多边形等。这些数学方法一直被使用了好几个世纪，直到 20 世纪 70 年代中期，计算机被引入各个行业的设计领域中时，参数化设计才真正得以全面发展和推广。

20 世纪 80 年代兴起的复杂性科学理论同样在建筑艺术领域改变了人们对城市和生活的认识。随着复杂性设计思维的发展，建筑师已无法根据传统的设计模式来反映设计思想和表达设计成果。此时人们开始将目光转向尖端科技领域，将参数化几何控制技术引入建筑设计领域。参数化几何控制技术可以充分结合设计者与数字技术的智能力量来实现对集合符号的生成、测评、修正和优化，从而得到更加符合设计者、使用者和环境要求的建筑形态。引入参数对建筑设计思维的意义还表现在可变参数造成的开放的设计成果，满足了建筑师对多种可预见因素的参与，并使设计的客观性加强，使几何形态的生成成为参数控制的结果。通过设计程序的作用，输入参数控制值就可以在变化中生成形态，甚至生成可控制但不可预见的几何形态。在建造方面，它解决了标准化与单独定制的矛盾，借助智能工具，利用参数化手段提高了异型构件的生产效率并降低了造价。

目前的参数化技术大致可分为以下三种方法：

①基于几何约束的数学方法。

②基于几何原理的人工智能方法。

③基于特征模型的造型方法。

其中后两种方法又被称为"非线性参数化设计"方法。"非线性"一词来自非线性科学，即复杂科学，它完全不同于发源于牛顿原理的现代经典线性科学，它可以对动态、不规则、自组织、远离平衡状态等现象进行合理的阐述，是人类对自然及社会的一种全新的认识理论。正如尼尔·林奇所说，"计算机已经不仅是辅助设计……如今变成直接衍生出设计。"

以瑞士 CAAD 研究组 Markus Braach 编写规划生成代码的荷兰 Heerugoward 项目为例，项目为发展建设的布局和规划，总面积将近 70 公顷。现行荷兰建设计划的框架均有清晰的定义，并存在许多固定的参数，如建设地块的组合、不同房屋类型的大小、公共开发空间的量，以及街道和人行步道的布局等。该项目需要在 90 块地块上布置 247 栋住宅，是一个完全通过计算机程序生成的计算机辅助设计应用实践。

由于地下水的状况和土壤条件等地质情况都不尽相同，本待规划地块被分为三部分，在某些地块上可以构筑建筑物，而地质状况差的地块则不能利用。这导致每个地块均存在位置、大小等不同的设计条件，住宅类型比例也需要分块计算。生成软件能够从发展中的某个角落开始，且不失对整体指标的把控。在建设成本或住房数量控制上，程序适应不断变化的条件，布局方案随着参数的改变动态生成。

三、建筑设计构思的表达与实现

（一）设计构思的表达与实现

有了设计概念，还需要将其表达出来，与业主及其他设计人员沟通交流。一方面是通过二维及三维的图像信息建立建筑形象；另一方面各项设计数据、文档也需要统计和归纳。此时对设计工具的要求是：准确、高效、表达效果。本过程实际上是将设计构思的内容方便准确地以二维图纸、三维渲染图、数据（面积指标等）等形式表达出来，能够直观、便捷地与业主及后段工程设计方交流、沟通。此时 BIM 作用是利用建筑信息模型交互出二维图纸、数据、三维渲染图等。

将图纸上的方案建成建筑，还需要经过一系列的工作，其中之一便是解决设计中的各种建筑、结构、机电等方面的技术问题，将方案图纸翻译成施工人员能依照其操作的工程图纸。此阶段可充分发挥计算机擅长数据处理的优势。BIM 技术的引入整合了数据库的三维模型，可将建筑设计的表达与实现过程中的信息集中化、过程集成化，从而大大地提高生产效率并减少设计错误。

通过 BIM 可整合设计、表达与实现阶段，实现从粗放设计到集成设计的过程。在制造业（电子、航空、船舶）等行业中，产品的设计及生产环节都先后完成了粗放设计到集成设计的转型，实现了从设计到生产的数字化集成或称为计算机集成。数字化集成，是指把产品设计、生产计划与控制、生产过程的每一步集成为一个系统的潜力，从而对整个系统的运行加以优化。具体来说，就是将产品创意—产品设计—产品制造作为一个完整的系统来考虑，整个过程都依靠计算机的控制来实现。

建筑业属于劳动密集型产业，无论设计还是生产，大部分都处于粗放的状态。粗放型设计不仅表现为各个专业设计图纸的深度浅和质量低，更表现为各个专业间的集成化程度低。我们目前的工作方法基本上是各自为政，采用传统的方法进行协同，集成化程度还处于以图纸为中介的落后模式，其结果是效率低下和设计品质偏低。而通过 BIM 技术能整合设计中的各个环节，实现从粗放设计到集成设计的转变，其集成化主要体现在设计信息的集成与设计过程的集成。

（二）设计信息的集成

BIM 作为一个包含了建筑全生命周期，集成了建筑物规划、设计、施工、运营、改造、拆除等全部过程中所有信息的大型数据库，在建筑工程中对于促进数据信息交换与共享起到重要的作用。

1. 从使用 CAD 单个绘制设计文档到数据库统筹管理设计信息

传统的 CAD 绘图，对于同一个建筑构件，需要使用多张视图（平面图、立面图、剖面图以及详图），并通过设计说明及各类图表才能表达，需要多次绘制同一个建筑构件对象，效率是比较低的。而且每张图纸都是离散的线条，彼此之间互不关联，各个视图之间的错、漏、碰、缺在所难免。一旦有变更，多个视图都需要重新绘制。所有这些设计图纸及文档的绘制与编写一直是提高项目整合度和协作的最大障碍，通常情况下，每项工程都有成百上千份图纸及文档，对整个设计而言，每份图纸或文档都是一个单独的组成部分。这些分散的资料必须依靠人力解读才能相互联系成为一个可理解的整体。

在 BIM 软件平台下，则是以数据库替代绘图。将设计内容归总为一个数据库，而不是单独的各张图纸。该数据库可作为该项目建筑所有实体和功能特征的中央储存库。通过 BIM 软件，传统的设计文档按需求从数据库中产生，反映最实时的项目设计信息。

图纸不再是项目首要的、核心的体现，而是针对特定目的而从数据库中提取的成果。

就 BIM 项目而言，设计文档中那些体现项目信息的线条、文字、图表等都不是传统意义上"画"出来的。而是通过 BIM 软件中的数据库，使用体现了项目全部信息的能构（Intelligent Objects），以投影、剖切等数字方式"实时建造"，因此，设计师现在不必再把重心放在绘制视图、图表、说明、文档上，或计算核对建筑构件的数量。一旦置于 BIM 技术环境下，它会自动将自身信息反映至所有的平面图、立面图、剖面图、详图、明细表、三维渲染图、工程量估计等。此外，随着设计的变化，构件能够调整自身参数，以适应新的设计。

2. BIM 平台交互——BIM 与 CAE/CAA

简单地讲，CAE（Computer Aided Engineering）/CAA（Computer Aided Analysis）就是通常所说的计算机辅助工程分析。在建筑设计领域利用仿真模拟、有限元等方法分析、计算、模拟、优化建筑物的各项性能指标。设计是一个根据需求不断寻求最佳方案的循环过程，而支持这个过程的就是对每一个设计方案的综合分析比较，也就是 CAE 软件做的事情。

CAE 的流程通常如下：

①根据设计方案建立用于某种分析、模拟、优化的项目模型和外部环境因素（统称为作用，如荷载、温度等）。

②计算项目对于上述作用的反应（如变形、应力等）。

③以可视化技术、数据集成等方式把计算结果呈现给设计师，作为调整、优化设计方案的依据。

目前大多数情况下，CAD 是主要设计工具，而 CAD 图形本身没有或极少包含各类 CAE 系统所需的项目模型的非几何信息（如材料的物理、力学性能）和外部环境信息，在进行计算以前，设计师必须参照 CAD 图形使用 CAE 系统重新建立 CAE 需要的计算模型和外部环境；在计算完成以后，需要人工根据计算结果用 CAD 调整设计，然后进行下一次计算。由于上述过程工作量大、成本高且容易出错，因此大部分 CAE 系统只能被用来对已经确定的设计方案做事后计算，然后根据计算结果配备相应的建筑、结构和机电系统，至于这个设计方案的各项指标是否达到了最优效果，反而较少有人关心。也就是说，CAE 作为决策依据的根本作用并没有得到很好的发挥，BIM 的应用则让 CAE 回归了真正作为项目设计方案决策依据的角色。

由于 BIM 模型集成了一个项目完整的几何、物理、性能等信息，CAE 可以在项目进行的任何阶段从 BIM 模型中自动提取各种分析、模拟、优化所需要的数据进行计算，BIM 软件平台构建出的深度 BIM（详细建筑信息模型）通过软件工具输出为不同的数据格式，根据应用方向的不同选择合适的数据格式并输入专业的分析软件中，可以有效地解决数据一致性问题，提高建模效率，项目团队根据计算结果对项目设计方案调整以后，可以立即对新方案进行计算，直到产生满意的设计方案为止。

（三）BIM 结合 CAE 与建筑设计。

1.BIM 与绿色建筑分析

绿色建筑设计中常用的几项 CAE 分析是：

①热工分析。

②照明分析。

可以进行人工、自然光照明计算，并以三维图表输出采光系数、照度等数据。

③自然通风模拟。

BIM 模型能为绿色建筑分析带来以下便利：

① BIM 真实的数据和丰富的构件信息，给各种绿色建筑分析软件以强大的数据支持，确保了结果的准确性。目前绝大多数 BIM 相关软件都具备将其模型数据导出为各种分析软件专用的 gbXML 格式。

② BIM 的某些特性（如参数化、构件库等）使建筑设计及后续流程针对上述分析的结果，有非常及时和高效的反馈。

③绿色建筑设计是一个跨学科、跨阶段的综合性设计过程，而模型则正好顺应此需求，实现了单一数据平台上各个工种的协调设计和数据集中。

④ BIM 的实施能将建筑各项物理信息分析从设计后期显著提前，有助于建筑师在方案设计甚至概念设计阶段进行绿色建筑相关的决策。

⑤可以说，当我们拥有一个信息含量足够丰富的建筑信息模型时，就可以利用它做任何我们需要的分析。一个信息完整的 BIM 模型中包含了绝大部

分建筑性能分析所需的数据。

2. 其他 CAE 分析

其他 CAE 分析包括声学分析、人员疏散模拟与烟气扩散模拟及异型构件单元优化。此外，还有结构设计分析、机电设计分析等。

3. 信息集成到设计过程集成

（1）BIM 与设计过程控制（构思向后段的传达）

建筑设计过程中，方案设计和工程设计常常由不同的团队完成。方案设计阶段的建筑师只关心造型设计和粗略的功能布局，许多细化工作则在后面几个阶段完成。这容易造成设计上的脱节。例如，方案设计中常见的立面窗户与内部功能冲突等问题。如果使用建筑信息模型，这类问题在方案设计阶段就能够得到很好的解决。此外，很多方案转交给后续阶段的建筑师后，建筑师须根据实际工程要求对原方案进行梳理，有时甚至需要重新绘制一遍图纸，一方面工作量较大，另一方面常因工程要求或简单错误导致不能很好地保证原设计概念。例如，建筑构件常因结构或构造原因不能与方案设计完全一致。而如果使用一套建筑信息模型用于设计的所有阶段，则一方面可以减少各专业图纸间的"错、漏、碰、缺"，另一方面建筑师对设计品质的控制力度大大加强。建筑师可以加强对设计概念的控制，改变"方案一个样，施工图另外一个样"的弊病；无论在方案阶段还是在施工图阶段，建筑师可以对建筑细节进行直观的研究，加强细部设计的控制力度。各个设计阶段的数据信息，通过 BIM 三维模型精确完整地传递到下一阶段。此外，施工阶段可以利用 RIFD、GPS 定位的技术，结合三维模型表达减少施工错误。

（2）BIM 与管线综合

在大型、复杂的建筑工程项目设计中，由于系统繁多、空间复杂，常常出现管线之间、管线与结构构件之间发生冲突的情况，或影响建筑室内净高及空间效果，或给施工造成麻烦，导致返工或浪费，甚至可能存在安全隐患。在传统的设计流程中常通过二维管线综合设计来协调各专业的管线布置。然而，以二维的形式确定三维的管线关系，技术上存在先天不足，效果上不能让人满意。二维管线综合只是将各专业的平面管线布置图进行简单的叠加，按照一定的原则确定各种管线的相对位置，进而确定各管线的原则性标高，再针对关键部位绘制局部的剖面图。

二维管线综合存在以下缺陷：

管线交叉的地方靠人眼观察，一方面冲突情况无法完全暴露。另一方面难以全面考虑，综合分析，常常顾此失彼，解决了一处碰撞，又带来别处的碰撞。管线标高多为原则性确定相对位置，难以全面精确地定位，相对较多问题需要遗留至现场解决。多专业叠合的二维平面图纸图面复杂繁乱，不够直观。对于多管交叉的复杂部位无法充分表达。虽然以各专业的工艺布置要求为指导原则进行布置，对于空间、结构特别复杂的建筑或是净空要求非常高的情况，二维的管线综合设计方式往往无能为力。

由于传统的二维管线综合设计存在以上的不足，采用 BIM 技术进行的三维管线综合设计方式就成为针对大型、复杂建筑的管线布置问题的优选解决方案。在管线综合设计中，除了建筑、结构构件外，相对侧重于建立设备管线部分。设备管线按照各专业的图纸，分系统进行建模，各系统设置不同颜色以便区分。在建模的过程中即可观察管线间的空间关系并予以调整，在局部区域完成建模后，也可使用软件的碰撞检测功能，检测并消除碰撞。三维的 BIM 模型使得精确地调整管线高度成为可能，为满足净高要求，在多管交汇的地方可进行非常精细的避让。

（3）BIM 管线综合的优势

BIM 模型设计是对整个建筑设计的一次"预演"，建模的过程同时也是一次全面的"三维校审"过程，在此过程中可发现大量隐藏在设计中的问题，这些问题在传统的单专业校审过程中很难被发现，但在 BIM 模型面前则无法遁形，提升了整体设计质量，并大幅减少了后期工地处理的投入。与传统二维管线综合对比，三维管线综合设计的优势具体体现在：BIM 模型整合了所有专业的信息，可对专业协调的结果进行全面检验，专业之间的冲突、高度方向上的碰撞是检测的重点。模型均按真实尺度建模，传统表达予以省略的部分（比如管道保温层等）均得以展现，能将各种隐藏的问题暴露出来；建筑、结构、机电全专业建模并协调优化，全方位的三维空间模型可在任意位置从多角度观察审阅，或进行漫游浏览，管线关系一目了然；可进行管线碰撞的检测，可全面快捷地检测管线之间、管线与建筑、结构之间的所有碰撞问题；能以三维 DWF/PDF 等三维方式提交设计成果，可以非常直观地表达所有管线的变化及各区域的净高，用于审阅或施工配合。

在大型或复杂的建筑项目的管线综合中，依靠人力进行检测和排查大量的构件冲突是一项艰巨的工作，BIM 模型的碰撞检测功能则充分发挥了计算机对庞大数据的处理能力。

碰撞检测即对建筑模型中的建筑构件、结构构件、机械设备、水暖电管线等进行检查，以确定它们之间不发生交叉、碰撞，导致无法施工的现象。目前的二维 CAD 软件做不到这一点，因为碰撞检测所需基本信息至少要有构件的空间几何尺寸，还要求软件封装对这些信息进行计算的函数，这些是基于 BIM 面向对象的设计软件才能提供的功能。碰撞检测的原理是利用数学方程描述检测对象轮廓，调用函数求检测对象的联立方程是否有解。建筑设计中的碰撞大致有五类：实体碰撞，即对象间直接发生交错；延伸碰撞，如某设备周围需要预留一定的维修空间或出于安全考虑与其他构件间应满足最小间距要求，在此范围内不能有其他对象存在；功能性阻碍，如管道挡住了日光灯的光，虽未发生实体碰撞，但后者不能实现正常功能；程序性碰撞，即在模型设计中管线间不存在碰撞问题，但施工中因工序错误，一些管线先施工会致使另外的管线无法安装到位；未来可能发生的碰撞，如系统扩建、变更。

当模型的各个专业（建筑、结构、设备）设计完成，集成到一个建筑模型中时，制定相应的检测规则，即可进行碰撞检测，碰撞检测节点将自动生成截图及包含相交部分长度、碰撞点三维坐标等信息的详细检测报告，便于查找碰撞的构件和位置。通过碰撞检测可以查找风道水管是否相交、空调管道的高度是否合适等，在施工前避免不必要的错误，节省人力物力。

四、结构设计阶段的 BIM

传统的建筑结构设计主要采取二维 CAD 绘图的方式，其设计一般在建筑初步设计过程中介入。设计师在建筑设计基础上，根据总体设计方案及规范规定进行结构选型、梁柱布置，分析计算并优化调整结构设计后，再深化节点及梁、板、柱配筋，绘制施工图文档，有时还需要统计结构用材用料。

将 BIM 模型引入结构设计后，BIM 模型作为一个信息平台能将上述过程中的各种数据统筹管理，BIM 模型中的结构构件同样具有真实构件的属性和特性，记录了工程实施过程中的数据信息，可以被实时调用、统计分析、管理与共享。结构工程的 BIM 模型应用主要包括结构建模和计算、规范校核、三维可视化辅助设计、工程造价信息统计、施工图（加工图）文档、其他有关的信息明细表等，涵盖了包括结构构件及整体结构两个层次的相关附属信息。

（一）构件层次相关信息

BIM 模型可存储构件的材料信息、截面信息、方位信息和几何信息等，即时进行显示和查询。BIM 软件系统在节点设计时可以自动判断结构构件的非图形数据，即构件的逻辑信息，包括梁柱的定义、梁柱的空间方位及梁柱截面尺寸的基本要求等。通过程序实现自动识别梁、柱等构件的连接类型并配上对应的节点，达到三维实体信息核心的参数化和智能化。

（二）整体结构层次相关信息

完整的三维实体信息模型提供基于虚拟现实的可视化信息，能对结构施工提供指导，能对施工中可能遇到的构件碰撞进行预检测，能为软件提供结构用料信息的显示与查询，还包含可供结构整体分析计算的数据。

（三）BIM 模型信息在结构设计中的应用层次

1. 三维可视化设计与信息集成化设计

BIM 模型采用参数化的三维实体信息描述结构单元，以梁、柱等结构构件为基本对象，而不再是 CAD 中的点、线、面等几何元素。通过数字技术模拟建筑物的真实信息的内涵不仅是几何形状描述的视觉信息，还包含大量的物理信息、分析信息等非几何信息，方便从各个角度各个方面查看建筑工程包括三维几何实体在内的各项信息，交互效率高，不易发生普通二维 CAD 软件的理解错误，实现"所见即所得"。

2. 实体模型的参数化造型与编辑技术

BIM 模型的核心技术是参数化建模，因此复杂的结构节点具有真实构件的属性和特性，参数化模型"知道"所有构件的特征及其之间的相互作用规则，因此对模型操作时会保持构件在真实世界中的相互关系。

以结构设计中构造最复杂的钢结构节点设计为例。基于 BIM 理念的软件系统，能够完全反映钢结构节点零件的空间位置，为建筑施工提供数字化的真实节点，方便了施工前的预观察。同时，它具有全自动交互式的设计、校核以及编辑的特点，并能很方便地对节点受力进行分析计算。

3. 以 BIM 模型为平台设计信息的共享与交互

在结构设计完成后，从三维 BIM 模型可以读取其中的结构计算所需要的构建信息，包括截面信息和方位信息，绘制结构分析模型，使实体模型在结构构件的布置上与结构计算分析模型完全一致，与实际结构保持统一，使建筑信息模型对工程项目结构真实构件、实际空间方位的数字表达分析设计信息完整地存储到建筑信息模型中。同时，BIM 软件又可读取结构分析软件中的数据文件，并转为自身的格式，实现建模过程中资源的共享，使项目管理共享协同能力得到提高。

同时，BIM 模型集成了建筑全生命周期中的制造、运营等数字化的信息，深化了项目各参与方的信息交流和沟通方式，与传统的文件、图纸交流相比，通过集成各种相关信息的建筑信息模型沟通和数据交互，大大提高了项目各参与方的信息共享程度。

第三节 运营方 BIM 技术的应用

一、运营方运维管理概述

（一）运维管理定义

建筑运维管理近年来在国内又被称为 FM（Facility Management，设施管理）。根据 IFMA（International Facility Management Association，国际设施管理协会）对其的最新定义，FM 是运用多学科专业，集成人、场地、流程和技术来确保楼宇良好运行的活动，人们通常理解的建筑运维管理，就是物业管理。但是现代的建筑运维管理与物业管理有着本质的区别，其中最重要的区别在于：面向的对象不同。物业管理面向建筑实施，而现代建筑运维管理面向的则是企业的管理有机体。

FM 最早兴起于 20 世纪 80 年代初，是项目生命周期中时间跨度最大的一个阶段。在建筑物平均长达 50 ～ 70 年的运营周期内，可能发生建筑物本身的改扩建、正常或应急维护，人员安排，室内环境及能耗控制等多个功能。因此，FM 也是建筑生命周期内职能交叉最多的一个阶段。

在我国，FM 行业的兴起较晚。伴随着 20 世纪 90 年代大量的外资企事业组织进入我国，FM 需求的产生和迅速增加最早催生了我国的 FM 行业。目前，我国本土的许多组织在认识到专业化高水平的 FM 服务所能带来的收益后，也越来越多地建立了系统的 FM 管理制度。

（二）运维管理内容

运维与设施管理的内容主要可分为空间管理、资产管理、维护管理、公共安全管理和能耗管理等方面。

1. 空间管理

空间管理主要是满足组织在空间方面的各种分析及管理需求，更好地响应组织内各部门对空间分配的请求及高效处理日常相关事务，计算空间相关成本，执行成本分摊等内部核算，增强企业各部门控制非经营性成本的意识，提高企业收益。空间管理主要包括空间分配、空间规划、租赁管理和统计分析。

2. 资产管理

资产管理是运用信息化技术增强资产监管力度，降低资产的闲置浪费，减少和避免资产流失，使业主资产管理更加全面规范，从整体上提高业主资产管理水平。

资产管理主要包括日常管理、资产盘点、折旧管理、报表管理，其中日常管理包括卡片管理、转移使用和停用退出。

3. 维护管理

建立设施设备基本信息库与台账，定义设施设备保养周期等属性信息，建立设施设备维护计划；对设施设备运行状态进行巡检管理并生成运行记录、故障记录等信息，根据生成的保养计划自动提示到期需保养的设施设备；对出现故障的设备从维修申请到派工、维修、完工验收等实现过程化管理。

维护管理主要包括维护计划、巡检管理和保修管理。

4. 公共安全管理

公共安全管理具有应对火灾、非法侵入、自然灾害、重大安全事故和公共卫生事故等危害人们生命财产安全的各种突发事件，建立起应急及长效的技术防范保障体系。

公共安全管理主要包括火灾报警、安全防范和应急联动。

5. 能耗管理

能耗管理是指对能源消费过程的计划、组织、控制和监督等一系列工作。能耗管理主要由数据采集处理和报警管理等组成。

（三）运维与设施管理的特点

1. 多职能性

传统的 FM 往往被理解为物业管理。而随着管理水平和企业信息化的进程，设施管理逐渐演变成综合性、多职能的管理工作。其服务范围既包括对建筑物理环境的管理、维护，也包括对建筑使用者的管理和服务，甚至包括对建筑内资产的管理和监测。现今的 FM 职能可能跨越组织内的多个部门，而不同的部门因为职能、权限等原因，在传统的企业信息管理系统中，往往存在诸多信息孤岛，使 FM 这样的综合性管理工作的程序过于复杂、处理审批时间过长，导致决策延误、工作低效，造成不必要的损失。

2. 服务性

FM 管理的多个职能归根结底都是为了给所管理建筑的使用者、所有者提供满意的服务。这样满意的服务对建筑所有者来说包括建筑的可持续运营寿命长、回报率高；对建筑使用者来说包括舒适安全的使用环境、即时的维修和维护等需求的响应，以及其他建筑使用者为提高其组织运行效率可能需要的增值服务。正因如此，传统的 FM 行业中存在系统、完备的服务评价指数，如客户满意程度（CRM）指数等，用于评价 FM 管理的服务水平。

3. 专业性

无论是机电设备、设施的运营、维护，结构的健康监控还是建筑环境的监测和管理都需要 FM 人员具有一定的专业知识。这样的专业知识有助于 FM 人员对所管理建筑的未来需求有一定的预见性，能更有效地定义这些需求，并获得各方面专业技术人才的高效服务。

4. 可持续性

建筑及其使用者的日常活动是全球范围内能耗最大的产业。无论是组织自持的不动产性质的建筑，还是由专业 FM 机构运营管理的建筑，其能耗管理都是关系到组织经济利益和社会环境可持续性发展的重大课题。而当紧急情况发生时，如水管破裂或大规模自然灾害侵袭时，FM 人员有责任为建筑内各组织日常和商务运营受损最小化提供服务。这也是 FM 管理在可持续性方面的多重职责。

二、基于 BIM 技术的运维管理优势

（一）传统设施管理存在的问题

1. 运维与设施管理成本高

设施管理中很大一部分内容是设备的管理，设备管理的成本在设施管理成本中占有很大的比重。设备管理的过程包括设备的购买、使用、维修、改造、更新、报废等。设备管理成本主要包括购置费用、维修费用、改造费用以及设备管理的人工成本等。由于当前的设备管理技术落后，往往需要大量的人员来进行设备的巡视和操作，而且只能在设备发生故障后对设备进行维修，不能做提前预警工作，这就大大增加了设备管理的费用。

2. 运维与设施管理信息不能集成共享

传统的设施管理大部分采用手写记录单，既浪费时间，又容易产生错误，而且纸质记录单容易丢失和损坏。同时，在设备基本信息查询、维修方案和检测计划的确定，以及对紧急事件的应急处理时，往往需要从大量纸质的图纸和文档中寻找所需的信息，无法快速地获取有关该设备的信息，从而达不到设施管理的目的。而且传统的设施管理往往采用纸质档案且都是采用手工方式来整理，这对处理设施信息是非常低效率的。设施资料往往以一种特定的形式固定下来，这样难以满足不同用户对资料进行自由组合分类的需求。

虽然一些设施管理采用了电子档案，但由于这些电子文件生成于不同的软件系统，其格式各不相同，使得绝大部分电子文件之间不能兼容，从而无法相互采集收集和提供利用。同时，由于这些简易电子档案没有很好地归档，在设施发生故障时，不能快速找到该设备的相关信息，达不到设施管理的要求。

3. 当前运维与设施管理信息化技术低下

当前的信息沟通方式落后、信息传递不及时。传统的信息沟通大都采用点对点的形式，也就是参与方之间两两进行信息沟通，不能保证多个参与方同时进行沟通和协调，设施管理方要与业主、设计方、施工方、总包方和分包方等各个参与方分别进行沟通来获得想要的信息，既浪费时间，又不能保证信息的准确性，不利于设施的有效管理。

（二）BIM 技术在运维与设施管理中的优势

BIM 技术可以集成和兼容计算机化的维护管理系统（CMMS）、电子文档管理系统（EDMS）、能量管理系统（EMS）和楼宇自动化系统（BASK）。虽然这些单独的 FM 信息系统也可以实施设施管理，但各个系统中的数据是零散的。更糟的是，在这些系统中，数据需要手动输入建筑物设施管理系统中，这是一个费力且低效的过程。在设施管理中使用 BIM 可以有效地集成各类信息，还可以实现设施的三维动态浏览。

BIM 技术相较于之前的设施管理技术有以下三点优势。

1. 信息集成和共享

BIM 技术可以整合设计阶段和施工阶段的时间、成本、质量等不同时间段、不同类型的信息，并将设计阶段和施工阶段的信息高效、准确地传递到设施管理中，还能将这些信息与设施管理的相关信息相结合。

2. 实现设施的可视化管理

BIM 三维可视化的功能是 BIM 最重要的特征，BIM 三维可视化将过去的二维 CAD 图纸以三维模型的形式展现给用户。当设备发生故障时，BIM 可以帮助设施管理人员用三维模型直观地查看设备的位置及设备周边的情况。BIM 的可视化功能在翻新和整修过程中还可以为设施管理人员提供可视化的空间显示，为设施管理人员提供预演功能。

3. 定位建筑构件

设施管理中，在进行预防性维护或是设备发生故障进行维修时，首先需要维修人员找到需要维修构件的位置及其相关信息，现在的设备维修人员常常凭借图纸和自己的经验来判断构件的位置，而这些构件往往在墙里面或地板下面等看不到的地方，位置很难确定。准确的定位设备对新员工或紧急情况是非常重要的。使用 BIM 技术不仅可以直接三维定位设备，还可以查询该设备的所有基本信息及维修历史信息。维修人员在现场进行维修时，可以通过移动设备快速地从后台技术知识数据库中获得所需的各种指导信息，同时可以将维修结果信息及时反馈到后台中央系统中，对提高工作效率很有帮助。

三、运营方 BIM 运维管理具体应用

（一）空间管理

基于 BIM 技术可为 FM 人员提供详细的空间信息，包括实际空间占用情况、建筑对标等。

同时，BIM 能够通过可视化的功能帮助跟踪部门位置，将建筑信息与具体的空间相关信息勾连，并在网页中实时打开并进行监控，从而提高了空间利用率。根据建筑使用者的实际需求，提供基于运维空间模型的工作空间可视化规划管理功能，并提供工作空间变化可能带来的建筑设备、设施功率负荷方面的数据作为决策依据，以及在运维单位中快速更新三维空间模型。

1. 租赁管理

应用 BIM 技术对空间进行可视化管理，分析空间使用状态、收益、成本及租赁情况，判断影响不动产财务状况的周期性变化及发展趋势，帮助提高空间的投资回报率，并能够规避潜在的风险。

通过查询定位可以轻易查询到商户空间，并且查询到租户或商户信息，如客户名称、建筑面积、租约区间、租金、物业费用；系统可以提供收租提醒等客户定制化功能。同时，可以根据租户信息的变更，对数据进行实时调整和更新，形成一个快速共享的平台。

另外，BIM 运维平台不仅提供了对租户的空间信息管理，还提供了对租户能源使用及费用情况的管理。这种功能同样适用于商业信息管理，与移动终端相结合，商户的活动情况、促销信息、位置、评价可以直接推送给终端客户，在提高租户使用程度的同时也为其创造了更高的价值。

2. 垂直交通管理

3D 电梯模型能够正确反映所对应的实际电梯空间相对位置及相关属性等信息。电梯的空间相对位置信息包括门口电梯、中心区域电梯、电梯所能到达的楼层信息等；电梯的相关属性信息包括直梯、扶梯、电梯型号、大小、承载量等。3D 电梯模型中采用直梯实体形状图形表示直梯，并采用扶梯实体形状图形表示扶梯。BIM 运维平台对电梯的实际使用情况进行了渲染，物业管理人员可以清楚直观地看到电梯的能耗及使用状况，通过对人行动线、人流

量的分析，可以帮助管理者更好地对电梯系统的策略进行调整。

3. 车库管理

目前的车库管理系统基本都是以计数系统为主，只显示空车位的数量，却没法显示空车位的位置。在停车过程中，车主随机寻找车位，缺乏明确的路线，容易造成车道堵塞和资源浪费（时间、能源）。应用无线射频技术将定位标识标记在车位卡上，车子停好之后自动知道某车位是否已经被占用。通过该系统就可以在车库入口处通过屏幕显示出所有已经占用的车位和空闲的车位。通过车位库还可以在车库监控大屏幕上查询车所在的位置，这对于方向感较差的车主来说，是个非常贴心的导航功能。

4. 办公管理

基于 BIM 可视化的空间管理体系，可对办公部门、人员和空间实现系统性、信息化的管理。工作空间内的工作部门、人员、部门所属资产、人员联系方式等都与 BIM 模型中相关的工位、资产相关联，便于管理和信息的及时获取。

（二）资产管理

BIM 技术与互联网的结合将开创现代化管理的新纪元。基于 BIM 的互联网管理能在三维可视化条件下掌握和了解建筑物及建筑中相关人员、设备、结构、资产、关键部位等信息，尤其是对于可视化的资产管理可以起到减少成本、提高管理精度、避免损失和资产流失的重大作用。

1. 可视化资产信息管理

传统资产信息整理录入主要是由档案室的资料管理人员或录入员采取纸媒质的方式进行，这样既不容易保存更不容易查阅，一旦人员调整或周期较长会出现遗失或记录不可查询等问题，造成工作效率降低和成本提高。

由于上述原因，公司、企业或个人对固定资产信息的管理已经逐渐脱离传统的纸质方式，不再需要传统的档案室和资料管理人员。信息技术的发展使 BIM 的互联网资产管理系统可以通过在 RFID 的资产标签芯片中注入用户需要的详细参数信息和定期提醒设置，同时结合三维虚拟实体的 BIM 技术使资产在智慧建筑物中的定位和相关参数信息一目了然，可以精确定位、快速查阅。

新技术的产生使二维的、抽象的、纸媒质的传统资产信息管理方式变得鲜活生动。资产的管理范围也从以前的重点资产延伸到资产的各个方面。例如，对于机电安装的设备、设施，资产标签中的报警芯片会提醒设备定期维修的时间以及设备维修厂家等的相关信息，同时可以延长报警设备的使用寿命，以便及时地更换，避免发生伤害事故和一些不必要的麻烦。

2. 可视化资产监控、查询、定位管理

资产管理的重要性就在于可以实时监控、实时查询和实时定位，然而现在的传统做法很难实现。尤其是对于高层建筑的分层处理，资产很难从空间上进行定位。BIM 技术和互联网技术的结合完美地解决了这一问题。

现代建筑通过 BIM 系统把整个物业的房间和空间都进行划分，并对每个划分区域的资产进行标记。我们的系统通过使用移动终端收集资产的定位信息，并随时和监控中心进行通信联系。

（1）监视

基于 BIM 的信息系统完全可以取代和完善视频监视录像，该系统可以追踪资产的整个移动过程和相关使用情况。配合工作人员身份标签定位系统，可以了解资产经手的相关人员，并且系统会自动记录，方便查阅。一旦发现资产位置在正常区域之外、由无身份标签的工作人员移动等非正常情况，监控中心的系统就会自动警报，并且将建筑信息模型的位置自动切换到出现警报的资产位置。

（2）查询

该资产的所有信息包括名称、价值和使用时间都可以随时查询、定位；随时定位被监视资产的位置和相关状态情况。

3. 可视化资产安保及紧急预案管理

传统的资产管理安保工作无法对被监控资产进行定位，只能够对关键的出入口等处进行排查处理。有了互联网技术后虽然可以从某种程度上加强对产品的定位，但是缺乏直观性，难以提高安保人员的反应速度，经常发现资产遗失后没有办法及时追踪，无法确保安保工作的正常开展。基于 BIM 技术的互联网资产管理可以从根本上提高紧急预案的管理能力和资产追踪的及时性、可视性。

一些价值昂贵的设备或物品可能有被盗窃的风险，等工作人员赶到事发现场时，犯罪分子有足够的时间逃脱。然而使用无线射频技术和报警装置可以及时了解贵重物品的情况，因此 BIM 信息技术的引入变得至关重要，当贵重物品发出报警后，其对应的 BIM 追踪器随即启动。通过 BIM 三维模型可以清楚分析出犯罪分子所在的精确位置和可能的逃脱路线，BIM 控制中心只需要在关键位置及时布置工作人员进行阻截，就可以保证贵重物品不会遗失，同时可将犯罪分子绳之以法。

BIM 控制中心的建筑信息模型与互联网无线射频技术的完美结合，使非建筑专业人士或对该建筑物不了解的安保人员能正确了解建筑物安保关键部位。指挥官只需给进入建筑的安保人员配备相应的无线射频标签，并与 BIM

系统动态连接，就可根据 BIM 三维模型可以直观察看风管、排水通道等容易疏漏的部位和整个建筑三维模型，动态地调整人员部署，对出现异常情况的区域第一时间做出反应。从而为资产的安保工作提供了巨大的便捷，以真正实现资产的安全保障管理。

信息技术的发展推动了管理手段的进步。基于 BIM 技术的物联网资产管理方式通过最新的三维虚拟实体技术使资产在智慧的建筑中得到合理的使用、保存、监控、查询、定位。资产管理的相关人员以全新的视角诠释资产管理的流程和工作方式，使资产管理的精细化程度得到很大提高，确保了资产价值最大化。

（三）维护管理

维护管理主要是指设备的维护管理。通过将 BIM 技术运用到设备管理系统中，使系统包含设备的所有基本信息，也可以三维动态地观察设备实时状态，从而使设施管理人员了解设备的使用状况，也可以根据设备的状态提前预测设备将要发生的故障，从而在设备发生故障前就对设备进行维护，降低维护费用。将 BIM 运用到设备管理中，可以查询设备信息、设备运行和控制、自助进行设备报修，也可以进行设备的计划性维护等。

1. 设备信息查询

基于 BIM 技术的管理系统集成了对设备的搜索、查阅、定位功能。通过点击 BIM 模型中的设备，可以查阅所有设备信息，如供应商、使用期限、联系电话、维护情况、所在位置等；该系统可以对设备生命周期进行管理，比如对寿命即将到期的设备及时预购和更换配件，防止事故发生；通过在管理界面中搜索设备名称，或者描述字段，可以查询所有相应设备在虚拟建筑中的准确定位；管理人员或者领导可以随时利用四维 BIM 模型，实时浏览建筑设备。

另外，在系统的维护页面中，用户可以通过设备名称或编号等关键字进行搜索，也可以根据需要打印搜索的结果，或导出 Excel 列表。

2. 设备运行和控制

所有设备是否正常运行可在 BIM 模型上直观显示，例如绿色表示正常运行，红色表示出现故障；对于每个设备，可以查询其历史运行数据；也可以对设备进行控制，例如某一区域照明系统的打开、关闭等。

3. 设备报修流程

在建筑的设施管理中，设备的维修是最基本的。该系统的设备报修管理功能使所有的报修流程都能在线申请和完成，用户填写设备报修单，经过工程经理审批，然后进行维修；修理结束后，维修人员及时将信息反馈到 BIM 模型中，随后会有相关人员进行检查，确保维修已完成，等相关人员确认该维修信息后，将该信息录入、保存到 BIM 模型数据库中。日后，用户和维修人员可以在 BIM 模型中查看各构件的维修记录，也可以查看本人发起的维修记录。

4.计划性维护

计划性维护的功能是让用户依据年、月、周等不同时间节点来确定，当设备的运行达到维护计划所确定的时间节点时，系统会自动提醒用户启动设备维护流程，对设备进行维护。

设备维护计划的任务分配是按照逐级细化的策略来确定的。一般情况下，年度设备维护计划只分配到系统层级，确定一年中哪个月对哪个系统（如中央空调系统）进行维护；而月设备维护计划，则分配到楼层或区域层级，确定这个月中的哪一周对哪一个楼层或区域内设备进行维护；而最详细的周维护计划，不仅要确定具体维护哪一个设备，还要明确在哪一天具体由谁来维护。

通过这种逐级细化的设备维护计划分配模式，建筑的运维管理团队无须一次性制订全年的设备维护计划，只需有一个全年的系统维护计划框架，在每月或是每周，管理人员可以根据实际情况再确定由谁在什么时间维护具体的某个设备。这种弹性的分配方式，其优越性是显而易见的，可以有效避免在实际的设备维护工作中，由于现场情况不断变化或是因某些意外情况而造成的整个设备维护计划无法顺利进行。

（四）公共安全管理

1.安保管理

（1）视频监控

目前的监控管理基本是以显示摄像视频为主，传统的安保系统相当于有很多双眼睛，但是基于 BIM 的视频安保系统不但拥有了"眼睛"，而且拥有了"脑子"。因为摄像视频管理是运维控制中心的一部分，也是基本的可视化管理。通过配备监控大屏就可以对整个广场的视频监控系统进行操作。当我们用鼠标选择建筑的某一层，该层的所有视频图像会立刻显示出来。一旦发生突发事件，基于 BIM 的视频安保监控就能与协作 BIM 模型的其他子系统结合进行突发事件管理。

（2）可疑人员的定位

利用视频系统 + 模糊计算，可以得到人流（人群）、车流的大概数量，在 BIM 模型上了解建筑物各区域出入口、电梯厅、餐厅及展厅等区域及人多的步梯、步梯间的人流量（人数 $/m^2$）、车流量。当每平方米内的人数大于 5 人时，发出预警信号，当大于 7 人时发出警报。从而做出是否要开放备用出入口、投入备用电梯及人为疏导人流及车流的应急安排。这对安全工作是非常有用的。

2. 火灾消防管理

在消防事件管理中，基于 BIM 技术的管理系统可以通过喷淋感应器感应信息，如果发生着火事故，在商业广场的信息模型界面中，就会自动进行火警警报，对着火的三维位置和房间立即进行定位显示，并且控制中心可以及时查询其周围情况和设备情况，为及时疏散和处理提供信息。

3. 隐蔽工程管理

在建筑设计阶段会有一些隐蔽的管线信息是施工单位不关注的，或者说这些资料信息可能在某个角落里，只有少数人知道。特别是随着建筑物使用年限的增加，人员更换频繁，这些安全隐患日益突出，有时可能直接酿成悲剧。

基于 BIM 技术的运维可以管理复杂的地下管网，如污水管、排水管、网线、电线及相关管井，并且可以在图上直接获得相对位置关系。在改建或二次装修时可以避开现有管网位置，便于管网维修、更换设备和定位。内部相关人员可以共享这些电子信息，有变化可随时调整，保证信息的完整性和准确性。同样的情况也适用于室内隐蔽工程的管理。

（五）能耗管理

基于 BIM 的运营能耗管理可以大大减少能耗。BIM 可以全面了解建筑能耗水平，积累建筑物内所有设备用能的相关数据，将能耗按照树状能耗模型进行分解，从时间、分项等不同维度剖析建筑能耗及费用，还可以对不同分项对比分析，并进行能耗分析和建筑运行的节能优化，从而促使建筑在平稳运行时达到能耗最小。BIM 还通过与互联网云计算等相关技术结合，将传感器与控制器连接起来，对建筑物能耗进行诊断和分析，当形成数据统计报告后，可自动管控室内空调系统、照明系统、消防系统等所有用能系统。它所提供的实时能耗查询、能耗排名、能耗结构分析和远程控制服务，使业主对建筑物达到最智能化的节能管理，摆脱传统运营管理下由建筑能耗大引起的成本增加。

1. 电量监测

基于 BIM 技术安装具有传感功能的电表后，在管理系统中可以及时收集所有能源信息，并且通过开发的能源管理功能模块，自动统计分析能源消耗情况，比如各区域、各个租户的每日用电量、每周用电量等，并可警告或者标识异常能源使用情况。

2. 水量监测

通过与水表进行通信，BIM 运维平台在清楚显示建筑内水网位置信息的同时，更能对水平衡进行有效判断。通过对整体管网数据的分析，可以迅速找到渗漏点，及时维修，减少浪费。而且当物业管理人员需要对水管进行改造时，无须为隐蔽工程而担忧，因为每条管线的位置都清楚明了。

3. 温度监测

BIM 运维平台可以获取建筑中每个温度测点的相关信息数据，同样，还可以在建筑中接入湿度、二氧化碳浓度、光照度、空气洁净度等信息。温度分布页面将公共区域的温度测点用不同颜色的小球直观展示，通过调整观测的温度范围，可将温度偏高或偏低的测点筛选出来，进一步查看该测点的历史变化曲线，室内环境温度分布尽收眼底。

物业管理者还可以调整观察温度范围，把温度偏高或偏低的测点找出来，再结合空调系统和通风系统进行调整。基于 BIM 模型可对空调送出水温、空风量、风温及末端设备的送风温湿度、房间温度、湿度均匀性等参数进行相应调整，方便运行策略研究，并可节约能源。

4. 机械通风管理

机械通风系统通过与 BIM 技术相融合，可以在 3D 基础上更为清晰直观地反映每台设备、每条管路、每个阀门的情况。根据应用系统的特点分级、分层次，可以使用其整体空间信息或是聚焦在某个楼层或平面局部，也可以利用某些设备信息，进行有针对性的分析。管理人员通过 BIM 运维界面的渲染即可以清楚地了解系统风量和水量的平衡情况，以及各个出风口的开启状况。特别是当与环境温度相结合时，可以根据现场情况直接对进风量、水量进行调节，从而达到调整效果实时可见。在进行管路维修时，物业人员也无须为复杂的管路发愁，BIM 系统清楚地标明了各条管路的情况，为维修提供了极大的便利。

第四节　BIM 技术的造价管理

一、当前造价管理的局限

（一）与市场脱节

目前，国内各界普遍采用的工程造价管理模式，是静态管理与动态管理相结合的模式，即由各地区主管部门统一采用单价法编制工程预算定额实行价格管理（地区平均成本价），分阶段调整市场动态价格，将指导价和指定价相结合，定期或不定期公布指导性系数，再由各地区的工程造价机构据此编制、审查、确定工程造价。多年来，这种管理办法基本适应了由计划经济向市场经济的转变，强化了政府对工程造价的宏观调控，初步起到了自成体系、管理有序、控制造价、促进效益的积极作用。同时，已经开始实施的注册造价工程师制度，又促使我国的建设工程造价管理朝专业化、正规化方向前进了一大步。

但随着市场经济的发展，现行的建设工程造价管理体制与管理模式存在的局限性越来越明显，并已开始制约管理水平的提高与发展。国家虽然已经意识到这种制度存在的局限性对经济发展产生的不利作用，并已开始制定相关制度，但仍需加大相关管理力度。

（二）区域性

造价管理区域性非常明显，全国各省、自治区、直辖市几乎都有一套当地的标准。这主要是由中国的管理体制决定的：定额管理是一个部门，招标投标管理是另一个部门，定额又分为全国统一定额、行业统一定额、地区统一定额、补充定额等。所以人们看到的一个现象是，全国性的施工企业、房产企业有很多，但是全国性的造价咨询公司很少。这跟地方保护有关，更重要的是由于各地标准不同，在一个地区积累的经验和数据，到另外一个地区往往就不适用了，可能需要重新再来，而这些历史造价指标和数据恰恰是造价咨询公司立足的根本。

（三）共享与协同不够

目前，造价管理还停留在工程项目特定节点的应用（概算、预算和结算）、单个岗位的应用和单个项目的应用上。

1. 内部人员共享

造价工程师所获得的数据还没有办法共享给内部人员：一方面是因为技术手段，另一方面是因为所提供的数据其他人无法直接使用，需要进行拆分和加工。同时，各地区标准不一样也使共享变得困难。

2. 造价工程师无法与其他岗位协同办公

例如，进行项目的多算对比、成本分析，需要财务数据、仓库数据、材料数据等，这些就涉及多岗位的协同。现阶段的协同效率非常低，而且拿到的数据也很难保证及时性和准确性。所以说做好项目要进行三算对比，但实际上目前的造价管理无法真正做到。

（四）造价不够精细

精细化造价管理需要细化到不同时间、不同构件、不同工序等。目前很多施工企业只知道项目一头一尾两个价格，过程中的成本管理完全放弃了。项目做完了才发现，实际成本和之前的预算出入很大，这个时候再采取措施为时已晚。对建设单位而言，预算超支现象十分普遍，这首先是由于没有能力做准确的估算，其次是缺乏可靠的成本数据。

（五）数据的更新和维护不及时

现场的设计变更，签证索赔，对量和价的调整比比皆是，另外材料价格的波动也非常频繁。如何掌握这些最新的数据，并及时做出相应的调整和对策，这也是目前造价管理碰到的问题。材料、设备、机械租赁、人工与单项分包价格还凭借人工采集，定额站和建材信息网提供的价格数据，与实际的市场行情相比，在准确性、及时性和全面性方面都存在问题。

二、BIM 在造价管理中的作用和意义

BIM 在建设项目造价管理信息化方面具有不可比拟的优势，对于提升建设项目造价管理信息化水平、提高效率，乃至改进造价管理流程，都具有积极意义。工程造价主要由量数据、价格数据和消耗量指标数据三个关键要素组成，而 BIM 在造价管理中的作用主要体现在量数据的获得方面。

（一）BIM 在造价管理中的作用

1. 提高工程量计算准确性

基于 BIM 的自动化算量方法比传统的计算方法更加准确。工程量计算是编制工程预算的基础，但计算过程非常烦琐和枯燥，容易人为造成计算错误，影响后续计算的准确性。一般项目人员计算工程量时误差在 ±3% 左右已经算合格了；如果遇到大型工程、复杂工程、不规则工程，结果就更加难说了。另外，各地定额计算规则的不同也是阻碍手工计算准确性的重要因素。每计算一个构件都要考虑哪些相关部分要扣减，需要具有极大的耐心和细心。BIM 的自动化算量功能可以使工程量计算工作摆脱人为因素影响，得到更加客观的数据。利用建立的三维模型，对于规则或者不规则构件都能进行实体扣减计算。

2. 合理安排资源计划，加快项目进度

好的计划是成功的一半，这在建筑行业尤为重要。建筑周期长，涉及人员多、条线多，管理复杂，没有充分合理的计划，容易导致工期延误，甚至

发生质量和安全事故。

利用 BIM 模型提供的数据基础可以合理安排资金计划、人工计划、材料计划和机械计划。对 BIM 模型所获得的工程量赋予时间信息，就可以知道任意时间段各项工作量是多少，进而可以知道任意时间段造价是多少，根据这些制订资金计划。另外，还可以根据任意时间段的工程量，分析出所需要的人、材、机数量，合理安排工作。

3.控制设计变更

遇到设计变更，传统方法是依靠手工先在图纸上确认位置，然后计算设计变更引起的量增减情况。同时，还要调整与之相关联的构件。这样的过程不仅缓慢，耗费时间长，而且可靠性也难以保证。加之变更的内容没有位置信息和历史数据，之后进行查询时也非常麻烦。

利用 BIM 模型，可以把设计变更内容关联到模型中。只要把模型稍加调整，相关的工程量变化就会自动反映出来。甚至可以把设计变更引起的造价变化直接反馈给设计人员，使他们能清楚地了解设计方案的变化对成本的影响。

4.对项目多算对比进行有效支撑

利用 BIM 模型数据库的特性，可以赋予模型内的构件各种参数信息。例如，时间信息、材质信息、施工班组信息、位置信息、工序信息等。利用这些信息可以对模型中的构件任意进行组合和汇总。例如，找第 5 施工班组的工作量情况时，在模型内就可以快速进行统计，这是手工计算所无法做到的。BIM 模型的这个特性，为施工项目做多算对比提供了有效支撑。

5.历史数据积累和共享

工程项目结束后，所有数据要么堆积在仓库，要么不知去向，今后遇到类似项目时，如要参考这些数据就很难了。而且以往工程的造价指标、含量指标，对今后项目工程的估算和审核具有非常大的价值，造价咨询单位视这些数据为企业核心竞争力。利用 BIM 模型可以对相关指标进行详细、准确的分析和抽取，并且形成电子资料，方便保存和共享。

（二）造价管理中应用 BIM 的意义

①帮助工程造价管理进入实时、动态、准确分析时代。

②有助于建设单位、施工单位、咨询企业的造价管理能力大幅增强，大量节约投资。

③整个建筑业的透明度将大幅提高，招标投标和采购腐败现象将大为减少。

④有利于加快建筑产业的转型升级。在这样的体系支撑下，基于"关系"

的竞争将快速转向基于"能力"的竞争，产业集中度提升加快。

⑤有利于低碳建造，建造过程能更加精细。

⑥基于 BIM 的自动化算量方法将造价工程师从烦琐的劳动中解放出来，有利于造价工程师将节省的时间和精力用于更有价值的工作，如询价、评估风险等，并可以利用节约的时间编制更精确的预算。

三、基于 BIM 的全过程造价管理

全过程造价管理是为确保建设工程的投资效益，对工程建设从决策阶段到设计阶段、招投标阶段、施工阶段等的整个过程，围绕工程造价进行的全部业务行为和组织活动。对基于 BIM 技术的全过程造价管理在项目建设各阶段发挥的作用简单总结如下。

（一）决策阶段

在项目投资决策阶段，可以利用以往 BIM 模型的数据，如类似工程每平方米的造价是多少，估计出投资一个项目大概需要多少费用。对 BIM 数据库中的历史工程模型进行简单调整，估算项目总投资，提高准确性。

（二）设计阶段

可以利用 BIM 模型的历史数据做限额设计，这样既可以保证设计工程的经济性，又可以保证设计的合理性。

设计限额指标由建设单位独立提出，目前限额设计的目的也由"控制"工程造价变成了"降低"工程造价。住房和城乡建设部绿色建筑评价标识专家委员曾表示："工程建设项目的设计费虽仅占工程建安成本的 1%～3%，但设计决定了建安成本的 70% 以上，这说明设计阶段是控制工程造价的关键。设定限额可以促进设计单位有效管理，转变长期以来重技术、轻经济的观念，有利于强化设计师的节约意识，在保证使用功能的前提下，实现设计优化。"

设计限额是在参考以往类似项目的基础上提出的。但是，多数项目完成后没有进行认真总结，造价数据也没有根据未来限额设计的需要进行认真的整理校对，可信度低。利用 BIM 模型来测算造价数据，一方面可以提高测算的准确度，另一方面可以加大测算的深度。设计完成后，可以利用 BIM 模型快速做出概算，并且核对设计指标是否满足要求，控制投资总额，发挥限额设计的价值。

（三）招投标阶段

随着工程量清单招标投标在国内建筑市场中的逐步应用，建设单位可以

根据 BIM 模型在短时间内快速准确地提供招标所需的工程量，以避免施工阶段因工程量问题引起纠纷。对于施工单位，由于招标时间紧，靠手工来计算，多数工程很难对清单工程量进行核实，只能对部分工程、部分子项进行核对，因此难免会出现误差。利用 BIM 模型可以快速核对工程量，避免因量的问题导致项目亏损。

（四）施工阶段

在招标完成并确定总包方后，会组织由建设单位牵头，施工单位、设计公司、监理单位等参加的一次最大范围的设计交底及图纸审查会议。虽然图纸会审是在招标完成后进行的，大多数问题的解决只能增加工程造价，但是如果能在正式施工前解决，可以减少签证，减少返工费用及承包商的施工索赔，而且随着承包商和监理公司的介入，可以从施工及监理的角度审核图纸，发现错误和不合理因素。

然而，传统的图纸会审是基于二维平面图纸的，且各专业的图纸分开设计，靠人工检查很难发现问题。利用 BIM 技术，在施工正式开始以前，把各专业整合到统一平台，进行三维碰撞检查，可以发现大量设计错误和不合理之处，从而为项目造价管理提供有效支撑。当然，碰撞检查不单单用于施工阶段的图纸会审，在项目的方案设计、扩初设计和施工图设计中，建设单位与设计公司已经可以利用 BIM 技术进行多次图纸审查，因此利用 BIM 技术在施工图纸会审阶段就已经将这种设计错误降到很低的水平了。

另外，建设单位可以利用 BIM 技术合理安排资金，审核进度款的支付。特别是对于设计变更，可以快速调整工程造价，并且关联相关构件，便于结算。

施工单位可以利用 BIM 模型分别按时间、按工序、按区域算出工程造价，便于成本控制。

也可以利用 BIM 模型做精细化管理，例如控制材料用量。材料费在工程造价中往往占有很大的比重，一般占预算费用的 70%，占直接费用的 80% 左右。因此，必须在施工阶段严格按照合同中的材料用量控制，从而有效地控制工程造价。控制材料用量最好的办法就是限额领料，目前施工管理中限额领料手续流程虽然很完善，但是没有起到实际效果，关键是因为领用材料时，审核人员无法判断领用数量是否合理。利用 BIM 技术可以快速获得这些数据，并且进行数据共享，相关人员可以调用模型中的数据进行审核。

施工结算阶段，BIM 模型的准确性保证了结算的快速准确，避免了有些施工单位为了获得较多收入而多计工程量，结算的大部分核对工作在施工阶段完成，从而减少了双方的争议，加快了结算速度。

第五章 BIM 在施工项目管理中的技术及应用研究

第一节 BIM 模型建立及维护研究

在建设项目中,需要记录和处理大量的图形和文字信息。传统的数据集成是以二维图纸和书面文字进行记录的,但引入 BIM 技术后,将原本的二维图形和书面信息进行了集中收录与管理。在 BIM 中,"I" 为 BIM 的核心理念,也就是 "Information",它将工程中庞杂的数据进行了行之有效的分类与归总,使工程建设变得顺利,减少甚至消除了工程中出现的问题。但需要强调的是,在 BIM 的应用中,模型是信息的载体,没有模型的信息是不能反映工程项目的内容的。所以在 BIM 中,"M"(Modeling)也具有相当的价值,应受到相应的重视。BIM 的模型建立的优劣,将会对将要实施的项目在进度、质量上产生很大的影响。BIM 是贯穿整个建筑全生命周期的,在初始阶段的问题,将会被一直延续到工程的结束。同时,失去模型这个信息的载体,数据本身的实用性与可信度将会大打折扣。所以,在建立 BIM 模型之前一定要建立完备的流程,并在项目进行的过程中,对模型进行相应的维护,以确保建设项目能安全、准确、高效地进行。

在工程开始阶段,由设计单位向总承包单位提供设计图纸、设备信息和 BIM 创建所需数据,总承包单位对图纸进行仔细核对和完善,并建立 BIM 模型。在完成根据图纸建立的初步 BIM 模型后,总承包单位组织设计单位和业主代表召开 BIM 模型及相关资料法人交接会,对设计单位提供的数据进行核对,并根据设计单位和业主的补充信息,完善 BIM 模型。在整个 BIM 模型创建及项目运行期间,总承包单位将严格遵循经建设单位批准的 BIM 文件命名规则。

在施工阶段,总承包单位负责对 BIM 模型进行维护、实时更新,确保 BIM 模型中的信息正确无误,保证施工顺利进行。模型的维护主要包括以下几个方面：根据施工过程中的设计变更及深化设计，及时修改、完善 BIM 模型；根据施工现场的实际进度，及时修改、更新 BIM 模型；根据业主对工期和节点的要求，上报业主与施工进度和设计变更相一致的 BIM 模型。

在 BIM 模型创建及维护的过程中，应保证 BIM 数据的安全性。建议采用以下数据安全管理措施：BIM 小组采用独立的内部局域网，阻断与因特网的连接；局域网内部采用真实身份验证，非 BIM 工作组成员无法登录该局域网，进而无法访问网站数据；BIM 小组进行严格分工，数据存储按照分工和不同用户等级设置访问和修改权限；对全部 BIM 数据进行加密，设置内部交流平台，对平台数据进行加密，防止信息外漏；BIM 工作组的电脑全部安装密码锁进行保护，BIM 工作组单独安排办公室，无关人员不能入内。

第二节　预制加工管理分析

一、构件加工详图

通过 BIM 模型对建筑构件的信息化表达，可在 BIM 模型上直接生成构件加工图，不仅能清楚地传达传统图纸的二维关系，而且可以清楚表达复杂的空间剖面关系，同时能够将离散的二维图纸信息集中到一个模型中，这样的模型能够更加紧密地实现与预制工厂的协同和对接。

BIM 模型可以完成构件加工、制作图纸的深化设计。例如，利用 Tekla Structures 等深化设计软件真实模拟结构深化设计，通过软件自带功能将所有加工详图（包括布置图、构件图、零件图等）利用三视图原理进行投影、剖面生成深化图纸，图纸上的所有尺寸，包括杆件长度、断面尺寸、杆件相交角度均是在杆件模型上直接投影产生的。

二、构件生产指导

BIM 建模是对建筑的真实反映，在生产加工过程中，BIM 信息化技术可以直观地表达出配筋的空间关系和各种下料的参数情况，能自动生成构件下料单、派工单、模具规格参数等生产表单，并且能通过可视化的直观表达帮助工人更好地理解设计意图，可以形成 BIM 生产模拟动画、流程图、说明图等辅助培训的材料，有助于提高工人生产的准确性和质量、效率。

三、通过 BIM 实现预制构件的数字化制造

借助工厂化、机械化的生产方式，采用集中、大型的生产设备，将 BIM

信息数据输入设备就可以实现机械的自动化生产，这种数字化建造的方式可以大大提高工作效率和生产质量。比如，现在已经实现了钢筋网片的商品化生产，符合设计要求的钢筋在工厂自动下料、自动成形、自动焊接（绑扎），形成标准化的钢筋网片。

四、构件详细信息全过程查询

作为施工过程中的重要信息，检查和验收信息将被完整地保存在 BIM 模型中，相关单位可快捷地对任意构件进行信息查询和统计分析，在保证施工质量的同时，能使质量信息在运维期有据可循。

第三节　虚拟施工管理分析

一、虚拟施工管理优势

基于 BIM 的虚拟施工管理能够达到以下目标：创建、分析和优化施工进度；针对具体项目分析将要使用的施工方法的可行性；通过模拟可视化的施工过程，提早发现施工问题，消除施工隐患；形象化的交流工具，使项目参与者能更好地理解项目范围，提供形象的工作操作说明或技术交底；可以更加有效地管理设计变更；全新的试错、纠错概念和方法。不仅如此，虚拟施工过程中建立好的 BIM 模型可以作为二次植入开发的模型基础，大大提高了三维渲染效果的精度与效率，可以为业主做更为直观的宣传介绍，也可以进一步为房地产公司开发出虚拟样板间等延伸应用。

虚拟施工给项目管理带来的好处可以总结为以下三点。

（一）施工方法可视化

虚拟施工使施工变得可视化，可随时随地直观快速地将施工计划与实际进展进行对比，同时进行有效的协同，施工方、监理方甚至非工程行业出身的业主、领导都能对工程项目的各种情况了如指掌。施工过程的可视化，使 BIM 成为一个便于施工各参与方交流的沟通平台。通过这种可视化的模拟缩短了现场工作人员熟悉项目施工内容、方法的时间，减少了人员在工程施工初期因为错误施工而导致的时间和成本的浪费，还可以加快、加深对工程参与人员培训的速度及深度，真正做到质量、安全、进度、成本管理和控制的人人参与。

5D 全真模型平台虚拟原型工程施工，对施工过程进行可视化的模拟，包括工程设计、现场环境和资源使用状况，具有更高的可预见性，将改变传统的施工计划、组织模式。施工方法的可视化是使所有项目参与者在施工前就能清楚地知道所有施工内容及自己的工作职责，能促进施工过程中的有效交流。它是目前用于评估施工方法、发现施工问题、评估施工风险的最简单、经济、安全的方法。

（二）施工方法可验证

BIM 技术能全真模拟运行整个施工过程，项目管理人员、工程技术人员和施工人员可以了解每一步施工活动。如果发现问题，工程技术人员和施工人员可以提出新的施工方法，并对通过模拟新的施工方法来验证，即判断施工过程，它能在工程施工前识别绝大多数的施工风险和问题，并有效地解决。

（三）施工组织可控制

施工组织是对施工活动实行科学管理的重要手段，它决定了各阶段的施工准备工作内容，协调施工过程中各施工单位、各施工工种及各项资源之间的相互关系。BIM 可以对施工的重点或难点部分进行可见性模拟，按网络光标进行施工方案的分析和优化。对一些重要的施工环节或采用施工工艺的关键部位、施工现场平面布置等施工指导措施进行模拟和分析，以提高计划的可执行性。利用 BIM 技术结合施工组织设计进行电脑预演，以提高复杂建筑体系的可施工性。借助 BIM 对施工组织的模拟，项目管理者能非常直观地理解间隔施工过程的时间节点和关键工序情况，并清晰地把握施工过程中的难点和要点，也可以进一步对施工方案进行优化和完善，以提高施工效率和施工方案的安全性。可视化模型输出的施工图片，可作为可视化的工作操作说明或技术交底分发给施工人员，用于指导现场的施工，方便现场的施工管理人员对照图纸进行施工指导和现场管理。

二、BIM 虚拟施工具体应用

采用 BIM 进行虚拟施工，需要事先确定以下信息：设计和现场施工环境的五维模型；根据构件选择施工机械及机械的运行方式；确定施工的方式和顺序；确定所需临时设施及安装位置。BIM 在虚拟施工管理中的应用主要有场地布置方案、专项施工方案、关键工艺展示、土建主体结构施工模拟等。

（一）场地布置方案

为使现场使用合理，施工平面布置应有条理，尽量少占用施工用地，使平面布置紧凑合理，同时做到场容整齐清洁，道路畅通，符合防火安全及文明施工的要求，施工过程中应避免多个工种在同一场地、同一区域而相互牵制、相互干扰。施工现场应设专人负责管理，使各项材料、机具等按已审定的现场施工平面布置图的位置进行摆放。

基于建立的 BIM 三维模型及搭建的各种临时设施，可以对施工场地进行布置，合理安排塔吊、库房、加工厂地和生活区等的位置，解决现场施工场地划分问题；通过与业主的可视化沟通协调，对施工场地进行优化，选择最优施工路线。

（二）专项施工方案

通过 BIM 技术指导编制专项施工方案，可以直观地对复杂工序进行分析，将复杂部位简单化、透明化，提前模拟方案编制后的现场施工状态，提前排查现场可能存在的危险源、安全隐患、消防隐患等，合理排布专项方案的施工工序进行，有利于方案的专项性、合理性。

（三）关键工艺展示

工程施工的关键部位，如预应力钢结构的关键构件及部位，安装相对复杂，因此合理的安装方案非常重要。正确的安装方法能够省时省费用，传统方法只有工程实施时才能得到验证，这就可能造成二次返工等问题。同时，传统方法是施工人员在完全领会设计意图之后，再传达给建筑工人，相对专业性的术语及步骤对于工人来说难以完全领会。基于 BIM 技术，能够提前对重要部位的安装进行动态展示，提供施工方案讨论和技术交流的虚拟现实信息。

（四）土建主体结构施工模拟

根据拟定的最优施工现场布置和最优施工方案，将由项目管理软件如 Project 编制的施工进度计划与施工现场 3D 模型集成一体，引入时间维度，能够完成对工程主体结构施工过程的 4D 施工模拟。通过 4D 施工模拟，可以使设备材料进场、劳动力配置、机械排班等各项工作安排得更加经济合理，从而加强对施工进度、施工质量的控制。针对主体结构施工过程，利用已完成的 BIM 模型进行动态施工方案模拟，展示重要施工环节动画，对比分析不同施工方案的可行性，能够对施工方案进行分析，并听从指令对施工方案进行动态调整。

第四节　进度管理分析

一、进度管理的内涵

工程建设项目的进度管理是指对工程项目各建设阶段的工作内容、工作程序、持续时间和逻辑关系制订计划，并将该计划付诸实施。在实施过程中要经常检查实际进度是否按计划要求进行，对出现的偏差分析原因，采取补救措施或调整、修改原计划，直至工程竣工后交付使用。进度管理的最终目的是确保进度目标的实现。工程建设监理所进行的进度管理是指为使项目按计划要求的时间进行而开展的有关监督管理活动。施工进度管理在项目整体控制中起着至关重要的作用，主要体现在以下几方面。

1. 进度决定总财务成本

什么时间可销售，多长时间后可开盘销售，对整个项目的财务总成本影响最大。一个投资 100 亿元的项目，一天的财务成本大约是 300 万元，延迟一天交付、延迟一天销售，开发商即将面临巨额的损耗。更快的资金周转和资金效率是当前各地产公司最为在意的地方。

2. 交付合同约束

交房协议中有交付日期，不按时交付将影响信誉延迟交付还要交罚款。

3. 运营效率与竞争力问题

多少人管理运营一个项目，多长时间完成一个项目，资金周转速度是开发商的重要竞争力之一，也是承包商的关键竞争力。提升项目管理效率不只是成本问题，更是企业重要竞争力之一。

二、进度管理影响因素

在实际工程项目进度管理过程中，虽然有详细的进度计划以及网络图、横道图等技术做支撑，但是"破网"事故仍时有发生，对整个项目的经济效益产生直接的影响。通过对事故的调查发现，影响进度管理的主要原因有以下几个方面。

1. 建筑设计缺陷

首先，设计阶段的主要工作是完成施工所需图纸的设计，通常一个工程项目的整套图纸少则几十张，多则成百上千张，有时甚至有数万张，图纸所包含的数据庞大，而设计者和审图者的精力有限，存在错误是必然的；其次，项目各个专业的设计工作是独立完成的，导致各专业的二维图纸所表现的内容在空间上很容易出现碰撞和矛盾。如果上述问题没有提前发现，直到施工阶段才显露出来，势必对工程项目的进度产生影响。

2. 施工进度计划编制不合理

工程项目进度计划的编制很大程度上依赖项目管理者的经验，虽然有施工合同、进度目标、施工方案等客观条件的支撑，但是项目的唯一性和个人经验的主观性难免会使进度计划存在不合理之处，并且现行的编制方法和工具相对比较抽象，不易对进度计划进行检查，一旦计划出现问题，按照计划所进行的施工过程必然会受到影响。

3. 现场人员的素质

随着施工技术的发展和新型施工机械的应用，工程项目施工过程越来越趋于机械化和自动化。但是，保证工程项目顺利完成的主要因素还是人，施工人员的素质是影响项目进度的一个主要方面。施工人员对施工图纸的理解，对施工工艺的熟悉程度和操作技能水平等因素都可能对项目按计划顺利完成产生影响。

4. 参与方沟通和衔接不畅

建设项目往往会消耗大量的财力和物力，如果没有一个详细的资金、材料使用计划是很难完成的。在项目施工过程中，由于专业不同，施工方与业主和供货商的信息沟通不充分、不彻底，业主的资金计划、供货商的材料供应计划与施工进度不匹配，同样会造成工期的延误。

5. 施工环境影响

工程项目既受当地地质条件、气候特征等自然环境的影响，又受交通设施、区域位置、供水供电等社会环境的影响。项目实施过程中任何不利的环境因素都有可能对项目进度产生严重影响。因此，必须在项目开始阶段就充分考虑环境因素的影响，并提出相应的应对措施。

三、我国建筑工程当前进度管理现状

传统的项目进度管理过程中事故频发，究其根本在于管理模式存在一定的缺陷，主要体现在以下几个方面。

1. 二维 CAD 设计图形象性差

二维三视图作为一种基本表现手法，将现实中的三维建筑用二维的平、立、侧三视图表达。特别是 CAD 技术的应用，用电脑屏幕、鼠标、键盘代替了画图板、铅笔、直尺、圆规等手工工具，大大提高了出图效率。尽管如此，由于二维图纸的表达形式与人们现实中的习惯维度不同，所以要看懂二维图纸存在一定困难，需要通过专业的学习和长时间的训练才能读懂图纸。同时，随着人们对建筑外观美观度的要求越来越高，以及建筑设计行业自身的发展，异型曲面的应用更加频繁，如悉尼歌剧院、国家大剧院、鸟巢等外形奇特、结构复杂的建筑物越来越多。即使设计师能够完成图纸，对图纸的认识和理解也仍有难度。另外，二维CAD设计的可视性不强，使设计师无法有效检查自己的设计效果，很难保证设计质量，并且使设计师与建造师之间的沟通产生障碍。

2.网络计划图较抽象，往往难以理解和执行

网络计划图是工程项目进度管理的主要工具，也有其缺陷和局限性。首先，网络计划图计算复杂，理解困难，只适合于行业内部使用，不适用于与外界沟通和交流；其次，网络计划图表达抽象，不能直观地展示项目的计划进度过程，也不方便进行项目实际进度的跟踪；最后，网络计划图要求项目工作分解细致，逻辑关系准确，这些都依赖个人的主观经验，实际操作中往往会出现各种问题，很难做到完全一致。

3.二维图纸不方便各专业之间的协调沟通

二维图纸由于受可视化程度的限制，使各专业之间的工作相对分离。无论是在设计阶段还是在施工阶段，都很难对工程项目进行整体性表达。各专业单独工作或许十分顺利，但是在各专业协同作业时往往就会产生碰撞和矛盾，给整个项目的顺利完成带来困难。

4.传统方法不利于规范化和精细化管理

随着项目管理技术的不断发展，规范化和精细化管理是大势所趋。但是传统的进度管理方法很大程度上依赖项目管理者的经验，很难形成一种标准化和规范化的管理模式。这种经验化的管理方法受主观因素的影响很大，直接影响施工的规范化和精细化管理。

四、基于BIM技术进度管理优势

BIM技术的引入，可以突破二维的限制，给项目进度管理带来不同的体验，主要体现在以下几个方面。

1.提升全过程协同效率

基于3D的BIM沟通语言简单易懂、可视化好，大大提高了沟通效率，减少了理解不一致的情况；基于互联网的BIM技术能够建立起强大高效的协同平台，所有参建单位在授权的情况下，可随时、随地获得项目最新、最准

确、最完整的工程数据，从过去点对点传递信息转变为一对多传递信息，效率提升，图纸信息版本完全一致，从而减少传递时间的损失和版本不一致导致的施工失误；通过 BIM 软件系统的计算，减少了沟通协调的问题，传统靠人脑计算 3D 关系的工程问题探讨，容易产生人为的错误，BIM 技术可减少大量问题，同时可减少协同的时间投入；另外，现场结合 BIM、移动智能终端拍照，也大大提升了现场问题沟通效率。

2. 加快设计进度

从表面上来看，BIM 设计减慢了设计进度。产生这样的结论的原因，一是现阶段设计用的 BIM 软件确实生产率不够高，二是当前设计院交付质量较低。但实际情况表明，使用 BIM 设计虽然增加了时间，但交付成果质量却有明显提升，在施工以前解决了更多问题，推送给施工阶段的问题大大减少，这对总体进度而言是大大有利的。

3. 碰撞检测，减少变更和返工进度损失

BIM 技术强大的碰撞检查功能，十分有利于减少进度浪费。大量的专业冲突拖延了工程进度，大量废弃工程、返工的同时，也造成了巨大的材料、人工浪费。当前的产业机制导致设计和施工分家，设计院为了效益，尽量降低设计工作的深度，交付成果很多是方案阶段成果，而不是最终施工图，里面充满了很多深入下去才能发现的问题，需要施工单位的深化设计，由于施工单位技术水平有限和理解问题，特别是在当前三边工程较多的情况下，专业冲突十分普遍，返工现象特别常见。在中国当前的产业机制下，利用 BIM 系统实时跟进设计，第一时间发现并解决问题，带来的进度效益和其他效益都是十分惊人的。

4. 加快招投标组织工作

设计基本完成，要组织一次高质量的招投标工作，编制高质量的工程量清单要耗时数月。一个质量低下的工程量清单将导致业主方遭受巨额损失，利用不平衡报价很容易造成更高的结算价。利用基于 BIM 技术的算量软件系统，大大加快了计算的速度和准确性，加快了招标阶段的准备工作，同时提升了招标工程量清单的质量。

5. 加快支付审核

当前很多工程中，由于付款争议挫伤承包商积极性，影响工程进度的现象并非少见。业主方缓慢的支付审核往往引起与承包商合作关系的恶化，甚至影响承包商的积极性。业主方利用 BIM 技术的数据能力，快速校核反馈承包商的付款申请单，则可以大大加快期中付款反馈机制，提升双方战略合作成果。

6. 加快生产计划、采购计划编制

工程中经常因生产计划、采购计划编制缓慢而损失进度。急需的材料、设备不能按时进场，造成窝工，影响了工期。BIM 改变了这一切，随时随地获取准确数据变得非常容易，制订生产计划、采购计划时大大减少了用时，加快了进度，同时提高了计划的准确性。

7. 加快竣工交付资料准备

基于 BIM 的工程实施方法，过程中所有资料可随时挂接到工程 BIM 数字模型中，竣工资料在竣工时即已形成。竣工 BIM 模型在运维阶段还将为业主方发挥巨大的作用。

8. 提升项目决策效率

传统的工程实施中，由于大量决策依据、数据不能及时完整地提交出来，决策被迫延迟，或决策失误造成工期损失的现象非常多见。实际情况中，只要工程信息数据充分，决策并不困难，难的往往是决策依据不足、数据不充分，有时导致领导难以决策，有时导致多方谈判长时间僵持，延误工程进度。BIM 技术可形成工程项目的多维度结构化数据库，整理分析数据几乎可以实时实现，完全解决了这方面的难题。

五、BIM 技术在进度管理中的具体应用

BIM 在工程项目进度管理中的应用体现在项目进行过程中的方方面面，下面仅对其关键应用点进行具体介绍。

（一）BIM 施工进度模拟

当前建筑工程项目管理中经常用于表示进度计划的甘特图，由于专业性强，可视化程度低，无法清晰描述施工进度以及各种复杂关系，难以准确表达工程施工的动态变化过程。通过将 BIM 与施工进度计划相连接，将空间信息与时间信息整合在一个可视的 4D（3D+Time）模型中，不仅可以直观、精确地反映整个建筑的施工过程，还能够实时追踪当前的进度状态，分析影响进度的因素，协调各专业，制定应对措施，以缩短工期、降低成本、提高质量。

目前常用的 4D BIM 施工管理系统或施工进度模拟软件很多，利用此类管理系统或软件进行施工进度模拟大致分为以下步骤：

①将 BIM 模型进行材质赋予；

②制订 Project 计划；

③将 Project 文件与 BIM 模型连接；

④制定构件运动路径，并与时间连接；

⑤设置动画视点并输出施工模拟动画。通过 4D 施工进度模拟，能够完成以下内容：基于 BIM 施工组织，对工程重点和难点的部位进行分析，制定切实可行的对策；依据模型，确定方案、排定计划、划分流水段；BIM 施工进度利用季度卡来编制计划；将周和月结合在一起，假设后期需要任何时间段的计划，只需在这个计划中过滤一下即可自动生成；做到对现场的施工进度进行每日管理。

（二）BIM 施工安全与冲突分析系统

①时变结构和支撑体系的安全分析。通过模型数据转换机制，自动由 4D 施工信息模型生成结构分析模型，进行施工期时变结构与支撑体系任意时间点的力学分析计算和安全性能评估。

②施工过程进度 / 资源 / 成本的冲突分析。通过动态展现各施工段的实际进度与计划的对比关系，实现进度偏差和冲突分析及预警；指定任意日期，自动计算所需人力、材料、机械、成本，进行资源对比分析和预算；根据清单计价和实际进度计算实际费用，动态分析任意时间点的成本及其影响关系。

③场地碰撞检测。基于施工现场 4D 时间模型和碰撞检测算法，可对构件与管线、设施与结构进行动态碰撞检测和分析。

（三）BIM 建筑施工优化系统

建立进度管理软件 P3/P6 数据模型与离散事件优化模型的数据交换，基于施工优化信息模型，实现基于 BIM 和离散事件模拟的施工进度、资源及场地优化和过程的模拟。

①基于 BIM 和离散事件模拟的施工优化通过对各项工序的模拟计算，得出工序工期、人力、机械、场地等资源的占用情况，对施工工期、资源配置及场地布置进行优化，实现多个施工方案的比选。

②基于过程优化的 4D 施工过程模拟将 4D 施工管理与施工优化进行数据集成，实现基于过程优化的 4D 施工可视化模拟。

（四）三维技术交底及安装指导

我国工人文化水平不高，在大型复杂工程的施工技术交底时，工人往往难以理解技术要求。针对技术方案无法细化、不直观、交底不清晰的问题，解决方案是：应改变传统的思路与做法（通过纸介质表达），转由借助三维技术呈现技术方案，使施工重点、难点部位可视化，提前预见问题，确保工程质量，加快工程进度。三维技术交底，即通过三维模型让工人直观地了解自己的工作范围及技术要求，主要方法有两种：一种是虚拟施工和实际工程照片对比；另一种是将整个三维模型进行打印输出，用于指导现场的施工，方便现场的施工管理人员拿图纸进行施工指导和现场管理。

对钢结构而言，关键节点的安装质量至关重要。安装质量不合格，轻则将影响结构受力形式，重则导致整个结构受到破坏。三维 BIM 模型可以提供关键构件的空间关系及安装形式，方便技术交底与施工人员深入了解设计意图。

（五）移动终端现场管理

采用无线移动终端、Web 及 RFID 等技术，全过程与 BIM 模型集成，实现数据库化、可视化管理，避免任何一个环节出现问题给施工和进度、质量带来影响。

BIM 是从美国发展起来的，之后逐渐扩展到日本、欧洲、新加坡等发达国家，2002 年之后国内开始逐渐接触 BIM 技术和理念。从应用领域上看，国外已将 BIM 技术应用在建筑工程的设计、施工及建成后的运营维护阶段；国内应用 BIM 技术的项目较少，大多集中在设计阶段，缺乏在施工阶段的应用。BIM 技术发展缓慢直接影响其在进度管理中的应用，国内 BIM 技术在工程项目进度管理中的应用主要需要解决软件系统、应用标准和应用模式等方面的问题。目前，国内 BIM 应用软件多由国外引进，但类似软件不能满足国内的规范和标准要求，必须研发具有自主知识产权的相关软件或系统，如基于 BIM 的 4D 进度管理系统，才能更好地推动 BIM 技术在国内工程项目进度管理中的应用，提升进度管理效率和项目管理水平。BIM 标准的缺乏是阻碍 BIM 技术功能发挥的主要原因之一，国内应该加大 BIM 技术在行业协会、大专院校和科研院所的研究力度，相关政府部门应给予更多的支持。另外，目前常用的项目管理模式阻碍 BIM 技术效益的充分发挥，应该推动与 BIM 相适应的管理模式应用，如综合项目交付模式，把业主、设计方、总承包商和分包商集合在一起，充分发挥 BIM 技术在建筑工程全生命周期中的效益。

第五节 安全管理分析

一、安全管理的内涵

安全管理（Safety Management）是管理科学的一个重要分支，它是为实现安全目标而进行的有关决策、计划、组织和控制等方面的活动；主要运用现代安全管理原理、方法和手段，分析和研究各种不安全因素，从技术上、组织上和管理上采取有力的措施，解决和消除各种不安全因素，防止事故的发生。

安全管理是企业生产管理的重要组成部分，是一门综合性的系统科学。安全管理是对生产中的一切人、物、环境的状态管理与控制，它是一种动态管理。安全管理，主要是组织实施企业安全管理规划、指导、检查和决策，同时，又是保证生产处于最佳安全状态的根本环节。施工现场安全管理的内容，大体可归纳为安全组织管理，场地与设施管理，行为控制管理和安全技术管理四个方面，分别对生产中的人、物、环境的行为与状态，进行具体的管理与控制。

二、我国建筑工程安全管理现状

建筑业是我国"五大高危行业"之一，《安全生产许可证条例》规定建筑企业必须实行安全生产许可证制度。但是为何建筑业的"五大伤害"事故的发生率并没有明显下降？从管理和现状的角度，主要有以下几种原因。

1. 企业责任主体意识不明确

企业对法律法规缺乏应有的了解和认识，上到企业法人，下到专职安全生产管理人员，对自身安全责任及工程施工中所应当承担的法律责任没有明确的了解，误认为安全管理是政府的职责，造成安全管理不到位。

2. 政府监管压力过大，监管机构和人员严重不足

为避免安全生产事故的发生，政府监管部门按例进行建筑施工安全检查。由于我国安全生产事故追究实行"问责制"，一旦发生事故，监管部门的管理人员需要承担相应责任，而由于有些地区监管机构和人员严重不足，造成政府监管压力过大，加之检查人员的业务水平不足等因素，很难及时发现事故隐患。

3. 企业重生产，轻安全，"质量第一、安全第二"

一方面，潜伏性和随机性，造成事故的发生，安全管理不合格是安全事故发生的必要条件而非充分条件，企业存在侥幸心理，疏于安全管理；另一方面，由于质量和进度直接关系到企业效益，而生产能给企业带来效益，安全则会给企业增加支出，所以很多企业重生产而轻安全。

4. "垫资""压价"等不规范的市场主体行为直接导致施工企业削减安全投入

"垫资""压价"等不规范的市场行为一直压制企业发展，造成企业无序竞争。很多企业为生产而生产，有些项目是零利润甚至负利润。在生存与发展面前，很多企业的安全投入就成了空话。

5. 建筑业企业资质申报要求提供安全评估资料

这就要求独立于政府和企业之外的第三方建筑业安全咨询评估中介机构

要大量存在，安全咨询评估中介机构所提供的评估报告可以作为政府对企业安全生产现状采信的证明。而安全咨询评估中介机构的缺少，造成无法给政府提供独立可供参考的第三方安全评估报告。

6. 工程监理管安全，"一专多能"起不到实际作用

建筑安全是一门多学科系统，在我国属于新兴学科，同时也是专业性很强的学科。而监理人员多是从施工员、质检员过渡而来的，对施工质量很专业，但对安全管理并不专业。相关的行政法规却把施工现场安全责任划归监理，这并不十分合理。

三、基于 BIM 的安全管理优势

基于 BIM 的管理模式是创建信息、管理信息、共享信息的数字化方式，在工程安全管理方面具有很多优势，如基于 BIM 的项目管理，工程基础数据，如量、价等，数据准确、透明、共享，能完全实现短周期、全过程对资金安全的控制；基于 BIM 技术，可以提供施工合同、支付凭证、施工变更等工程附件管理，并对成本测算、招投标、签证管理、支付等全过程造价进行管理；BIM 数据模型保证了各项目的数据动态调整，可以方便统计，追溯各个项目的现金流和资金状况；基于 BIM 的 4D 虚拟建造技术能提前发现在施工阶段可能出现的问题，并逐一修改，提前制定应对措施；采用 BIM 技术，可实现虚拟现实和资产、空间等管理、建筑系统分析等技术内容，从而便于运营维护阶段的管理应用；运用 BIM 技术，可以对火灾等安全隐患进行及时处理，从而减少不必要的损失，对突发事件进行快速应变和处理，快速准确地掌握建筑物的运营情况。

四、BIM 技术在安全管理中的具体应用

采用 BIM 技术可使整个工程项目在设计、施工和运营维护等阶段都能够有效地控制资金风险，实现安全生产。下面将对 BIM 技术在工程项目安全管理中的具体应用进行介绍。

（一）施工准备阶段安全控制

在施工准备阶段，利用 BIM 进行与实践相关的安全分析，能够降低施工安全事故发生的可能性，如 4D 模拟与管理和安全表现参数的计算可以在施工准备阶段排除很多建筑安全风险；BIM 虚拟环境划分施工空间，可排除安全隐患；基于 BIM 及相关信息技术的安全规划可以在施工前的虚拟环境中发现潜在的安全隐患并予以排除；采用 BIM 模型结合有限元分析平台，进行力学

计算，保障施工安全；通过模型发现施工过程中的重大危险源并实现水平洞口危险源自动识别等。

（二）施工过程仿真模拟

仿真分析技术能够模拟建筑结构在施工过程中不同时段的力学性能和变形状态，为结构安全施工提供保障。通常采用大型有限元软件来实现结构的仿真分析，但建立复杂建筑物的模型需要耗费较多时间；在 BIM 模型的基础上，开发相应的有限元软件接口，实现三维模型的传递，再附加材料属性、边界条件和荷载条件，结合先进的时变结构分析方法，便可以将 BIM、4D 技术和时变结构分析方法结合起来，实现基于 BIM 的施工过程结构安全分析，有效捕捉施工过程中可能存在的危险状态，指导安全维护措施的编制和执行，防止发生安全事故。

（三）模型试验

对于结构体系复杂、施工难度大的结构，结构施工方案的合理性与施工技术的安全可靠性都需要验证，为此利用 BIM 技术建立试验模型，对施工方案进行动态展示，从而为试验提供模型基础信息。

（四）施工动态监测

长期以来，建筑工程中的事故时常发生。如何进行施工中的结构监测已成为国内外的前沿课题之一。对施工过程进行实时监测，特别是重要部位和关键工序，及时了解施工过程中结构的受力和运行状态。施工监测技术的先进与否，对施工控制起着至关重要的作用，这也是施工过程信息化的一个重要内容。为了及时了解结构的工作状态，发现结构未知的损伤，建立工程结构的三维可视化动态监测系统，就显得十分迫切。

三维可视化动态监测技术较传统的监测手段具有可视化的特点，可以通过人为操作在三维虚拟环境下进行漫游，以直观、形象地提前发现现场的各类潜在危险源，用更便捷的方式查看监测位置的应力应变状态。在某一监测点应力或应变超过拟定的范围时，系统将通过自动报警给予提醒。

使用自动化监测仪器进行基坑沉降观测，将感应元件监测的基坑位移数据自动汇总到基于 BIM 开发的安全监测软件上，通过对数据的分析，结合现场实际测量的基坑坡顶水平位移和竖向位移变化数据并进行对比，形成动态的监测管理，确保基坑在土方回填之前的安全稳定性。

通过信息采集系统得到结构施工期间不同部位的监测值，根据施工工序判断每时段的安全等级，并在终端上实时地显示现场的安全状态和存在的潜在威胁，给管理者以直观的指导。

（五）防坠落管理

坠落危险源包括尚未建造的楼梯井和天窗等。通过在BIM模型中的危险源存在部位建立坠落防护栏杆构件模型，研究人员能够清楚地识别多个坠落风险，并可以向承包商提供完整且详细的信息，包括安装或拆卸栏杆的地点和日期等。

（六）塔吊安全管理

大型工程施工现场需布置多个塔吊同时作业，因塔吊旋转半径不足而造成的施工碰撞屡屡发生。确定塔吊回转半径后，在整体BIM施工模型中布置不同型号的塔吊，能够确保其同电源线和附近建筑物的安全距离，确定哪些员工在哪些时间会使用塔吊。在整体施工模型中，用不同颜色的色块来表明塔吊的回转半径和影响区域，并进行碰撞检测来生成塔吊回转半径计划内的任何非钢安装活动的安全分析报告。该报告可以用于项目定期安全会议中，减少由于施工人员和塔吊缺少交互而产生的意外和风险。

（七）灾害应急管理

随着建筑设计的日新月异，规范已经无法满足超高型、超大型或异型建筑空间的消防设计。利用BIM及相应灾害分析模拟软件，可以在灾害发生前，模拟灾害发生的过程，分析灾害发生的原因，制定避免灾害发生的措施，以及发生灾害后人员疏散、救援支持的应急预案，减少发生意外时的损失并为救援赢得宝贵时间。BIM能够模拟人员疏散时间、疏散距离、有毒气体扩散时间、建筑材料耐燃烧极限及消防作业面等，主要表现为4D模拟、3D漫游和3D渲染能够标识各种危险，且BIM中生成的3D动画、渲染能够用来同工人沟通应急预案计划方案。应急预案包括五个子计划：施工人员的入口/出口、建筑设备和运送路线、临时设施和拖车位置、紧急车辆路线、恶劣天气的预防措施。利用BIM数字化模型进行物业沙盘模拟训练，训练安保人员对建筑的熟悉程度，再模拟灾害发生时，通过BIM数字模型指导大楼人员进行快速疏散；通过对事故现场人员感官的模拟，使疏散方案更合理；通过BIM模型判断监控摄像头布置是否合理，与BIM虚拟摄像头关联，可随意打开任意视角的摄像头，摆脱传统监控系统的弊端。

另外，当灾害发生后，BIM模型可以提供救援人员紧急状况点的完整信息，配合温感探头和监控系统发现温度异常区，获取建筑物及设备的状态信息，通过BIM和楼宇自动化系统的结合，使BIM模型能清晰地呈现出建筑物内部紧急状况的位置，甚至能显示到达紧急状况点最合适的路线，救援人员可以由此做出正确的现场处置，提高应急行动的成效。

安全管理是企业的命脉，安全管理秉承"安全第一，预防为主"的原则，需要在施工管理中制定相关安全措施，其主要目的是要抓住施工薄弱环节和关键部位。但传统施工管理中，往往只能根据经验和相关规范要求编写相关安全措施，针对性不强。在 BIM 的作用下，这种情况将会有所改善。

第六节 质量管理分析

一、质量管理的内涵

我国国家标准 GB/T 19000—2000 对质量的定义为：一组固有特征满足要求的程度。质量的主体不但包括产品，而且包括过程、活动的工作质量，还包括质量管理体系运行的效果。工程项目质量管理是指在力求实现工程项目总目标的过程中，为满足项目的质量要求开展的有关管理监督活动。

二、质量管理影响因素

在工程建设中，无论是勘察、设计、施工还是机电设备的安装，影响工程质量的因素主要有"人、机、料、法、环"5 大方面，即人工、机械、材料、工法、环境。所以工程项目的质量管理主要是对这 5 个方面进行控制。

（一）人工的控制

人工是指直接参与工程建设的决策者、组织者、指挥者和操作者。人工的因素是影响工程质量的 5 大因素中的首要因素。在某种程度上，它决定了其他因素。很多质量管理过程中出现的问题归根结底都是人工的问题。项目参与者的素质、技术水平、管理水平、操作水平都会影响工程建设项目的最终质量。

（二）机械的控制

施工机械设备是工程建设不可或缺的设施，对施工项目的施工质量有着直接影响。有些大型、新型的施工机械可以使工程项目的施工效率大大提高，而有些工程内容或者施工工作必须依靠施工机械才能保证工程项目的施工质量，如混凝土，特别是大型混凝土的振捣机械、道路地基的碾轧机械等。如果靠人工来完成这些工作，往往很难保证工程质量。但是施工机械体积庞大、结构复杂，而且往往需要有效的组合和配合才能收到事半功倍的效果。

（三）材料的控制

材料是建设工程实体组成的基本单元，是工程施工的物质条件，工程项目所用材料的质量直接影响工程项目的实体质量。因此，每一个单元的材料质量都应该符合设计和规范的要求，工程项目实体的质量才能得到保证。在项目建设中使用不合格的材料和构配件，就会使工程项目的质量不合格。所以在质量管理过程中一定要把好材料、构配件关，打牢质量根基。

（四）工法的控制

工程项目的施工方法的选择也对工程项目的质量有着重要影响。对一个工程项目而言，施工方法和组织方案的选择正确与否直接影响整个项目的建设能否顺利进行，关系到工程项目的质量目标能否顺利实现，甚至关系到整个项目的成败。但是施工方法的选择往往是根据项目管理者的经验进行的，有些方法在实际操作中并不一定可行。例如，预应力混凝土的先拉法和后拉法，需要根据实际的施工情况和施工条件来确定。工法的选择对预应力混凝土的质量也有一定影响。

（五）环境的控制

工程项目在建设过程中面临很多环境因素的影响，主要有社会环境、经济环境和自然环境等。通常对工程项目的质量产生影响较大的是自然环境，其中又有气候、地质、水文等影响因素。例如，冬季施工对混凝土质量的影响，风化地质或者地下溶洞对建筑基础的影响等。因此，在质量管理过程中，管理人员应该尽可能地考虑环境因素对工程质量产生的影响，并且努力去优化施工环境，对不利因素严加管控，避免其对工程项目的质量产生影响。

三、我国当前质量管理现状

建筑业经过长期的发展已经积累了丰富的管理经验，在此过程中，通过大量的理论研究和专业积累，工程项目的质量管理也逐渐形成了一系列的管理方法。但是工程实践表明：大部分管理方法在理论上的作用很难在工程实际中得到发挥。由于受实际条件和操作工具的限制，这些方法的理论作用只能得到部分发挥，甚至无法得到发挥，影响了工程项目质量管理的工作效率，导致工程项目的质量目标最终不能完全实现。工程施工过程中，施工人员专业技能不足、材料的使用不规范、不按设计或规范进行施工、不能准确预知完工后的质量效果、不同专业工种相互影响等问题都会对工程质量管理造成一定的影响，具体表现在以下几方面。

（一）施工人员专业技能不足

建筑工程项目一线操作人员的素质直接影响工程质量，是工程质量高低、优劣的决定性因素，工人们的工作技能、职业操守和责任心都对工程项目的最终质量有重要影响。但是现在的建筑市场上，施工人员的专业技能普遍不高，绝大部分没有参加过技能岗位培训或未取得有关岗位证书和技术等级证书。很多工程质量问题都是由于施工人员的专业技能不足造成的。

（二）材料的使用不规范

国家对建筑材料的质量有着严格的规定和划分，个别企业也有自己的材料使用质量标准。但是在实际施工过程中往往对建筑材料质量的管理不够重视，个别施工单位为了追求额外的效益，会有意无意地在工程项目的建设过程中使用一些不规范的工程材料，造成工程项目的最终质量存在问题。

（三）不按设计或规范进行施工

为了保证工程建设项目的质量，国家制定了一系列有关工程项目各个专业的质量标准和规范，同时每个项目也都有自己的设计资料，规定了项目在实施过程中应该遵守的规范。但是在项目实施的过程中，这些规范和标准经常被突破，一是因为人们对设计和规范的理解存在差异，二是由于管理的漏洞，造成工程项目无法实现预定的质量目标。

（四）不能准确预知完工后的质量效果

一个项目完工之后，如果感官上不美观，就不能称之为质量很好的项目。但是在施工之前，没有人能准确无误地预知完工之后的实际情况。在工程完工之后，或多或少都有不符合设计意图的地方，存有遗憾。较为严重的还会出现使用中的质量问题，比如设备的安装没有足够的维修空间，管线的布置杂乱无序，因未考虑局部问题被迫牺牲外观效果等，这些问题都影响项目完工后的质量效果。

（五）各个专业工种相互影响

工程项目的建设是一个系统、复杂的过程，需要不同专业、工种之间相互协调、相互配合才能很好地完成。但是在工程实际中往往由于专业的不同，或者所属单位的不同，各个工种之间很难在事前做好协调沟通。这就造成在实际施工中各专业工种配合不好，使工程项目的进展不连续，或者需要经常返工，以及各个工种之间存在碰撞，甚至相互破坏、相互干扰，严重影响工程项目的质量。例如，水、电等其他专业队伍与主体施工队伍的工作顺序安排不合理，造成水电专业施工时在承重墙、板、柱、梁上随意凿沟开洞，因此破坏了主体结构，影响结构安全。

四、基于 BIM 技术质量管理优势

BIM 技术的引入不仅能提供一种"可视化"的管理模式，也能够充分发掘传统技术的潜在能量，使其更充分、有效地为工程项目质量管理工作服务。传统的二维管控的方法将各专业平面图叠加，结合局部剖面图，设计审核校对人员凭经验发现错误，难以全面，而三维参数化的质量控制，是利用三维模型，通过计算机自动实时检测管线碰撞。

基于 BIM 的工程项目质量管理包括产品质量管理和技术质量管理。产品质量管理：BIM 模型储存了大量的建筑构件和设备信息。通过软件平台，可快速查找所需的材料及构配件信息，如规格、材质、尺寸要求等，并可根据 BIM 设计模型，对现场施工作业产品进行追踪、记录、分析，掌握现场施工的不确定因素，避免出现不良后果，监控施工质量。技术质量管理：通过 BIM 的软件平台动态模拟施工技术流程，再由施工人员按照仿真施工流程施工，确保施工技术信息的传递不会出现偏差，避免实际做法和计划做法出现偏差，减少不可预见情况的发生，监控施工质量。

五、BIM 技术在质量管理中的具体应用

（一）建模前期协同设计

在建模前期，需要建筑专业和结构专业的设计人员大致确定吊顶高度及结构梁高度；对于标高要求严格的区域，提前告知机电专业；各专业针对空间狭小、管线复杂的区域，协调出二维局部剖面图。建模前期协同设计的目的是在建模前期就解决部分潜在的管线碰撞问题，预知潜在质量问题。

（二）碰撞检测

传统二维图纸设计中，在结构、水暖电等各专业设计图纸汇总后，由总工程师人工发现和协调问题。人为的失误在所难免，使施工中出现很多冲突，造成建设投资的巨大浪费，还会影响施工进度。另外，由于各专业承包单位实际施工过程中对其他专业或者工种、工序不了解，甚至漠视，产生的冲突与碰撞也比比皆是。但施工过程中，这些碰撞的解决方案，往往受到现场已完成部分的局限，大多只能牺牲某部分利益、效能，而被动地变更。调查表

明，施工过程中相关各方有时需要付出几十万、几百万，甚至上千万的代价来弥补由设备管线碰撞引起的拆装、返工和浪费。

目前，BIM 技术在三维碰撞检查中的应用已经比较成熟，依靠其特有的直观性及精确性，于设计建模阶段就可一目了然地发现各种冲突与碰撞。在水、暖、电建模阶段，利用 BIM 随时自动检测及解决管线设计初级碰撞，其效果相当于将校审部分工作提前进行，这样可大大提高成图质量。碰撞检测的实现主要依托虚拟碰撞软件，其实质为 BIM 可视化技术，施工设计人员在建造之前就可以对项目进行碰撞检查，不但能够彻底消除碰撞，优化工程设计，减少在建筑施工阶段可能存在的错误损失和返工的可能性，而且能够优化净空和方案。最后施工人员可以利用碰撞优化后的三维方案，进行施工交底、施工模拟，不仅提高了施工质量，也提高了与业主沟通的主动权。

碰撞检测可以分为专业间碰撞检测及管线综合的碰撞检测。专业间碰撞检测主要包括土建专业之间（如检查标高、剪力墙、柱等位置是否一致，梁与门是否冲突）、土建专业与机电专业之间（如检查设备管道与梁柱是否发生冲突）、机电各专业之间（如检查管线末端与室内吊顶是否冲突）的软、硬碰撞点检查；管线综合的碰撞检测主要包括管道专业、暖通专业、电气专业系统内部检查以及管道、暖通、电气、结构专业之间的碰撞检查等。另外，解决管线空间布局问题，如机房过道狭小等问题也是常见的碰撞内容之一。

在对项目进行碰撞检测时，要遵循如下检测优先级顺序：第一，进行土建碰撞检测；第二，进行设备内部各专业碰撞检测；第三，进行结构与给排水、暖、电专业碰撞检测等；第四，解决各管线之间交叉问题。其中，全专业碰撞检测的方法如下：建立各专业的精确三维模型后，选定一个主文件，以该文件轴网坐标为基准，将其他专业模型链接到该主模型上，最终得到一个包括土建、管线、工艺设备等全专业的综合模型。该综合模型真正为设计提供了模拟现场施工碰撞检查平台，在这平台上完成仿真模式现场碰撞检查，并根据检测报告及修改意见对设计方案进行合理评估并做出设计优化决策，然后再次进行碰撞检测……如此循环，直至解决所有的硬碰撞、软碰撞。

（三）大体积混凝土测温

使用自动化监测管理软件进行大体积混凝土温度的监测，将测温数据无线传输汇总到自动分析平台上，通过对各个测温点的分析，形成动态监测管理。电子传感器按照测温点布置要求，自动将温度变化情况输出到计算机，形成温度变化曲线图，随时可以远程动态监测基础大体积混凝土的温度，根据温度变化情况，随时加强养护措施，确保大体积混凝土的施工质量，确保在工程基础筏板混凝土浇筑后不出现由于温度剧烈变化引起的温度裂缝。

（四）施工工序中管理

工序质量控制就是对工序活动条件，即工序活动投入的质量和工序活动效果的质量及分项工程质量的控制。在利用 BIM 技术进行工序质量控制时应着重于以下几方面的工作：

①利用 BIM 技术能够更好地确定工序质量控制工作计划。一方面要求对不同的工序活动制定专门的保证质量的技术措施，做出物料投入及活动顺序的专门规定；另一方面要规定质量控制工作流程、质量检验制度。

②利用 BIM 技术主动控制工序活动条件的质量。工序活动条件主要是指影响质量的五大因素，即人、材料、机械设备、方法和环境。

③能够及时检验工序活动效果的质量。主要是实行班组自检、互检、上下道工序互检，特别是对隐蔽工程和分项（部）工程的质量检验。

④利用 BIM 技术设置工序质量控制点（工序管理点），实行重点控制。工序质量控制点是针对影像质量的关键部位或薄弱环节确定的重点控制对象。正确设置控制点并严格控制是进行工序质量控制的重点。

第七节 物料管理分析

一、传统材料管理模式

传统材料管理模式就是企业或者项目部根据施工现场实际情况制定相应的材料管理制度和流程，这个流程主要是依靠施工现场的材料员、保管员及施工员来完成。施工现场的固定性和庞大性，决定了施工现场材料管理的周期长、种类繁多、保管方式复杂及特殊。传统材料管理存在核算不准确、材料申报审核不严格、变更签证手续办理不及时等问题，造成大量材料现场积压、占用大量资金、停工待料、工程成本上涨。

二、BIM 技术物料管理具体应用

基于 BIM 的物料管理通过建立安装材料 BIM 模型数据库，使项目部各岗位人员对不同部门都可以进行数据的查询和分析，为项目部材料管理和决策提供数据支撑。例如，项目部拿到机电安装各专业施工蓝图后，由 BIM 项目经理组织各专业机电 BIM 工程师进行三维建模，并将各专业模型组合到一起，形成安装材料 BIM 模型数据库。该数据库是以创建的 BIM 机电模型和全过程造价数据为基础，把原来分散在安装各专业人员手中的工程信息模型汇总到一起，形成一个汇总的项目级基础数据库。

1. 安装材料分类控制

材料的合理分类是材料管理的一项重要基础工作，安装材料 BIM 模型数据库的最大优势是包含材料的全部属性信息。在进行数据建模时，各专业建模人员对施工所使用的各种材料属性，按其需用量大小、占用资金多少及重要程度进行"星级"分类，星级越高代表该材料需用量越大、占用资金越多。安装材料的等级、属性及管理原则见表 5-1。

表 5-1　安装材料属性及管理原则

等级	属性	管理原则
☆☆☆	需用量大、占用资金多、专用或备料难度大的材料	严格按照设计施工图及 B1M 机电模型，逐项进行认真的审核，做到规格、型号、数量完全准确
☆☆	管道、阀门等通用主材料	根据 BIM 模型提供的数据，精确控制材料及使用数量
☆	资金占用少、需用量小、比较次要的辅助材料	采用一般常规的计算公式及预算定额含量确定

2. 用料交底

BIM 与传统 CAD 相比，具有可视化的显著特点。建立设备、电气、管道、通风空调等安装专业三维模型并完成碰撞检测后，BIM 项目经理组织各专业 BIM 项目工程师进行综合优化，提前消除施工过程中各专业可能遇到的碰撞。项目核算员、材料员、施工员等管理人员应熟读施工图纸、透彻理解 BIM 三维模型、吃透设计思想，并按施工规范要求向施工班组进行技术交底，将 BIM 模型中的用料意图灌输给班组，用 BIM 三维图、CAD 图纸或者表格下料单等书面形式做好用料交底，防止班组"长料短用、整料零用"，做到物尽其用，减少浪费及边角料，把材料消耗降到最低限度。

3. 物资材料管理

施工现场材料的浪费、积压等现象司空见惯，安装材料的精细化管理一直是项目管理的难题。运用 BIM 模型，结合施工程序及工程形象进度周密安排材料采购计划，不仅能保证工期与施工的连续性，而且能用好、用活流动资金、降低库存、减少材料二次搬运。同时，材料员根据工程实际进度，方便地提取施工各阶段的材料用量，在下达施工任务书中，附上完成该项施工任务的限额领料单，作为发料部门的控制依据，实行对各班组限额发料，防止错发、多发、漏发等无计划用料，从源头上做到材料的有的放矢，减少施工班组对材料的浪费。

4.材料变更清单

工程设计变更和增加签证在项目施工中会经常发生。项目经理部在接收工程变更通知书执行前，应有因变更造成材料积压的处理意见，原则上要由业主收购，否则，如果处理不当就会造成材料积压，无端地增加材料成本。BIM模型在动态维护工程的过程中，可以及时地将变更图纸进行三维建模，将变更发生的材料、人工等费用准确、及时地计算出来，便于办理变更签证手续，保证工程变更签证的有效性。

第八节　成本管理分析

一、成本管理的概念

建筑工程包括立项、勘察、设计、施工、验收、运维等多个阶段的内容，广义的施工阶段，即包含施工准备阶段和施工实施阶段。建筑工程成本是指以建筑工程作为成本核算对象的施工过程中所耗费的生产资料转移价值和劳动者的必要劳动所创造的价值的货币形式，也就是某一建筑工程项目在施工中所发生的全部费用的总和。成本管理，即企业生产经营过程中各项成本核算、成本分析、成本决策和成本控制等一系列科学管理行为的总称。

成本管理一般包括成本预测、成本决策、成本计划、成本核算、成本控制、成本分析、成本考核等内容。成本管理的步骤是：工程资源计划的编制，工程成本估算，工程成本预算计划的编制，工程成本预测与偏差控制。工程项目施工阶段的成本控制是成本管理的一部分。控制是指主体对客体在目标完成上的一种能动作用，使客体能按照预定计划达成目标的过程。而施工项目的成本控制则是指在建立成本目标以后，对项目的成本支出进行严格的监督和控制，并及时发现偏差、纠正偏差的过程。

成本管理要求企业根据一定时期预先建立的成本管理目标，由成本控制主体在其职权范围内在生产耗费发生以前和成本控制过程中，对各种影响成本的因素和条件采取一系列调节措施，以保证成本管理目标实现的管理行为。

成本管理关乎低碳、环保、绿色建筑、自然生态、社会责任、福利等。众所周知，有些自然资源是不可再生的，所以成本控制不仅仅是在财务意义上实现利润最大化，终极目标是单位建筑面积自然资源消耗最少。施工消耗大量的钢材、木材和水泥，最终必然会造成对大自然的过度索取。只有成本管理得较好的企业才有可能有相对的比较优势，成本管理不力的企业必将会被市场淘汰。成本管理也不是片面地压缩成本，有些成本是不可缩减的，有些标准是不能降低的。特别强调的是，任何缩减的成本都不能影响建筑结构安全，也不能减弱社会责任。我们所谓的"成本管理"就是通过技术经济和信息化手段，优化设计、优化组合、优化管理，把无谓的浪费降至最低。成本管理是永恒的主题。

二、成本管理的难点

成本管理的过程是运用系统工程的原理对企业在生产经营过程中发生的各种耗费进行计算、调节和监督的过程，也是一个发现薄弱环节，挖掘内部潜力，寻找一切可能降低成本途径的过程。科学地组织实施成本控制，可以促进企业改善经营管理，转变经营机制，全面提高企业素质，使企业在市场竞争的环境下生存、发展和壮大。然而，工程成本控制一直是项目管理中的重点及难点，主要难点有以下几方面。

1. 数据量大

每一个施工阶段都牵涉大量材料、机械、工种、消耗和各种财务费，人、材、机和资金的消耗都要统计清楚，数据量十分巨大。面对如此巨大的工作量，实行短周期（月、季）成本在当前管理手段下就不现实。随着工程进展，应付进度工作自顾不暇，过程成本分析、优化管理就只能搁在一边。

2. 牵涉部门和岗位众多

传统情况下需要预算、材料、仓库、施工、财务多部门、多岗位协同分析汇总数据，才能汇总出完整的某时点实际成本。某个或某几个部门不配合，就难以做出整个工程成本汇总。

3. 对应分解困难

材料、人工、机械甚至一笔款项往往用于多个成本项目，拆分分解对专业的要求相当高，难度也非常高。

4. 消耗量和资金支付情况复杂

对于材料而言，部分进库之后并未付款，部分付款之后并未进库，还有出库之后未使用完以及使用了但并未出库等情况；对于人工而言，部分干活但并未付款，部分已付款但并未干活，还有干完活但仍未确定工价；机械周转材料租赁以及专业分包也有类似情况。情况如此复杂，成本项目和数据归集在没有一个强大的平台支撑情况下，不漏项做好三个维度（时间、空间、工序）

的对应很困难。

三、BIM 技术成本管理优势

基于 BIM 技术的成本控制具有快速、准确、精细、分析能力强等很多优势，具体表现在以下几方面。

1. 快速

建立基于 BIM 的 5D 实际成本数据库，汇总分析能力大大加强，速度快，短周期成本分析不再困难，工作量小、效率高。

2. 准确

成本数据动态维护，准确性大为提高，通过总量统计的方法，消除累积误差，随进度进展成本数据准确度越来越高；数据粒度达到构件级，可以快速提供支撑项目各条线管理所需的数据信息，有效提升施工管理效率。

3. 精细

通过实际成本 BIM 模型，很容易检查出哪些项目还没有实际成本数据，监督各成本实时盘点，提供实际数据。

4. 分析能力强

可以从多维度（时间、空间、WBS）汇总分析更多种类、更多统计分析条件的成本报表，直观地确定不同时间点的资金需求，模拟并优化资金筹措和使用分配，实现投资资金财务收益最大化。

5. 提升企业成本控制能力

将实际成本 BIM 模型通过互联网集中在企业总部服务器，企业总部成本部门、财务部门就可共享每个工程项目的实际成本数据，实现了总部与项目部的信息对称。

四、基于 BIM 技术的成本管理具体应用

如何提升成本控制能力？动态控制是项目管理中一种常见的管理方法，而动态控制其实就是按照一定的时间间隔将计划值和实际值进行对比，然后采取纠偏措施。而进行对比的这个过程是需要大量的数据做支撑的，动态控制是否做得好，数据是关键。如何及时而准确地获得数据？如何凭借简单的操作就能进行数据对比呢？现在 BIM 技术可以高效地解决这个问题。基于 BIM 技术，建立成本的 5D（3D 实体、时间、工序）关系数据库，以各 WBS 单位工程量、人机料单价为主要数据进入成本 BIM 中，能够快速实现多维度（时间、空间、WBS）成本分析，从而对项目成本进行动态控制。

（一）成本管理的解决方案操作方法

1. 创建基于 BIM 的实际成本数据库

建立成本的 5D（3D 实体、时间、工序）关系数据库，让实际成本数据及时进入 5D 关系数据库，成本汇总、统计、拆分对应瞬间可得。以各 WBS 单位工程人、材、机单价为主要数据进入实际成本 BIM 中。未有合同确定单价的按预算价先进入，有实际成本数据后，及时按实际数据替换掉。

2. 实际成本数据及时进入数据库

初始实际成本 BIM 中成本数据以合同价和企耗量为依据。随着进度进展，实际消耗量与定额消耗量会有差异，要及时调整。及时对实际消耗进行盘点，调整实际成本数据。化整为零，动态维护实际成本 BIM，并有利于保证数据准确性。

3. 快速实行多维度（时间、空间、WBS）成本分析

建立实际成本 BIM 模型，周期性（月季）按时调整并维护好该模型，统计分析工作就很轻松，软件强大的统计分析能力可满足各种成本分析需求。

（二）BIM 技术在工程项目成本控制中的应用

1. 快速精确的成本核算

BIM 是一个强大的工程信息数据库。进行 BIM 建模所完成的模型包含二维图纸中所有位置、长度等信息，并包含二维图纸中不包含的材料等信息，而这背后是强大的数据库支撑。因此，计算机通过识别模型中的不同构件及模型的几何物理信息（时间维度、空间维度等），对各种构件的数量进行汇总统计。这种基于 BIM 的算量方法，将算量工作大幅简化，减少了人为原因造成的计算错误，大量节约了人的工作量和时间。有研究表明，工程量计算的时间在整个造价计算过程中占 50%~80%，而运用 BIM 算量方法会节约将近 90% 的时间，而误差也控制在 1% 之内。

2. 预算工程量动态查询与统计

工程预算存在定额计价和清单计价两种模式。自《建设工程工程量清单计价规范》发布以来，建设工程招投标过程中清单计价方法成为主流。在清单计价模式下，预算项目往往基于建筑构件进行资源的组织和计价，与建筑构件存在良好对应关系，满足 BIM 信息模型以三维数字技术为基础的特征，故而应用 BIM 技术进行预算工程量统计具有很大优势。使用 BIM 模型取代图纸，直接生成所需材料的名称、数量和尺寸等信息，而且这些信息将始终与设计保持一致，在设计出现变更时，该变更将自动反映到所有相关的材料明细表中，造价工程师使用的所有构件信息也会随之变更。

在基本信息模型的基础上增加工程预算信息，即形成了具有资源和成本信息的预算信息模型。预算信息模型包括建筑构件的清单项目类型、工程量清单，人力、材料、机械定额和费率等信息。通过模型，就能识别模型中的工程量（如体积、面积、长度等）等信息，自动计算建筑构件的使用量，以指导实际材料物资的采购。

系统根据计划进度和实际进度信息，可以动态计算任意 WBS 节点任意时间段内每日计划工程量、计划工程量累计、每日实际工程量、实际工程量累计，帮助施工管理者实时掌握工程量的计划完工和实际完工情况。在分期结算过程中，每期实际工程量累计数据是结算的重要参考，系统动态计算实际工程量可以为施工阶段工程款结算提供数据支持。

另外，从 BIM 预算模型中提取相应部位的理论工程量，从进度模型中提取现场实际的人工、材料、机械工程量，通过将模型工程量、实际消耗、合同工程量进行短周期三量对比分析，能够及时掌握项目进展，快速发现并解决问题。根据分析结果可为施工企业制订精确人、机、材计划，大大减少了资源、物流和仓储环节的浪费，及时掌握成本分布情况，进行动态成本管理。

3. 限额领料与进度款支付管理

限额领料制度一直很健全，但用于实际却难以实现，数据无依据，采购计划由采购员决定，项目经理只能凭感觉签字。领料数量无依据，用量上限无法控制是限额领料制度存在的主要问题。那么如何对材料的计划用量与实际用量进行分析对比？

BIM 的出现为限额领料提供了技术和数据支撑。基于 BIM 软件，在管理多专业和多系统数据时，能够采用系统分类和构件类型等方式对整个项目数据进行方便管理，为视图显示和材料统计提供数据支撑。例如，给排水、电气、暖通专业可以根据设备的型号、外观及各种参数分别显示设备，方便计算材料用量。传统模式下工程进度款申请和支付结算工作较为烦琐，基于 BIM 能够快速准确地统计出各类构件的数量，减少预算的工作量，且能形象、快速地完成工程量拆分和重新汇总，为工程进度款结算提供技术支持。

4. 以施工预算控制人力资源和物质资源的消耗

在施工开工以前，利用 BIM 软件进行模型的建立，通过模型计算工程量，并按照企业定额或上级统一规定的施工预算，结合 BIM 模型，编制整个工程项目的施工预算，作为指导和管理施工的依据。对生产班组的任务安排，必须签收施工任务单和限额领料单，并向生产班组进行技术交底。要求生产班组根据实际完成的工程量和实耗人工、实耗材料做好原始记录，作为施工任务单和限额领料单结算的依据。任务完成后，根据回收的施工任务单和限额领料单进行结算，并按照结算内容支付报酬（包括奖金）。为了便于任务完成后进行施工任务单和限额领料单与施工预算的对比，要求在编制施工预算时对每一个分项工程工序名称进行编号，以便对号检索对比，分析节超。

5. 设计优化与变更成本管理、造价信息实施追踪

BIM 模型依靠强大的工程信息数据库，实现了二维施工图与材料、造价等各模块的有效整合与关联变动，使实际变更和材料价格变动可以在 BIM 模型中进行实时更新。变更时各环节之间的时间被缩短，效率得以提高，可以更加及时准确地将数据提交给工程各参与方，以便各方做出有效的应对和调整。目前 BIM 的建造模拟功能已经发展到了 5D 维度。5D 模型集三维建筑模型、施工组织方案、成本及造价三部分于一体，能实现对成本费用的实时模拟和核算，并为后续建设阶段的管理工作所利用，解决了阶段割裂和专业割裂的问题。BIM 通过信息化的终端和 BIM 数据后台使整个工程的造价相关信息顺畅地流通起来，从企业级的管理人员到每个数据的提供者都可以监测，保证了各种信息和数据能及时准确地被调用、查询、核对。

第九节 绿色施工管理分析

一、绿色施工的概念

绿色施工是指在建筑工程的建造过程中，质量合格与安全性能达标要求的前提下，通过科学合理的组织并利用进步技术，很大程度地节省能源和降低施工过程对环境的负面影响，实现"四节一环保"。绿色施工核心也是最大限度地节约资源的施工活动，绿色施工的地位是实现建筑领域资源节约的关键环节，绿色施工是以节能、节地、节水、节材和爱护环境为目标的。绿色施工是建筑物在整个生命周期内比较重要的一个阶段，也是实现建筑工程节约能源资源和减少废弃物排放的一个较为关键的环节。推行绿色施工，在执行与贯彻政府产业和协会中相关的技能经济策略时，要根据具体情况和因时制宜的原则来操控实施。绿色施工是可持续的发展观念在整个建筑工程施工过程中的全面应用和体现，它关乎可持续性发展的方方面面，比如自然环境和生态状况的保护、能源和资源的有效利用、经济与地区的发展等内容，包含不同的含义。而绿色施工技术的目标本来就是节约能源和资源，保护环境与土地等方面，其本身就具有非常重要的现实和实践意义。在施工过程中争取做到不扰民众、不产生吵闹、不污染当地环境，这是绿色施工的主要要求，同时要强化工地施工的管理、保证正常生产、标准化与文明化的作业，保证

建设场地的环境，尽可能减少工地施工给当地群众带来的不利影响，保护周边场地的环境卫生。

二、基于 BIM 技术的绿色施工管理

下面将介绍以绿色为目的、以 BIM 技术为手段的施工阶段节地、节水、节材、节能及减排管理。

（一）节地与室外环境

节地不仅仅是施工用地的合理利用，建筑设计前期的场地分析、运营管理中的空间管理也同样包含在内。BIM 在施工节地中的主要应用内容有场地分析、土方量计算、施工用地管理及空间建设用地管理等，下面分别进行介绍。

1. 场地分析

场地分析是研究影响建筑物定位的主要因素，是确定建筑物的空间方位和外观、建立建筑物与周围景观联系的过程。BIM 结合地理信息系统（Geographic Information System，GIS），对现场及拟建的建筑物空间数据进行建模分析，结合场地使用条件和特点，做出最理想的现场规划、交通流线组织关系。利用计算机可分出不同坡度的分布及场地坡向，建设地域发生自然灾害的可能性，区分适宜建设与不宜建设区域，对前期场地设计可起到至关重要的作用。

2. 土方量计算

利用场地合并模型，在三维中直观查看场地挖填方情况，对比原始地形图与规划地形图得出各区块原始平均高程、设计高程、平均开挖高程，然后计算出各区块挖、填方量。

3. 施工用地管理

建筑施工是一个高度动态的过程，随着建筑工程规模不断扩大，复杂程度不断提高，施工项目管理变得极为复杂。施工用地、材料加工区、堆场也随着工程进度的变换而调整。

BIM 的 4D 施工模拟技术可以在项目建造过程中合理制订施工计划、精确掌握施工进度，优化使用施工资源以及科学地进行场地布置。

（二）节水与水资源利用

在施工过程中，水的用量是十分巨大的，混凝土的浇筑、搅拌、养护都要用到大量的水，机器的清洗也需要用水。一些施工单位由于在施工过程中没有计划，肆意用水，往往造成水资源的大量浪费，不仅浪费了资源，也会因此受到处罚。所以，在施工中节约用水势在必行。

BIM 技术在节水方面的应用体现在协助土方量的计算，模拟土地沉降、场地排水设计，以及分析建筑的消防作业面，设置最经济合理的消防器材。设计规划每层排水地漏位置对雨水等非传统水源进行收集，循环利用。

利用 BIM 技术，可以对施工过程中用水过程进行模拟，比如处于基坑降水阶段、肥槽未回填时，采用地下水作为混凝土养护用水。将地下水作为喷洒现场降尘和混凝土罐车冲洗用水。也可以模拟施工现场情况，根据施工现场情况，编制详细的施工现场临时用水方案，使施工现场供水管网根据用水量设计布置，采用合理的管径、简捷的管路，有效地减少管网和用水器具的漏损。例如，在工程施工阶段基于 BIM 技术对现场雨水收集系统进行模拟，根据 BIM 场地模型，合理设置排水沟，将场地分区进行放坡硬化，避免场内积水，并最大化收集雨水，存于积水坑内，供洗车系统等循环使用。

（三）节材与材料资源利用

基于 BIM 技术，重点从钢材、混凝土、木材、模板、围护材料、装饰装修材料及生活办公用品材料七个主要方面进行施工节材与材料资源利用控制。通过 5D-BIM 安排材料采购的合理化，建筑垃圾减量化，可循环材料的多次利用化，钢筋配料、钢构件下料以及安装工程的预留、预埋，管线路径的优化等措施；同时根据设计的要求，结合施工模拟，达到节约材料的目的。BIM 在施工节材中的主要应用内容有管线综合设计、复杂工程预预拼装、物料跟踪等，下面分别进行介绍。

1. 管线综合设计

目前功能复杂、大体量的建筑如摩天大楼等机电管网错综复杂，在大量的设计面前很容易出现管网交错、相撞及施工不合理等问题，以往人工检查图纸功能比较单一，不能同时检测平面和剖面的位置。BIM 软件中的管网检测功能可为工程师解决这个问题。检测功能可生成三维模型，并基于建筑模型中。系统可自动检查出"碰撞"部位并标注，这样使得大量的检查工作变得简单。空间净高是与管线综合相关的一部分检测工作，基于 BIM 信息模型对建筑内不同功能区域的设计高度进行分析，查找不符合设计规划的地方，将情况反馈给施工人员，以此提高工作效率，避免错、漏、碰、缺的出现，减少原材料的浪费。

2. 复杂工程预加工预拼装

复杂的建筑形体如曲面幕墙及复杂钢结构的安装是难点，尤其是复杂曲面幕墙，由于组成筋墙的每一块玻璃面板的形状都有差异，给幕墙的安装带来一定困难。BIM 技术最拿手的是复杂形体设计及建造应用，可针对复杂形体进行数据整合和验证，使多维曲面的设计得以实现。工程师可利用计算机对复杂的建筑形体进行拆分，拆分后利用三维信息模型进行解析，在电脑中进行预拼装，分为网格块并编号，进行模块设计，然后送至工厂按模块加工，再送到现场拼装即可。同时，数字模型也可提供大量建筑信息，包括曲面面积统计、经济形体设计及成本估算等。

3. 基于物联网物资追溯管理

随着建筑行业标准化、工厂化、数字化水平的提升，以及建筑使用设备复杂度的提高，越来越多的建筑及设备构件通过工厂加工并运送到施工现场进行高效的组装。根据 BIM 得出的进度计划，可提前计算出合理的物料进场数量。

（四）节能与能源利用

以 BIM 技术推进绿色施工，节约能源，降低资源消耗和浪费，减少污染是建筑发展的方向和目的。节能在绿色环保方面具体有两种体现：一是帮助建筑形成资源的循环使用，包括水能循环、风能流动、自然光能的照射，科学地根据不同功能、朝向和位置选择最适合的构造形式。二是实现建筑自身的减排，构建时，以信息化手段减少工程建设周期，运营时，不仅能够满足使用需求，还能保证最低的资源消耗。

在方案论证阶段，项目投资方可以使用 BIM 来评估设计方案的布局、视野、照明、安全、人体工程学、声学、纹理、色彩及规范的执行情况。BIM 甚至可以对建筑局部的细节进行推敲，迅速分析设计和施工中可能需要应对的问题，BIM 包含建筑几何形体的很多专业信息，其中也包括许多用于执行生态设计分析的信息，能够很好地将建筑设计和生态设计紧密联系在一起，设计将不单单针对体量、材质、颜色等，也是动态的、有机的。相关软件提供了许多即时性分析功能，如光照、日光阴影、太阳辐射、遮阳、热舒适度、可视度分析等，而得到的分析结果往往是实时的、可视化的，很适合建筑师在设计前期把握建筑的各项性能。

建筑系统分析是对照业主使用需求及设计规定来衡量建筑物性能的过程，包括机械系统如何操作和建筑物能耗分析、内外部气流模拟、照明分析、人流分析等涉及建筑物性能的评估。BIM 结合专业的建筑物系统分析软件，避免了重复建立模型和采集系统参数。通过 BIM 可以验证建筑物是否按照特定的设计规定和可持续标准建造，通过这些分析模拟，最终确定、修改系统参数甚至系统改造计划，以提高整个建筑的性能。

（五）减排措施

利用 BIM 技术可以对施工场地废弃物的排放、放置进行模拟，以达到减排的目的，具体方法如下：

①用 BIM 模型编制专项方案，对工地的废水、废弃、废渣的排放进行识别、评价和控制，安排专人、专项经费，制定专项措施，减少工地现场的三废排放。

②根据 BIM 模型对施工区域的施工废水设置沉淀池，进行沉淀处理后重复使用或合规排放，对泥浆及其他不能简单处理的废水集中交由专业单位处理。在生活区设置隔油池、化粪池，对生活区的废水进行收集和处理。

③禁止在施工现场焚烧垃圾，使用密目式安全网、定期浇水等措施减少施工现场的扬尘。

④利用 BIM 模型合理安排噪声源的放置位置及使用时间，采用有效的噪声防护措施，减少噪声排放，并满足施工场界环境噪声排放标准的要求。

⑤生活区垃圾按照有机、无机分类收集，与垃圾站签合同，由其按时收集垃圾。

第六章 BIM 实施规划与控制

第一节 BIM 实施规划

一、BIM 实施规划概述

BIM 实施规划是指导业主实施 BIM 的纲领性文件，是成功应用 BIM 不可或缺的基础。在 BIM 实践过程中，项目参与方可以采取多种 BIM 应用方式，产生多种 BIM 可交付成果，但是，BIM 同其他新技术一样，在执行过程中，会对传统的建设过程造成一定的冲击，带来一定程度的风险。例如，许多设计企业在初期导入 BIM 时，设计周期会比传统的设计周期长。因此，在正式实施 BIM 项目以前，应该有一个 BIM 整体战略和规划，合理确定 BIM 目标，斟酌 BIM 实施路线，识别 BIM 执行风险并设定预案，以帮助相关方实现 BIM 项目的效益最大化。

通过 BIM 实施规划，综合考虑项目特点、项目团队力、当前的技术水准、BIM 实施成本等多个 BIM 实施关键要素，能够得到一个对特定建设项目而言性价比最高的 BIM 实施方案。同时，通过制定 BIM 实施规划，相关方可以实现以下七个方面的目标：

①所有成员清晰理解和沟通实施 BIM 的战略目标。

②项目参与机构明确在 BIM 实施中的角色和责任。

③保证 BIM 实施流程与各个团队既有的业务流程匹配。

④提出成功实施每一个计划的 BIM 应用所需要的额外资源、培训和其他能力。

⑤对于未来要加入项目的参与方提供一个定义流程的基准。

⑥合约部门可以据此确定合同内容，保证参与方承担相应的责任。

⑦可以确定项目进展各个阶段的 BIM 实施里程碑计划。

基于工程项目的个性化，并没有一个适用于所有项目的最佳方法或计划。每个项目团队必须根据项目要求，有针对性地制定本项目的 BIM 实施规划。

在项目全生命期的各个阶段都可以应用 BIM，但必须考虑 BIM 应用的范围和深度，特别是当前的 BIM 技术支持程度、项目团队自身的技能水平、相对于效益 BIM 应用的成本等，这些对 BIM 应用的影响因素都应该在 BIM 实施规划中体现出来。

随着项目团队其他参与人员（各专业设计）的加入，BIM 实施规划应不断更新、修订。有了详细的 BIM 实施规划，才能确保项目各方都清楚地认识到将 BIM 整合到项目工作中之后的责任。一旦创建了 BIM 实施规划，项目团队可以据此遵循、跟踪 BIM 应用进展，并使项目从 BIM 应用中获得更大利益。

二、BIM 实施规划要素

BIM 实施规划的内容因 BIM 实施主体不同而不同，按照管理组织差异可分为企业级 BIM 实施规划和项目级 BIM 实施规划两个类别。

（一）企业级 BIM 实施规划

围绕建筑相关企业发展战略，将 BIM 技术与方法应用到企业所有业务活动中，它涉及的范围广、部门多，不仅涉及 BIM 相关技术，还涉及与企业 BIM 实施相关的资源管理、业务组织、流程再造等。其目的是对企业 BIM 实施有关的资源、过程和交付物进行统一管理和系统集成，为企业基于 BIM 的规范化资源组织、设计生产、经营管理提供相应的策略。

（二）项目级 BIM 实施规划

以单一项目数据源的组织为核心，运用与特定项目相关的企业局部资源和技术，完成合同或协议所规定的项目交付物的过程。项目级 BIM 实施规划是企业级 BIM 实施的子集和细化，其目标是针对特定项目合同或协议，为了完成或执行特定合同或协议的 BIM 要求，关注于技术的实现和突破。

三、BIM 实施规划过程

BIM 环境下的项目管理实施路线，主要内容是 BIM 应用下参与方任务和责任的详细界定。根据项目参与方工作阶段划分，规划了具体实施内容。BIM 应用在工程中的实施流程一般包括以下几个过程。

（一）明确 BIM 需求，制定项目章程

召开项目启动会，介绍项目基本情况。根据 BIM 需求和预算，界定项目

参与方，明确项目整体目标、项目范围、项目总体计划等信息，制定 BIM 实施模式，确定业主方总负责人、各参与方负责人、总协调人等主要人员信息，使参与方朝着一致目标开展工作。

（二）确认 BIM 范围

由于不同 BIM 应用均涉及多个参与方，需要对各方的工作内容进行书面界定，重点包括基于 BIM 应用的配合工作、参与周期、输出成果等。

（三）编制项目 BIM 应用方案，确定应用目标和各参与方职责

根据项目条件，制定完备的项目 BIM 应用方案，组建包括各参与方的联合项目团队，明确各方人员职责和人员配备情况，形成项目有效 BIM 协同机制，这是 BIM 实施规划流程尤为重要的步骤。

（四）各参与方编制 BIM 实施计划

BIM 各参与方基于各自服务范围，结合项目目标和总工期要求，编制各自 BIM 实施计划，详细分解服务内容，体现本单位与其他单位的配合工作。各项工作的输入输出、持续时间、所需资源等信息，统一汇总到业主方，形成项目 BIM 整体实施计划。

（五）BIM 项目应用与管理

各参与方按照各方 BIM 实施计划开展工作，在业主的主导和协调下，完成 BIM 工作分解与协同，定期向业主汇报工作成果，及时根据项目进度和业主意见对实施计划进行调整。

（六）BIM 成果交付与审查

根据建筑工程生命周期不同阶段的 BIM 要求，根据各方服务范围和验收标准，对各方各阶段 BIM 应用场景的成果进行验收，组织专家对 BIM 成果进行审查，双方签署意见。

需要强调的是，BIM 应用工作遵从 PDCA 循环过程策略，以保证工作质量。P（plan），各参与方在启动任何阶段 BIM 应用前，必须提交工作计划，由业主审核通过方可执行，工作计划至少由时间、资源、成果三部分构成，计划的完成以工作成果的提交为依据。D（do），各方按照批准的计划安排工作，并定期向业主汇报工作进展。C（check），由业主定期审核计划执行情况，分析 BIM 应用过程中存在的问题，形成问题清单。A（action），对总结检查的结果进行处理，以便在下一轮 BIM 应用工作中避免出现同样的问题。

第二节 BIM 实施规划的内容

一、编制的目标与原则

（一）项目级 BIM 实施规划的重要性和编制原则

1. 编制 BIM 项目实施规划的重要性

为了将 BIM 技术与建设项目实施的具体流程和实践融合在一起，真正发挥 BIM 技术应用的功能和巨大价值，提高实施过程的效率，建设项目团队需要结合具体项目情况制订一份详细的 BIM 应用实施规划，以指导 BIM 技术的应用和实施。

BIM 实施规划应该明确项目 BIM 应用的范围，确定 BIM 工作任务的流程，确定项目各参与方之间的信息交换，并描述为支持 BIM 应用需要项目和公司提供的服务和任务。内容包括 BIM 项目实施的总体框架和流程，并且提供各类技术相关信息中多种可能的解决方案和途径。

①多种解决方案。可帮助项目团队在项目各阶段（包括设计、施工和运营）创建、修改和再利用信息量丰富的数学模型。

②多种分析工具。可在项目动工前透彻分析建筑物的可施工性与潜在性能，利用这些分析数据，项目团队可在建筑材料、能源和可持续性方面更加明智地决策并及早发现和预防一些构件（如管道和梁）间的冲突，减少资金损失。

③项目协作沟通信息平台。不仅有助于强化业务过程，还可确保团队所有成员以结构化方式共享项目信息。

BIM 实施规划将帮助项目团队明确各成员的任务分工与责任划分，确定要创建和共享的信息类型、使用何种软硬件系统，以及分别由谁使用。还能让项目团队更顺畅地协调沟通，更高效地建设实施项目，降低成本。

BIM 技术作为提升企业发展能力与市场竞争能力的主要手段，在现阶段往往会被认为是建筑企业发展战略中的一项重要内容。企业 BIM 应用能力的提升需经历项目实践的历练。项目级 BIM 技术实施规划对企业发展的作用主要有以下三个方面。

①通过建设项目 BIM 实施规划、实施以后的评价，培养与锻炼企业的

BIM 人才。

②基于 BIM 应用在不同建设项目中存在的相似性，借鉴已有项目来策划新项目，有事半功倍的效果，通过对比新老建设项目的不同之处，也有助于改进新项目 BIM 的实施规划。

③试点性的项目级 BIM 实施规划，是制订企业级 BIM 技术应用及发展规划的基础资料。

2. BIM 实施规划编制原则

BIM 的实施规划时间应涵盖项目建设的全过程，包括项目的决策阶段、设计准备阶段、设计阶段、施工阶段和运营阶段，涉及项目参与的各个单位。有一个整体战略和规划将对 BIM 项目的效益最大化起到关键作用。

BIM 实施规划应该在建设项目规划设计阶段初期进行编制，随着项目阶段的深入，各参与方亦不断加入，应不断完善该规划。在项目整个实施阶段根据需要和项目的具体实际情况对规划进行监控、更新和修改。

考虑 BIM 技术的应用跨越建设项目各个阶段的全生命周期，应在建设项目的早期成立 BIM 实施规划团队，在正式项目实施前进行 BIM 实施规划的制订。

在 BIM 实施规划编制前，项目团队成员应对以下问题进行分析和研究：项目应用的战略目标及定位；参与方的机会及职责分析；项目团队业务实践经验分析；项目团队的工作流程及所需要的相关培训。

项目 BIM 规划和实施团队要包括项目的主要参与方，设备供应商、工程监理单位、设计单位、勘测单位、项目总承包单位是最佳的 BIM 规划团队负责人。

在项目参与方还没有较成熟的 BIM 实施经验的情况下，可以委托专业 BIM 咨询服务公司帮助牵头制定 BIM 实施规划。

从技术层面分析，BIM 可以在建设项目的所有阶段使用，可以被项目的所有参与方使用，可以完成各种不同的任务和应用。项目级 BIM 实施规划就是要从项目建设的特点、项目团队的能力、当前的技术发展水平、BIM 实施成本等多个方面综合考虑，得到一个对特定建设项目而言性价比最高的方案。

（二）BIM 实施目标的制定

在一个具体项目实施过程中，BIM 技术实施目标的制定是 BIM 实施规划的首要和关键工作，也是十分困难的工作。制定 BIM 技术实施的目标、选择合适的 BIM 功能应用，是 BIM 实施规划制订过程中重要的工作，在项目级 BIM 实施规划中往往需要综合考虑环境、企业和项目等多方面的因素。一般情况下，BIM 实施的目标包括以下两大类。

1. 与建设项目相关的目标

包括缩短项目施工周期、提高施工生产效率和质量、降低因各种变更而造成的成本损失、获得重要的设施运行数据等。例如，基于 BIM 模型强化设计阶段的限额设计控制力度、提升设计阶段的造价控制能力就是一个具体的项目目标。

2. 与企业发展相关的目标

在最早实施 BIM 的项目上以这类目标为主是可以接受的。例如，业主也许希望将当前的 BIM 项目作为一个试验项目，试验在设计、施工和运行之间信息交换的效果，或者某设计团队希望探索并积累数字化设计的经验。在项目建设完工时，可以向业主提供完整的 BIM 数学模型，其中包含管理和运营建筑物所需的全部信息。

目标优先级的设定将使得后面的策划工作具有灵活性。根据清晰的目标描述，进一步的工作是对 BIM 应用进行评估与筛选，以确定每个潜在 BIM 应用是否付诸实施。

①为每个潜在 BIM 应用设定责任方与参与方。

②评估每个 BIM 应用参与方的实施能力，包括其资源配置、团队成员的知识水平和工程经验等。

③评估每个 BIM 应用对项目各主要参与方的价值和风险水平。

在综合分析以上因素的基础上，项目参与各方应进一步综合分析讨论，对项目潜在 BIM 功能应用进行分析筛选并逐一分析确定。

二、编制的主要内容

为保障一个 BIM 项目的高效和成功实施，相应的实施规划需要包括 BIM 项目的目标、流程、信息交换要求和软硬件方案四个部分。

1. 确定 BIM 应用的目标和任务

项标包括缩短工期、更高的现场生产效率、通过工厂制造提升质量、为项目运营获取重要信息等。确定目标是进行项目规划的第一步，目标明确以后才能决定需要完成什么任务。这些 BIM 应用目标可以包括创建 BIM 设计模型、4D 模拟、成本预算、空间管理等。BIM 规划可以通过不同的 BIM 应用对该建设项目的目标实现的贡献进行分析和排序，最后确定具体项目 BIM 规划要实施的应用（任务）。

2. 设计阶段 BIM 实施流程

BIM 实施流程分为整体流程和详细流程两个层面，整体流程确定不同

BIM 应用之间的顺序和相互关系，使所有团队成员都清楚他们的工作流程和其他团队成员工作流程之间的关系；详细流程描述一个或几个参与方完成某一个特定任务（例如节能分析）的流程。

3. 制定建设过程中各种不同信息的交换要求

定义不同参与方之间的信息交换要求，每一个信息创建者和信息接收者之间必须非常清楚信息交换的内容、标准和要求。

4. 确定实施上述 BIM 规划所需要的软硬件方案

包括交付成果的结构和合同语言、沟通程序、技术架构、质量控制程序等，以保证 BIM 模型的质量，这些是 BIM 技术应用的基础条件。

项目级 BIM 实施规划应该包含以下内容：

① BIM 应用目标：在这个建设项目中将要实施的 BIM 应用（任务）和主要价值。

② BIM 技术实施流程。

③ BIM 技术的范围和流程，模型中包含的元素和详细程度。

④建设项目组织和任务分工：确定项目不同阶段的 BIM 经理、BIM 协调员以及 BIM 模型建模人员，这些往往是 BIM 技术成功实施的关键人员。

⑤项目的实施 / 合同模式：项目的实施 / 合同模式（如传统承发包、项目总承包及 IPD 模式等）将直接影响 BIM 技术实施的环境、规则和效果。

⑥沟通程序：包括 BIM 模型管理程序（如命名规则、文件结构、文件权限等）以及典型的会议议程。

⑦技术基础设施：BIM 实施需要的硬件、软件和网络基础设施。

⑧模型质量控制程序：保证和监控项目参与方都能达到规划定义的要求。

项目级 BIM 实施规划流程分为四个步骤，这种实施规划的流程旨在引导业主、项目经理、项目实施方通过一种结构化的程序来编制详尽和一致的规划。

1. 确定 BIM 目标和应用

为项目制定 BIM 实施规划的作用是定义 BIM 的正确应用、BIM 的实施流程、信息交换及支持各种流程的软硬件基础设施。

明确项目 BIM 实施规划的总体目标，清晰地识别 BIM 可能给项目和项目团队成员带来的潜在价值。BIM 实施目标应该与建设项目的目标密切相关，包括缩短工期、提高现场生产能力、提高质量、减少工程变更、成本节约、利于项目的设施运营等内容。

BIM 实施目标应该与提升项目团队成员的能力相关，例如在 BIM 应用的初期，业主可能希望将项目作为验证设计、施工和运营之间信息交换的实验项目；而设计企业可以通过项目获得数字化设计软件的有效应用经验。当项目团队明确了可测量的目标后，包括项目角度的目标和企业角度的目标，就可以确定项目中 BIM 技术的应用范围。

BIM 技术的功能应用是建设项目 BIM 实施规划中一个十分重要的内容，它明确了 BIM 技术在建设项目实施中应用的功能和可能的价值。在具体项目应用时，项目团队应该明确他们认为对项目有益的 BIM 的适当用途并确定优先次序。

2. 建立项目 BIM 实施流程

BIM 实施流程需要确定每个流程之间的信息交换模块，并为后续策划工作提供依据。BIM 实施流程包括总体流程和详细流程，总体流程描述整个项目中所有 BIM 应用之间的顺序以及相应的信息输出情况，详细流程则进一步安排每个 BIM 应用中的活动顺序，定义输入与输出的信息模块。

在编制 BIM 总体流程图时应考虑以下三项内容：

①根据建设项目的发展阶段安排 BIM 应用的顺序。

②定义每个 BIM 应用的责任方。

③确定每个 BIM 应用的信息交换模块。

项目团队明确了 BIM 用途后，需要确定 BIM 应用规划的流程图步骤。首先应编制一个表明项目 BIM 的基本功能应用的排序和相互关系的高层级图。这可以使所有项目团队成员清楚地认识到他们的工作流程以及与其他团队成员工作流程的联系。

完成高层级流程图之后，应该由负责 BIM 各项详细应用的项目团队成员选择或设计更加详细的流程图。例如，高层级流程图应该显示出 BIM 在建筑创作、能量建模、成本估算和 4D 建模等用途中是如何排序和相互联系的。而详图应该显示出某一组织工作的详细流程，或者有时候是几个组织的工作。

3. 制订信息交换标准和要求

在 BIM 技术应用实施过程中，如果前一 BIM 应用所输出的信息与后一 BIM 应用所需输入的信息不能完全吻合，其原因不仅和软件的开发水平相关，还与每个 BIM 应用所处的项目进展阶段、应用的人员和应用目标和功能相关。BIM 技术的应用涉及项目实施的多个参与单位和多个参与专业人员，定义 BIM 信息交换标准和要求就成为保障 BIM 应用能获得所期望效果的必要工作。一般应考虑以下因素。

（1）信息接收方

确定需要接收信息并执行后续 BIM 应用的项目团队或成员。

（2）模型文件类型

列出在 BIM 应用中使用的软件名称及版本号，这对于确定 BIM 应用之间的数据互用是必要的。

（3）建筑元素分类标准用于组织模型元素

目前，国内项目可以借用美国普遍采用的分类标准 Uni-Format，或已被纳入美国国家 BIM 应用标准的最新分类标准 Omniclass。

（4）信息详细程度

信息详细程度可以选用某些规则，如美国建筑师协会定义的模型开发级别（LOD，Level of Development）规则等。

（5）解释未被描述清楚的内容

完成适当的流程图后，应该清楚地识别项目参与方之间的信息交换。对于项目团队成员，尤其是对于每次信息的发出者和接收者来说，清楚地理解信息内容是非常重要的。

4. 定义 BIM 实施的软硬件基础设施

BIM 实施的软硬件基础设施主要是指在明确应用目标和信息交换要求和标准的基础上，确定整个技术实施的软硬件和网络配置方案，这些基础设施是保障 BIM 实施的基础和必要条件，一般包括计算机技术和项目管理治理环境两部分内容。

第三节 BIM 实施规划的控制

一、BIM 应用的协调人

（一）BIM 应用协调人的角色及职责定位

项目实施阶段的 BIM 应用需要项目参与方具备 BIM 专门人才、软件及硬件，使 BIM 价值得到有效实现。基于项目参与方角色及定位的不同，不同项目参与方的 BIM 协调人的角色和职责不同。通常情况下，项目的承发包模式决定了项目参与方的角色和数量。一般 BIM 应用协调人可以分为设计方 BIM 协调人、施工方 BIM 协调人及业主方 BIM 协调人。业主方 BIM 协调人通常是 BIM 应用的总体协调，基于业主团队能力及管控模式，有时业主不设该职位。接下来将分析业主方 BIM 协调人、设计方 BIM 协调人和施工方 BIM 协调人的角色及职责定位。

1. 业主方 BIM 应用协调人

业主方是项目的总集成者，同时具有契约设计权。业主方是 BIM 应用的主要推动者。业主方 BIM 应用协调人应负责执行、指导和协调所有与 BIM 有关的工作，确保设计模型和施工模型的无缝集成和实施，包括在项目规划、设计、技术管理、施工、运营和总体协调以及在所有和 BIM 相关的事项上提供权威的建议、帮助和信息，协调和管理其他项目参与方实施 BIM。在项目实践中，业主方项目管理能力及 BIM 应用能力不同，业主方 BIM 应用协调人职责定位也会不同。基于美国陆军工程兵团的一份研究报告对 BIM 协调人的主要职责划分，业主方 BIM 应用协调人的主要角色及职责可分为以下四部分。

（1）数据库管理（25% 的时间）

①基于工作经验、完整的工程知识和一般设计要求以及其他相关成员的意见，制定和维护一个标准数据集模板、一个面向标准设施的专门数据集模板以及模块目录和单元库，准备和更新这些数据产品，供内部和外部的设计团队、施工承包商、设施运营和维护人员用于项目整个生命周期内的项目管理工作。

②审核在使用 BIM 设计项目过程中产生的单元（例如门、窗等）和模块（例如卫生间、会议室等），同时把最好的元素合并到标准模板和标准库里。审核所有信息，以保证它们与有关的标准、规程和总体项目要求一致。

③协调项目实施团队、软硬件厂商、其他技术资源和客户，直接负责解决和确定与数据库相关的各种问题。确定来自组织其他成员的输入要求，维护和所有 BIM 相关组织的联络，及时通知标准模板和标准库的任何修改。

④作为基于 BIM 进行建筑设计的设计团队、使用 BIM 模型产生竣工文件的施工企业、使用 BIM 导出模型进行设施运营和维护的设施管理企业的接口，为其提供对合适的数据集、库和标准的访问，在上述 BIM 用户需要的时候提供问题解决和指引。

⑤对设计和施工提交内容跟各自合同规定的 BIM 有关事项一致性提供审核和建议，把设计团队和施工企业产生的 BIM 模型中适当的元素并入标准数据库。

（2）项目执行（30% 的时间）

①协调所有内部设计团队在 BIM 环境中做项目设计时遇到的有关软硬件方面的问题。

②对设计团队的构成给管理层提出建议。

③和设计团队成员、软件厂商、客户等协调安排项目启动专题讨论会的一应事项。

④基于项目和客户要求设立数字工作空间和项目初始数据集。

⑤根据需要参加项目专题讨论会，包括为项目设计团队成员提供培训和辅导。

⑥随时为设计团队提供疑难解答。

⑦监控和协调模型的准备及支持项目设计团队完成最后的产品所需的必要信息的组装工作。

⑧监控 BIM 环境中生产的所有产品的准备工作。

⑨监控和协调所有项目需要的专用信息的准备工作及支持所有生产最终产品必需的信息的组装工作。

⑩审核所有信息保证其符合标准、规程和项目要求。确定各种冲突并把未解决的问题连同建议解决方案一起呈报上级主管。

（3）培训（20% 的时间）

①提供和协调最大化 BIM 技术利益的培训。

②根据需要协调年度更新培训和项目专题培训。

③根据需要本人参与更新培训和项目专题研讨培训班。

④根据需要在项目设计过程中对 BIM 个人用户提供随时培训。

⑤和设计团队、施工承包商、设施运营商组织接口，开发和加强他们的 BIM 应用能力。

⑥为管理层提供有关技术进步及相应建议、计划和状态的简报。

⑦给管理层提供员工培训需要和机会的建议。

⑧在有需要和被批准的前提下为会议和专业组织做 BIM 演示介绍。

（4）程序管理（25% 的时间）

①管理 BIM 程序的技术和功能环节，最大化客户的 BIM 利益。

②和业主总部、软件厂商、其他部门、设计团队及其他工程组织接口，BIM 相关工程设计、施工、管理软硬件技术的前沿。

③本地区或部门有关 BIM 政策的开发和建议批准。

④为管理层和客户代表介绍各种程序的状态、阶段性成果和应用的先进术。

⑤与设计团队、业主方总部、客户和其他相关人员协调，建立本机构的 BIM 应用标准。

⑥管理 BIM 软件，实施版本控制，研究的同时为管理层建议升级费用。

⑦积极参与总部各类 BIM 规划、开发和生产程序的制定。

2. 设计方 BIM 应用协调人

作为设计方 BIM 工作计划的执行者，项目设计方需要设立设计方 BIM 应用协调人。其应具备足够年限的 BIM 实施经验，精通相关 BIM 程序及协调软件，基于项目 BIM 实施过程相关问题与项目业主方或施工方进行沟通与协调。其通常具有以下角色和职责：

①制订并实施设计方 BIM 工作计划。

②与业主方 BIM 应用协调人协调项目范围相关培训。

③协调软件培训及文件管理、建立高效应用软件的方案。

④与业主团队及项目 IT 人员协调建立数据共享服务器。包括与 IT 人员配合建立门户网站、权限设置等。

⑤负责整合相关协调会所需的综合设计模型。促进综合设计模型在设计协调与碰撞检查会议中的有效应用，并提供所有软碰撞和硬碰撞的辨识和解决方案。综合设计模型是基于设计视角构建的模型，包括建筑、结构、MEP等完整设计信息，要求其与施工图信息一致。

⑥提供设计方 BIM 模型的建模质量控制与检查。

⑦推动综合设计模型在设计协调会议中的应用。

⑧确保 BIM 在设计需求和标准测试方面的合理应用。

⑨与项目 BIM 团队及 IT 人员沟通，确保软件的安装和有效应用。

⑩与软件商沟通，提供软件应用反馈和错误报告，并获取相关帮助。

⑪提供 BIM Big Room 相关说明，并获取业主认可。

⑫联系 BIM 技术人员推进 BIM 技术会议。

⑬确保设计团队理解、支持及满足业主 BIM 主要目标及要求。

⑭确保所有团队人员共享使用同一模型参照点。

⑮与业主团队协调模型及数据交换流程。

⑯协调 BIM 模型传递及关键事件节点。

⑰与业主方 BIM 应用协调人协调，确保 BIM 最终交付成果的完成。

⑱确保设计合同中的设计交付成果以特定格式提供。

3. 施工方 BIM 协调人

作为施工方 BIM 工作计划的执行者，总包方应该委派专门的施工方 BIM 协调人。其应具备一定年限的 BIM 实施经验，能够满足项目复杂性要求，具备灵活应用 BIM 软件和帮助发现可施工性问题的能力。其通常具有以下角色和职责：

①与业主方 BIM 协调人和施工团队沟通 BIM 相关问题。

②施工前及施工过程中，与 IT 一起建立和维护门户及权限。

③与设计团队沟通，确保施工团队所需施工数据提取及相关需求满足。

④与设计团队协调，确保设计变更及时在 BIM 模型中更新和记录。

⑤在批准和安装前，集成预制造模型与综合设计模型，确保符合设计意图。

⑥负责施工 BIM 模型的构建与维护，确保建成信息及时在模型中更新。

⑦推动施工阶段充分协调模型在施工协调和碰撞检查会议中的有效应用，提供软碰撞和硬碰撞的辨识和解决方案。

⑧协调软件培训及制订施工团队有效应用 BIM 的软件方案。

⑨为施工方 BIM Big Room 制订说明书并提交业主批准。确保施工团队必需的硬件及 BIM 软件。

（二）BIM 应用协调人能力要求

BIM 应用协调人能力由其角色和职责决定。

1. BIM 软件操作能力

即 BIM 专业应用人员掌握一种或若干种 BIM 软件使用的能力，这至少应该是 BIM 模型生产工程师、BIM 信息应用工程师和 BIM 专业分析工程师三类职位必须具备的基本能力。

2. BIM 模型生产能力

这一能力是指利用 BIM 建模软件建立工程项目不同专业，不同用途模型的能力，如建筑模型、结构模型、场地模型、机电模型、性能分析模型、安全预警模型等，是 BIM 模型生产工程师必须具备的能力。

3. BIM 模型应用能力

这一能力是指使用 BIM 模型对工程项目不同阶段的各种任务进行分析、模拟、优化的能力，如方案论证、性能分析、设计审查、施工工艺模拟等，是 BIM 专业分析工程师需要具备的能力。

4. BIM 应用环境建立能力

这一能力是指建立一个工程项目顺利进行 BIM 应用而需要的技术环境的能力，包括交付标准、工作流程、构件部件库、软件、硬件、网络等，是 BIM 项目经理在 BIM IT 应用人员支持下需要具备的能力。

5. BIM 项目管理能力

这一能力是指按要求管理协调 BIM 项目团队实现 BIM 应用目标的能力，包括确定项目的具体 BIM 应用、项目团队建立和培训等，是 BIM 项目经理需要具备的能力。

6. BIM 业务集成能力

这一能力是指集成 BIM 应用和企业业务目标的能力，包括确认 BIM 对企业的业务价值、BIM 投资回报计算评估、新业务模式的建立等，是 BIM 战略总监需要具备的能力。

BIM 应用协调人是建设项目由传统 CAD 技术向 BIM 技术转换或过渡的

关键角色之一。根据上节对 BIM 应用协调人角色及职责定位的分析得知，其应具备以下两方面的能力。

一是工程专业能力，是指完成工程项目全生命期过程中某一种和几种特定专业任务的能力，例如建筑设计、机电安装、运营维护等。其基于工程项目的全生命周期可分为设计、施工及运营三个阶段，每个阶段又有不同的专业和分工。例如，设计阶段的建筑、结构、设备、电气等专业，施工阶段的土建施工、机电安装、施工计划、造价控制等，运营阶段的空间管理、资产管理、设备维护等。

该部分能力的分类及构成与高校建筑工程类专业划分有关，其一般由 BIM 应用协调人的专业背景及从业经验决定。

二是 BIM 能力，是指应用 BIM 工具给建设项目带来增值的能力。关于 BIM 能力，学术界和实业界尚未有统一的定义，仅有相关研究文献对其进行了概括，其中较为全面的是 Succar 教授总结的 BIM 能力集合（BIM Competency Sets），其把 BIM 能力分为技术、过程和政策三类。

二、BIM 应用的质量控制

BIM 实施过程质量控制对 BIM 实施效果有很大的影响，因此需要对实施过程进行质量控制。BIM 应用的质量决定了能否给项目带来增值。BIM 应用过程中，必须结合 BIM 实施的特点，采用质量控制的方法和程序，才能保证 BIM 的顺利实施。BIM 应用质量控制是指使 BIM 技术应用满足项目需求而采取的一系列有计划的控制活动，它不同于传统 2D CAD 技术的应用，其质量控制的最为突出的特点是影响因素多，主要包括：

①项目 BIM 技术应用需求高低。

②项目承发包模式及参建各方 BIM 应用过程协作情况。

③参建各方对项目 BIM 应用价值的认知。

④参建各方 BIM 实施能力。

⑤BIM 应用实施受项目相关投入的制约。

第七章 BIM 协同应用管理

第一节 BIM 与协同

一、概述

（一）协同的定义

"协同"（Collaboration）一词，最早源于古希腊，通俗地讲就是协调合作。Ansoff（1979）从经济学意义上借用投资收益率确立了"协同"的含义，即为什么企业整体价值有可能大于各部分价值的总和，形成协同效应。可以这样说，协同的定义往往限定于一个特定的环境，协同涉及两个或两个以上的人（或个体），他们彼此之间交互，为了实现共同的工作目标，从事单一事件或一系列工作的活动。需要注意的是，信息不充分、信息缺失或信息扭曲都会引发协同方面的问题，信息不完全或不对称加大了行为与决策过程的不确定性。因此，信息处理、信息集中和信息共享是协同战略或协同机制中不可缺少的组成部分。综上，将 BIM 与协同结合使建筑行业提升工作效率成为可能。

本书中所指的协同管理是建设工程项目中各参与方构成一个复杂社会网络，由于彼此之间的相互协作与竞争，在共同实现项目交付以及各自战略目标的基础上，充分利用 BIM 管理手段，建立合适的网络组织动态合作关系，在激励机制的保障下，依托信息技术协同来实现信息共享，实现利益与风险合理分配，所形成的工程项目管理系统内在特定规律性机制。

（二）BIM 协同管理效应具有差异性

在不同项目中，BIM 的应用范围、应用阶段、应用技术、应用组织及应用方式等都会有所不同，因此对跨组织协同的要求是不同的，这会引起 BIM

跨组织协同效应的差异性。要有效实现基于 BIM 的协同效应，项目各参与方需要加强跨组织间功能活动的协调与管理。不同项目参与方有着不同的 BIM 应用范式（Paradigms），项目各参与方的跨组织范式实践的差异性也将增加 BIM 跨组织协同效应的差异性。

作为建筑业的跨组织技术，BIM 在建设项目中应用时，权力较大的一方（如业主）可以使用激励或是强迫其他参与方采用 BIM，却无法命令项目其他参与方为 BIM 成功应用相互合作或相互配合。如何鼓励建设项目各参与方有效应用 BIM，成为 BIM 情境下建设项目管理的重要议题之一。

（三）BIM 协同应用管理的意义

1. 组织运行层面的意义

BIM 是建设项目信息共享中心，更是团队成员的合作平台。首先，基于 BIM 应用平台，项目成员可以实现信息的及时交流和在线通信，避免合作时在时间和空间上存在隔阂，有利于组织效率的提高和合作气氛的形成。其次，应用 BIM 可以避免设计和施工信息的分离，使分离的信息集合起来，集中存取，统一管理，通过设计考虑施工的可行性来提高设计与施工的协调度和受控度，降低现场操作难度。最后，基于 BIM 协同应用的工程项目交付和运营，在海量的信息支撑下变得简化、高效；可以克服传统模式下交付过程二维图纸抽象、不完善、信息存储分散无关联的缺点，建筑设施的空间位置、数量大小、使用性能等基本信息得到了很好的集成，避免了交付时项目信息的缺失和离散。

2. 技术支撑层面的意义

BIM 协同应用支持多项设计与施工整合技术的实现。首先，基于业主需求，BIM 可实现精益建造建筑、结构、装饰、机电等设计过程的高度集成，使专业工程师能够在同一平台上同时进行设计工作，消除模型冲突。通过场地分析、方案论证、可视化管控、动态优化来避免重复设计，减少设计变更和大量返工。其次，BIM 的 VDC 技术及匹配软件可实现精益建造的建筑性能、碰撞检测、规范验证、系统协调等可视化分析，在信息完整的设计模型上模拟现场施工。最后，利用 BIM 的直观虚拟动画，可提前安排施工场地布置、具体施工操作演示，实现施工流程与关键工序在设计阶段的优化及改进，减少施工阶段的浪费。总之，BIM 能够按照顾客的需求协同应用于设计与施工的整合，使设计流与施工流得到持续优化，实现价值链的不断增值。

二、BIM 与工程参与主体的协同

工程建造活动能否顺利进行，很大程度上取决于各参与方之间信息交流的效率和有效性，许多工程管理问题如成本的增加、工期的延误等都与项目组织中各参与方之间的"信息沟通损失"有关。工程项目全生命周期一般由策划、设计、施工和运营等阶段构成，传统管理模式按照全生命周期的不同阶段来划分，即每个阶段由不同的项目参与方来完成。在建设过程中，不同参与方的管理是分割的。然而，由于专业分工及各参与方介入工项目的时间差等问题，上游的决策往往不能充分考虑下游的需求，而下游的反馈又不能及时传达给上游，造成了信息管理中的"孤岛现象"，使项目各参与方处于孤立的生产状态，不同参与方的经验和知识难以有效集成、不同阶段产生的大量资料和信息难以得到及时传递和沟通，容易出现信息失效、内容短缺、信息内容扭曲、信息量过载、信息传递延误、信息沟通成本过高等一系列问题，加大了项目控制难度，造成工期拖延、成本增加及工程质量得不到保证等众多问题。传统模式下"分工合作"导致的问题主要包括设计过程的建筑、结构、设备等各专业间缺乏协调，设计深度不够，施工过程各参与方信息交流不畅，工程变更频繁等。

基于 BIM 的工程项目管理，以 BIM 模型为基础，为建筑全生命周期过程中各参与方、各专业合作搭建了协同工作平台，改变了传统的组织结构及各参与方的合作关系，为项目业主和各参与方提供项目信息共享、信息交换及协同工作的环境，从而实现了真正意义上的协同工作。

（一）设计—施工协同

在设计、施工总承包模式下，施工单位在施工图设计阶段就可以介入项目，根据以往的施工经验，与设计单位共同商讨施工图是否符合施工工艺和施工流程的要求等问题，提出设计初步方案的变更建议，然后由设计方做出变更及进度、费用的影响报告，由业主审核批准后确定最终设计方案。

（二）各专业设计协同优化

基于 BIM 的项目管理在设计过程中，各个专业，如建筑、结构、设备（暖通、电、给排水）的设计在同一个设计模型文件中进行，多个工种在同一个模型中工作，可以实时地进行不同专业之间及各专业内部之间的碰撞检测，及时纠正设计中的管线碰撞、几何冲突问题，从而优化设计。因此，施工阶段依据在 BIM 指导下的完整、统一的设计方案进行施工，就能够避免诸多工程接口冲突、变更、返工问题。

（三）施工环节之间不同工种的协同

BIM 模型能够支持从深化设计到构件预制再到现场安装的信息传递，将设计阶段产生的构件模型供生产阶段提取、深化和更新。例如，将 BIM 3D 设计模型导入专业的构件分析软件 Tekla 里，完成配筋等深化设计工作。同时，自动导出数控文件，完成模具设计自动化、生产计划管理自动化、构件生产自动下料工作，实现构件设计、深化设计、预制构件、加工、预安装一体化管理。

（四）总包与分包的协同

BIM 技术能够搭建总承包单位和分包单位协同工作平台。由于 BIM 模型集成了建筑工程项目的多个维度信息，可以视为一个中央信息库。在建设过程中，项目各参与方在此中央信息库的基础上协同工作，可将各自掌握的项目信息进行处理并上传到信息平台，或者对信息平台上的信息进行有权限的修改，其他参与方便可以在一定条件下通过信息平台获取所需要的信息，实现信息共享与信息高效率、高保真率地传递流通。

以 BIM 技术为基础的工程项目建设过程是策划、设计、施工和运营集成后的一体化过程。事实上，在工程管理全过程中，每一个阶段的结束与下一个阶段的开始都存在工作上的交叉与协作，信息上的交换与复用。而 BIM 则为建设工程中各阶段的参与主体提供了一个共享的工作平台与信息平台。基于 BIM 的工程管理能够实现不同阶段、不同专业、不同主体之间的协同工作，保证了信息的一致性及在各个阶段之间流转的无缝性，提高了工程设计、建造的效率。相关参与方在设计阶段能有效地介入项目，基于 BIM 平台进行协同设计，并对建筑、结构、水暖电等各个专业进行虚拟碰撞分析，用以鉴别"冲突"，对建筑物的能耗性能模拟分析。所有工作都基于 BIM 数字模型与平台完成，保证信息输入的唯一性，这是一个快速、高效的过程。在施工过程中，还可以将合同、进度、成本、质量、安全等信息集成至 BIM 模型中，形成整体工程数字信息库，并随着工程项目的生命延续而实时扩充项目信息，使每个阶段各参与方都能够根据需要实时、高效地利用各类工程信息。

第二节 设计阶段 BIM 协同管理

一、BIM 协同方法

（一）BIM 协同方式

基于 BIM 的协同设计是通过 BIM 软件和环境，以 BIM 数据交换为核心的协作方式，取代或部分取代了传统设计模式下低效的人工协同工作，使设计团队打破传统信息传递的壁垒，实现信息之间的多向交流。它减轻了设计人员的负担，提高了设计效率，减少了设计错误，为智慧设计、智慧施工奠定了基础。

一般情况下，可以把设计企业的协同工作分为基于数据的设计协同和基于流程的管理协同两个层面。对于设计企业而言，由于项目的 BIM 应用时期不同，参与专业不同，会有不同的协同要求和协同方法。基于 BIM 的设计协同工作主要可分为以下几个方面：

①同一时期同一专业的 BIM 协同。

②同一时期不同专业之间的 BIM 协同。

③设计阶段不同时期的 BIM 协同。

基于 BIM 的协同设计需要在一定的网络环境下实现项目参与者对设计文件（BIM 模型，CAD 文件等）的实时或定时操作。由于 BIM 模型文件比较大，对网络要求较高，一般建议是千兆局域网环境，对于需要借助互联网进行异地协同的情况，鉴于目前互联网的带宽所限，暂时还难以实现实时协同的操作，建议采用在一定时间间隔内同步异地中央数据服务器的数据，实现"定时节点式"的设计协同。

（二）协同设计要素

1. 协同方式的选择

选择适合项目特点和需求的协同方式，协同建模通常有两种工作模式，"工作集模式"和"链接模式"，或者两种方式混合。

2. 统一坐标和高程体系

坐标和高程是项目实现建筑、结构、机电全专业间三维协同设计的工作基础和前提条件。以 Revit 为例，可使用"共享坐标"记录链接文件的相对位置，在重新制定链接文件时，可以使用"共享坐标"达到快速定位的目的，提高合模的效率和精度。并且所有模型文件应采取统一的高程体系，否则合模后的模型会出现建筑物各专业高程不统一的问题。此外，还要特别注意设定好建筑物水平方向与总图中城市坐标体系的偏差角度。

3. 项目样板定制

项目样板定义了项目的初始状态，如项目的单位、材质设置、视图设置、可见性设置、载入的族等信息。合适的项目样板是高效协同的基础，可以减少后期在项目中的设置和调整，提高项目设计的效率。设计人员根据不同项目的特征，在模板中预先加载所需的建筑、结构、机电等构件族，并定义好部分视图的名称和出图样板，形成一系列项目模板。协同设计团队人员只需要浏览"默认样板文件"，即可调用指定的样板文件。例如，在脱水机房项目模板中，可以预先将常用的退水机、螺杆泵、污泥切割机等必要的构件族载入项目，基本上可以满足建模乃至出图的要求，而不用花费大量的精力查询和载入族。

Revit 中创建项目样板有两种方法。其中一种方法是在完成设计项目后，单击"应用程序菜单"按钮，在列表中选择"另存为项目样板"命令，可以直接将项目保存为".rte"格式的样板文件。另一种方法是通过修改已有项目样板的项目单位、族类型、视图属性、可见性等设置形成新的样板文件并保存。通过不断地积累各类项目样板文件，形成丰富的项目样板库，可以大大提高设计工作的效率。

4. 统一建模细度和建模标准

建模细度（LOD）是描述一个 BIM 模型构件单元从概念化的程度发展到最高层次的演示级精度的步骤。设计人员建模时，首要任务就是根据项目的不同阶段以及项目的具体目的来确定模型细度等级，根据不同等级所概括的模型细度要求来确定建模细度。只有基于同一建模细度创建模型，各专业之间模型协同共享时才能最大限度地避免数据丢失和信息不对称。建模细度等级的另一个重要作用就是规定了在项目的各个阶段各模型授权使用的范围。例如，BIM 模型只进展到初步设计模型细度，则该模型不允许应用于设计交底，只有模型发展到施工过程模型时才能被允许，否则就会给各参与方带来不必要的损失。类似内容需要合同双方在设计合同附录中约定。

在建筑设计过程中，不同专业可能应用不同 BIM 软件，由于执行的建模标准不同，将不同专业模型集合在一起时，就需要遵循统一的公共建模规则，以便最大限度地减少整合后的错误。为了能够准确整合模型，确保模型集成后能统一归位、规范管理，保证模型数据结构与实体一致，就需要在 BIM 平台软件中预先定义和统一模型楼层结构标准及 ID、楼层名称、楼层顶标高、楼层的顺序编码等。除此之外，还需建立公共的建模规范，例如，统一度量单位，统一模型坐标，统一模型色彩和名称等。在 BIM 技术深入发展的过程中，设计人员可以制定项目级的协同设计标准；企业可以根据自身的状况制定企业级 BIM 协同设计标准；行业可以制定符合行业发展要求的行业 BIM 标准。

5. 工作集划分和权限设置

设计工作中，每一个单体建筑物的设计团队均由不同专业的若干设计人员组成，Revit 可通过使用工作集来区分模型图元及所属信息，结合二者的特点，项目负责人按照专业划分工作集，将项目参与人员和工作集进行对应，从而借助"工作集"分配工作任务。Revit 的工作集，将设计参与人员的工作成果通过网络共享文件夹的方式保存在中央服务器上，并将他人修改的成果实时反馈给设计参与者，以便其及时了解修改和变更。工作集必须由项目负责人在开始协作前建立和设置，并指定共享存储中心文件的位置，设置所有参与设计人员的调用权限，不允许随意修改或获取其他工作集。当其他人员需要编辑非本人所属工作集中的图元时，必须经该工作集负责人员同意。当设计人员完成工作关闭项目文件时，为防止工作集被其他人员误改，建议勾选"保留对图元和工作集的所有权"选项。

通过打开各工作集中的模型，设计负责人可以及时了解项目各专业人员的进度和修改情况，从而避免在传统二维设计中经常出现的由于不同专业间相互交接图纸及图纸频繁更新而导致的专业间图纸版本不一致问题。工作集是 Revit 中较为高级的协作方式，软件操作并不十分困难，需要特别注意设计人员的分配、权限设置及构件命名规则、文件保存及命名规则等。

6. 模型数据、信息的整合

协同设计必然要涉及模型整合的问题，而模型整合涉及坐标位置的整合和模型数据、信息的整合。对于设定了共享坐标系的单体模型而言，模型的整合十分便捷。不同的 BIM 应用软件生成的模型数据格式并不一致，而且需要考虑多个模型的转换和集成，目前虽然 IFC/GFC 接口标准以及各类软件之间研发的接口可以利用，但是也会造成数据的丢失和不融合。这是目前制约 BIM 协同设计模式发展的重要症结，要解决此问题，一方面需要设计人员严格遵循相关 BIM 模型搭建规则和规范，另一方面也需要工程技术人员不断地研发创新，开发出更优质的数据接口和插件。

在工程建设领域，随着信息技术的发展，BIM 设计方法最终会应用在建筑设计的全过程中。本节所提出的设计阶段的 BIM 模型的协同管理不同于传统意义上的二维协作设计，协同化设计的组织与流程也与目前绝大多数设计单位先完成二维施工图，再根据施工图建立 BIM 模型的做法截然不同，是建筑设计者直接利用 BIM 核心建模软件进行协同化设计，并基于 BIM 模型输出设计成果的组织与流程。

二、设计阶段 BIM 模型协同管理的组织与流程设计

在设计阶段，BIM 模型协同管理的组织与流程可以表达如下。

（一）定义 BIM 模型实施的目标和应用

BIM 目标是项目实施 BIM 的核心。BIM 目标可以分为项目型 BIM 目标

和企业级 BIM 目标，前者是完成特定合同或协议的 BIM 要求，关注于技术的实现和突破，后者是依托 BIM 技术实现企业的长期战略规划，关注于企业整体的资源整合、流程再造和价值提升。

（二）编制企业级 BIM 协同设计手册

设计项目采用 BIM 技术之前编制企业级 BIM 协同设计手册已经成为业内共识。目前，BIM 的国家标准正编制和颁布中，地方标准也在陆续发布。企业可参照这些规范和标准并结合自身情况编制自己的企业 BIM 导则，指导生产实际。企业级 BIM 协同设计手册包含的主要内容如表 7-1 所示。

表 7-1 企业级 BIM 协同设计手册包含的内容

章节	主要内容	作用
BIM 项目执行计划模板	项目信息；项目目标；协同工作模式；项目资源需求	帮助 BIM 项目的负责人快速确认项目信息，确立项目目标，选用协同工作标准并明确项目资源需求
BIM 项目协同工作标准	针对不同项目类型可选用的协同工作流程及流程中各阶段的具体工作内容和要求；各专业间设计冲突的记录方式和解决机制；数据检验方法	规定协同工作流程，确立数据检验及专业间协调机制，保障各专业并行设计工作顺利进行
数据互用性标准	设计过程汇总可采用的 BIM 核心建模软件平台、协同平台和专业软件等；软件版本要求	明确适用于不同项目的 BIM 相关软件。明确核心建模软件与专业分析设计软件之间的数据传输准则，保证 BIM 设计的畅通。
数据划分标准	项目划分的准则和要求；各专业内和专业间的分工原则和方法	确保项目工作的合理分解，为项目进度计划的制订及后期产值分配提供重要依据
建模方法标准	不同项目类型及不同项目阶段的 BIM 模型深度细节的要求；标准建模操作	规定建模深度，避免深度不够导致信息不足，或细节过高导致创建效率低下；规范建模操作，避免模型传递过程中信息丢失
文件夹结构及命名规则	文件夹命名规则；文件命名规则；文件存储和归档规则	建立项目数据的共享、查找、归档机制，方便协同工作进行
显示样式标准	一般显示规则；模型样式；贴图样式；注释样式；文字样式；线型线宽；填充样式	形成统一的 BIM 设计成果表达样式

（三）BIM 项目执行计划

BIM 设计团队必须充分考虑自身情况，对项目实施过程中可能遇到的困难进行预判，严格规定协同工作的具体内容，才能保证项目的顺利完成。在一个典型的 BIM 项目执行计划书中，应包含项目信息、项目目标、协同工作模式以及项目资源需求，如表 7-2 所示。

表 7-2 BIM 项目执行计划包含的内容

章节	主要内容
项目信息	项目描述、项目特殊性、项目阶段划分、项目负责人和参与者
项目目标	项目 BIM 目标、阶段性目标、项目会议日期、项目会审日期
协同工作模式	BIM 规范、软件平台、模型标准、数据生效协议、数据交互协议
项目资源需求	专家、共享数据平台、硬件需求、软件需求、项目特殊需求

（四）组建项目工作团队

1. 组织架构

BIM 设计团队由三大类角色组成，即 BIM 经理、BIM 设计师（各专业负责人）和 BIM 协调员。

BIM 项目团队中最重要的角色是 BIM 经理。BIM 经理负责和 BIM 项目的委托者沟通，能够充分领会其意图的同时，还要对现阶段 BIM 技术的能力范围有充分的了解，从而可以明确地告知委托者能在多大程度上满足其要求。BIM 经理必须具备丰富的工程经验，了解建筑项目从设计到施工各个环节的运转方式和 BIM 项目委托者的需求，熟悉 BIM 技术，还要在一定程度上懂得设计项目管理。

除了 BIM 经理，BIM 项目团队通常要配齐各专业经验丰富的设计师和工程师，并且要求他们熟练掌握 BIM 相关软件，或者为他们配备能熟练掌握 BIM 软件的 BIM 建模员。BIM 协调员是介于 BIM 经理和 BIM 设计师之间的衔接角色。他负责协同平台的搭建，在平台上把 BIM 经理的管理意图通过 BIM 技术实现，负责软件和规范的培训、BIM 模型构件库管理、模型审查、冲突协调等工作。BIM 协调员还应协助 BIM 经理制订 BIM 执行计划，监督工作流程的实施，并协调满足整个项目团队的软硬件需求。

2. 项目团队工作方式

鉴于完善的模型分类及文件组织标准，通常在项目中实施"主模型"的工作机制。实施流程为：明确业主需求→设计阶级应用→ BIM 工作→ BIM 工作开展→设计阶段→ BIM 的实施规划→启动会议→ BIM 工作结束。

在团队协同过程中，模型根据不同业态、不同区域、不同楼层、不同专业、不同构件类别进行拆分，通常为 Revit 文件、FBX 文件、AutoCAD 文件及其他各种通用模型格式，它们通过文件组织关系组合成单体模型并用 NWC 保存，NWC 之间组成项目的整体模型。这样做的目的是保证 Revit 等文件一有更新，与之链接的 NWC 将自动更新，保证主模型的准确性、有效性、及时性，同时，工程师只要进行模型局部修改即可完成模型更新工作。

（五）工作分解

这个阶段的主要工作是预估具体设计工作的工作量，并分配给不同项目成员。例如，建筑、结构专业可按楼层划分；MEP 专业可按楼层划分，也可按系统划分。划分好具体工作，可作为制订项目进度计划及后期产值分配的重要依据。

（六）建立协同工作平台

为保证各专业内和专业间 BIM 模型的无缝衔接和及时沟通，BIM 项目需要在一个统一的平台上完成。协同工作平台应具备的基本功能是信息管理和人员管理。

1. 信息管理最重要的一个方面是信息的共享

所有项目相关信息应统一放在一个平台上管理使用。设计规范、任务书、图纸、文字说明等文件应当能够被有权限的项目参与人很方便地调用。BIM 设计传输的数据量比传统设计大很多，通常一个普通 BIM 模型文件有几百兆，如果没有一个统一的平台承载信息，设计的效率会非常低。信息管理的另一方面是信息安全。BIM 项目中很多信息是企业的核心技术，这些信息如果被外传会损害企业的核心竞争力。

2. 在人员管理上，要做到每个项目的参与人登录协同平台时都应进行身份认证

这个身份与其权限、操作记录等挂钩。通过协同平台，管理者应能够方便地控制每个项目参与者的权力和职责，监控其正在进行的操作，并可查看其操作的历史记录，从而实现对项目参与者的管控。

（七）BIM 项目实施

前述工作基本都是为项目的执行作准备，准备工作多也是 BIM 项目的特点之一。BIM 项目具体实施时，项目参与者要各司其职，建模、沟通、协调、修改，最终完成 BIM 模型。BIM 模型的建立应根据其细化程度分阶段完成。不同等级的 BIM 模型用在不同的设计阶段输出成果，完成了符合委托者要求的 BIM 模型之后，可基于该 BIM 模型输出二维图纸、效果图、三维电子文档和漫游动画等设计成果。

第三节　施工阶段 BIM 模型协同工作

一、BIM 与工程施工的协同应用管理

（一）工程总承包模式对承包商应用 BIM 的意义

"工程总承包"具有中国语境意义，工程总承包一般采用设计—采购—施工总承包或者设计—施工总承包模式，也可根据项目特点和实际需要采用其他工程总承包模式。工程总承包组织模式预设了设计和施工的双重责任。在施工范围、总预算和总进度都确定之后，它们就对几乎所有与项目有关的问题承担单方面责任。工程总承包模式降低了业主的风险，因为它消除了出现问题时设计方和施工方的责任纷争。BIM 技术在工程总承包公司中的使用是具有优势的，因为它会使在项目早期整合项目团队成为可能，可以专业化建模，并可与所有团队成员分享模型。然而，如果工程总承包公司按传统方式组建，使用二维或三维 CAD 设计工具的设计师在设计完成后仅仅将图纸和其他相关文件交接给施工组的话，BIM 的重要优势就无法体现了。在这种情况下，因为建筑模型必须在设计完成后才能创建，就失去了大部分 BIM 技术所能带给项目的价值。虽然它依旧可以带来一些价值，但是它忽略了 BIM 所能带给施工管理团队的一个主要价值，那就是它可以整合设计和施工，使之达到真正一体化。这种整合的缺失正是许多项目的致命弱点。

（二）承包商希望从 BIM 中得到的信息

工程项目的成功建设依赖项目各参与方的交流和协作。通过应用 BIM，承包商可以从设计单位那里得到 BIM 模型并用于成本核算、沟通协调、施工计划、构件预制、采购以及其他的施工活动。

BIM 利用三维可视化的模型及庞大的数据库对工程施工的协同管理提供技术支持。在施工企业内部的组织协调管理工作中，通过 BIM 模型统计出来的工程量合理安排人员和物资，做到人尽其用、物尽其用。在施工企业对外的组织协调工作中，通过采用 BIM 的可视化模型为各方协同工作创造条件，通过协调会议的方式讨论现场可能出现的交叉情况，项目各参与方通过 BIM 的可视化模型进行信息交流，在一个协同工作的环境中，帮助项目各参与方

统一建设目标，并对施工过程达成共识。

1. 基于 BIM 的现场整合应用

（1）现场指导

以 BIM 模型和 3D 施工图代替传统二维图纸指导现场施工，避免现场人员由于图纸误读引起施工出错。

（2）现场校验

无论采取何种措施，现场出错的问题都将永远存在，因此，如果能够在错误刚刚发生的时候发现并改正，对施工现场具有非常大的意义和价值。

（3）现场跟踪

利用激光扫描、GPS、移动通信、RFID 和互联网等技术与项目的 BIM 模型进行整合，指导、记录、跟踪、分析作业现场的各类活动，除了保证施工期间不产生重大失误以外，也为项目运营维护准备了准确、直观的 BIM 数据库。

把 BIM 模型和施工或运营管理现场的需求整合起来，再结合互联网、移动通信、RFID 等技术，形成 BIM 对现场活动的最大支持。

2. 基于 BIM 的造价管理

造价是工程建设项目管理的核心指标之一，造价管理依托两个基本工作：工程量统计（Quantity Take Off）和成本预算（Cost Estimation）。在 BIM 应用领域，造价管理又被称为 BIM 的 5D 应用。利用 BIM 为所有项目参与方提供了一个大家都可以利用的工程项目公共信息数据库，各个参与方可以从项目 BIM 模型中得到构件和部件信息，完成一系列各自负责的任务。例如，进度计划、精确采购计算、工程量统计、成本估算、多工程汇总分析、多算对比等。

基于 BIM 技术施工管理系统平台，将所有关联工程信息数据组织存储起来，形成一个多维度结构化的工程数据库，BIM 数据管理系统平台服务器具有强大的计算能力，系统客户端可以通过互联网访问服务器，对模型数据进行任意条件的瞬时统计分析、海量工程数据快速搜索等，基于 BIM 的 5D 工程造价过程管控可实现三算对比、精确采购、限额领料和精确的资源计划等，为工程决策提供数据支持。

3. 基于 BIM 的数据库化的施工文档管理

管理系统集成对文件的搜索、浏览、定位功能，所有操作在基于四维可视化的界面中进行，文档内容包括：勘察报告、设计图纸、设计变更；会议记录，施工进度、质量、安全照片，签证及技术核定单；设备相关信息、各种施工安装记录；其他建筑技术和造价资料相关信息等。

通过及时、准确、高效的数据获取提高施工过程中审批、流转的速度，提高工作效率。无论是资料员、采购员、预算员、材料员、技术员等工程管理人员，还是企业级的管理人员都能通过信息化的智能终端和 BIM 协同管理平台后台数据联通，保证各种信息数据及时准确的调用、查阅、核对。终极目标是实现无纸化施工档案交付。

现在的 BIM 工具还无法提供上述所有信息，大部分的 BIM 软件只能提供前两种信息。承包商需要注意的是从设计方得到的 BIM 模型无法包含所有施工所需的信息，有些信息需要施工方根据工作需要自己添加到模型中。例如，有关设施应用方面的分析数据，包括梁板的荷载、空调的制冷与制热的最大功率等，这些都是构件预制和空调管线承包商所需要的。构件的部分信息可以用来跟踪构件的设计和施工状态，此外，如果施工方的工作范围包括为业主运营提供服务，那么 BIM 模型还需要和业主的资产管理系统链接起来。

需要指出的是，设计和施工模型共享是 BIM 应用的理想方式，但在 BIM 应用初期实际项目中确实存在设计阶段没有应用 BIM，或设计模型主要用于表达设计意图而没有考虑施工应用需求的情况，这时需要根据施工图等已有工程文件创建施工模型。在描述典型 BIM 应用中，都考虑了承接上游模型和重新创建模型这两种情况。

二、施工阶段 BIM 模型协同内容及要素

（一）施工 BIM 模型协同内容

施工阶段的 BIM 具有不同于其他阶段的特点，主要体现在模型的创建方法、模型细度、模型应用和管理方式等方面。同样，BIM 也随施工阶段不同环节或任务有所不同。BIM 环境下的施工阶段协同管理实施流程实质就是明确各项目参与方在施工阶段的任务和责任。

1. 施工 BIM 应用策划

工程项目的施工 BIM 应用策划应与其整体计划协调一致。施工 BIM 应用策划应明确下列内容。

①主要 BIM 应用目标包括：多方案比选、全生命期分析、施工计划、成本估算。需完成主要 BIM 应用工作包括：深化设计建模、施工过程模拟、4D 建模、5D 造价等。

② BIM 应用范围和内容。"够用就好"是 BIM 应用的基本策略，过多、过细的信息将浪费工程项目的宝贵资源。因此，在 BIM 应用策划中应明确 BIM 应用目标和范围，并明确对应的模型细度，降低 BIM 应用投入，提升

BIM 应用效益。

③人员组织架构和相应职责。要详细描述项目团队协作的规程，主要包括模型管理规程。例如，命名规则、模型结构、坐标系统、建模标准、文件结构和操作权限等，以及关键的协作会议日程和议程。

④ BIM 应用流程。

⑤模型创建、使用和管理要求。

⑥信息交换要求。

⑦模型质量控制和信息安全要求。详细描述为确保 BIM 应用需要达到的质量要求，以及对项目参与者的监控要求、进度计划和应用成果要求。

⑧软硬件基础条件等。

BIM 应用流程编制宜分为整体和分项两个层次。整体流程应描述不同 BIM 应用之间的逻辑关系、信息交换要求及责任主体等。分项流程应描述 BIM 应用的详细工作顺序、参考资料、信息交换要求及每项任务的责任主体等。制定施工 BIM 应用策划可按下列步骤进行：

①确定 BIM 应用的范围和内容。

②以 BIM 应用流程图等形式明确 BIM 应用过程，规定 BIM 应用过程中的信息交换要求。

③确定 BIM 应用的基础条件，包括沟通途径以及技术和质量保障措施等。

④施工 BIM 应用策划及其调整应分发给工程项目相关方，工程项目相关方应将 BIM 应用纳入工作计划。

2. 施工 BIM 应用管理

工程项目相关方应明确施工 BIM 应用的工作内容、技术要求、工作进度、岗位职责、人员及设备配置等。工程项目相关方应建立 BIM 应用协同机制，制订模型质量控制计划，实施 BIM 应用过程管理。模型质量控制措施应包括下列内容：

①模型与工程项目的符合性检查。

②不同模型元素之间的相互关系检查。

③模型与相应标准规定的符合性检查。

④模型信息的准确性和完整性检查。

工程项目相关方宜结合 BIM 应用阶段目标及最终目标，对 BIM 应用效果进行定性或定量评价，施工 BIM 应用的成果交付应按合约规定进行，并总结实施经验，提出改进措施。项目 BIM 应用是工程任务的一部分，也应该遵循 PDCA（计划 Plan，执行 Do，检查 Check，行动 Action）过程控制和管理方法，因此制定 BIM 应用策划应该是 BIM 应用的第一步，并通过后期 BIM

应用过程管理逐步完善和提升。

（二）BIM 模型协同要素

1. 施工模型

施工模型主要包括深化设计模型和施工过程模型。深化设计模型一般包括：现浇混凝土结构深化设计模型、装配式混凝土结构深化设计模型、钢结构深化设计模型、机电深化设计模型等。施工过程模型包括：施工模拟模型、预制加工模型、进度管理模型、预算与戚本管理模型、质量与安全管理模型、监理模型等。其中，预制加工模型包括：混凝土预制构件生产模型、钢结构构件加工模型、机电产品加工模型等。

在具体的工程项目中，各专业间确定 BIM 应用的协同方式是多种多样的，例如，各专业形成各自的中心文件，最终以链接或集成各专业中心文件的方式形成最终完整的模型；或是其中某些专业间采用中心文件协同，与其他专业以链接或集成方式协同等，不同的项目需要根据项目的大小、类型和形体等情况来进行合适的选择。不管施工模型创建采用集成模型还是分散模型的方式，项目施工模型都宜采用全比例尺和统一的坐标系、原点、度量单位。施工图设计模型是施工 BIM 应用的基础，是实现设计与施工信息共享的关键。

碰撞检查是有效解决专业内和建筑、结构、机电等专业之间综合深化成果的控制手段，碰撞检查报告需要详细标识碰撞的位置、碰撞类型、修改建议等，方便相关技术人员发现碰撞位置并及时调整。一般碰撞分为两种类型：

硬碰撞：模型元素在空间上存在交集。这种碰撞类型在设计阶段极为常见，特别是在各专业间没有统一标高的情况下，常发生在结构梁、空调管道和给水排水管道三者之间。

软碰撞：模型元素在空间上并不存在交集，但两者之间的距离比设定的标准小即被认定为碰撞。软碰撞检查主要出于安全考虑。例如，水暖管道与电气专业的桥架和母排有最小间距要求，设备和管道维修有最小空间要求等。

2. 施工模拟

针对复杂项目的施工组织设计、专项方案、施工工艺宜优先应用 BIM 技术进行模拟分析、技术核算和优化设计，识别危险源和质量控制难点，提高方案设计的准确性和科学性，并进行可视化技术交底。施工模拟包括施工组织模拟和施工工艺模拟。

其中，施工组织模拟是对施工成本、进度、质量、安全等的综合模拟，进行资源配置。在资源配置模拟中，人力配置模拟通过结合施工进度计划综合分析优化项目施工各阶段的人力需求，优化人力配置计划；资金配置模拟可结合施工进度计划以及相关合同信息，明确资金收支节点，协调优化资金配置计划；材料机械配置模拟可优化确定各施工阶段对模板、脚手架、施工机械等资源的需求，优化资源配置计划。通过平面布置模拟可避免塔吊碰撞等问题。需要指出的是，施工组织模拟 BIM 应用成果应按照合同要求或相关工作流程进行审核或校订，并得到相关方的批准方可发布；而施工工艺模拟内容可根据工程项目施工实际需求确定，新工艺及施工难度较大的工艺宜进行施工工艺模拟。

3. 预制加工

预制加工产品可采用条形码、二维码、射频识别等形式贴标。涉及混凝土预制构件生产、钢结构构件加工和机电产品加工。

一般预制加工产品物流运输、安装 BIM 应用模式如下：预制加工产品运输到达施工现场后，读取其物联网标示信息编码，获取物料清单及装配图；现场安装人员根据物料清单检查装配图，确定安装位置；安装结束后经过核实检查，安装完成状态信息实时附加或关联到 BIM 模型，有利于预制加工产品的全生命周期管理；通过加工过程中信息的不断采集，不断丰富预制加工模型的内容，并通过预制加工模型整合加工中的各种信息（包括人员、设备、方法、材料、环境等），实现施工过程的质量追溯管理。

4. 进度管理

项目进度管理包括两大部分的内容，即项目进度计划编制和项目进度控制。进度管理 BIM 应用前，需明确具体项目 BIM 应用的目标、企业管理水平、合同履约水平和项目具体需求，并结合实际资源，确订编制计划的详细程度。应根据具体项目特点和进度控制需求，在编制不同要求的进度计划过程中创建不同程度的 BIM 模型，录入不同程度的 BIM 信息。进度管理 BIM 应用应为进度控制提供更切实有效的信息支持。

进度计划编制：基于 BIM 技术的进度计划编制，是应用 BIM 技术进行 WBS 创建，根据 BIM 深化设计模型自动生成工程量，将具体工作任务的节点与模型元素的信息挂接得到进度管理模型，结合工程定额进行工程量和资源分析，进行进度计划优化，通过对优化后的进度计划进行审查，确认其是否满足工期要求和关键节点要求，如不满足则予以调整。应用 BIM 技术，可进行进度模拟和可视化交底，实现对工期的监控。

进度控制：BIM 应用以进度管理模型为基础，将现场实际进度信息添加或链接到进度管理模型，通过 BIM 软件的可视化数据（表格、图片、动画等形式）进行比对分析。一旦发生延误，可根据事先设定的阀值进行预警。

5. 预算与成本管理

施工图预算 BIM 应用的目标是通过模型元素信息自动化生成、统计工程量清单项目、措施费用项目，依据清单项目特征、施工组织方案等信息自动套取定额进行组价，按照国家与地方规定记取规费和税金等，形成预算工程量清单或报价单。

成本管理 BIM 应用的核心目标是利用模型快速准确地实现成本的动态汇总、统计、分析，精细化实现三算对比分析，满足成本精细化控制需求。例如，施工准备阶段的劳动力计划、材料需求计划和机械计划，施工过程中的计量与工程量审核等。应将模型中各构件与其进度信息及预算信息（包括构件工程量和价格信息）进行关联。

6. 质量与安全管理

基于 BIM 技术，对施工现场重要生产要素的状态进行绘制和控制，有助于实现对危险源的辨识和动态管理，有助于加强安全策划工作，使施工过程中的不安全行为或不安全状态得到减少甚至消除。做到不引发事故，尤其是不引发使人员受到伤害的事故，确保工程项目的效益目标得以实现。质量与安全管理 BIM 应用应遵循现行国家标准的原则，通过 PDCA 循环持续改进质量和安全管理水平。

7. 施工监理

施工监理主要包括两方面，即监理控制的 BIM 应用和监理管理的 BIM 应用。

监理控制的 BIM 应用如下：在施工准备阶段，协助建设单位用 BIM 模型组织开展模型会审和设计交底，输出模型会审和设计交底记录。在施工阶段，将监理控制的具体工作开展过程中产生的过程记录数据附加或关联到模型中。过程记录数据包括两类，一类是对施工单位录入内容的审核确认信息，另一类是监理工作的过程记录信息。

监理管理的 BIM 应用如下：将合同管理的控制要点进行识别，附加或关联至模型中，完成合同分析、合同跟踪、索赔与反索赔等工作内容。对监理控制的 BIM 信息进行过程动态管理，最终整理生成符合要求的竣工模型和验收记录。

8. 竣工验收

竣工验收模型应由分部工程质量验收模型组成，分部工程质量验收模型应由该分部工程的施工单位完成，并确保接收方获得准确、完整的信息。竣工验收资料宜与具体模型元素相关联，方便快速检索，如无法与具体的模型元素相关联，可以用虚拟模型元素的方式设置链接。

三、施工阶段 BIM 协同方法

（一）建立 BIM 组织结构和系统使用制度

建立基于 BIM 的管理体系，将项目相关单位（业主方、监理方、咨询方、分包方等）纳入平台统一管理，明确岗位、工作职责；统一建模、审核、深化设备维护等标准；制定并规范 BIM 应用各流程；监理例会制度、检查制度等。

需要说明的是，尽管 BIM 应用价值最大化的理想状态是所有项目参与方都能够在各个层次上使用 BIM，但是必须同时看到 BIM 应用的另外一些特点：由于 BIM 技术推广初期受各种条件的限制，BIM 应用的各个层次不能一步到位，也不需要一步到位；BIM 应用既不需要在一个项目里实现各个层次，也不需要一个项目的所有参与者都同时使用；项目参与方中有一个人使用 BIM 就能给项目带来利益，只进行某一个层次的应用也能给项目带来利益。施工 BIM 应用宜覆盖工程项目深化设计、施工实施、竣工验收与交付等整个施工阶段，也可根据工程实际情况只应用于某些环节或任务。

项目成员的职责并不会因为 BIM 而变化，但成员之间的关系和工作方式却会发生变化，甚至可以是很大的变化。例如，传统的项目成员之间更在意各司其职，都有自己的工作目标；采用 BIM 技术后，更重视协同作业，把项目的成功作为成员共同的目标。而且由于 BIM 技术的跨组织性，使项目成员的工作不再是按顺序进行的，更多的工作可以并行开展。应用 BIM 的目的不是使工程项目的建设工作更复杂化，而是找到更好地实现项目建设目标的办法，高效优质完成工程项目，满足建筑业客户的需求。

（二）构建施工 BIM 协同平台

要建立基于互联网的 BIM 模型数据存储和交换方式，其中，BIM 模型数据存储和交换有文件方式、API 方式、中央数据库方式、联合数据库方式（Federated Database）、Web Service 方式等，在上述方法里，前两种方式在理论上可以在非互联网的情形下实现，而后面三种方式则完全是以互联网为前提的。例如，美国 BIM 标准关于 BIM 能力成熟度的衡量标准中根据不同方法划分为十级成熟度（其中 1 级为最不成熟，10 级为最成熟）。其中，在十级 BIM 实施和提交方法中只有 1~2 两级属于单机工作方法，3~4 两级属于局域网工作方法，而 5~10 级都属于互联网工作方法；互联网应用的水平越高，BIM 的成熟度也越高。

在互联网的基础上，施工企业应构建企业级 / 项目级 BIM 协同管理平台。

尽管在 BIM 技术推广的初期，很多企业是选择单项目、使用单机的 BIM 软件（或在局域网内协同共享）作为试点进行 BIM 应用，这种单机（或局域网）的工作方式和单项目的 BIM 应用模式无法发挥 BIM 模型可以把项目全生命周期所有信息集成为多维度、结构化数据模型的能力。随着 BIM 技术的深入应用，企业总部集约化管理模式将取代项目部式管理模式，成为主流的管理模式，构建企业级 BIM 协同管理平台是 BIM 发展的方向，项目各相关方在施工 BIM 协同管理平台上协同工作、共享模型数据。

企业级 BIM 协同管理平台必须具有以下模块：权限管理模块可以实现人员信息录入、信息管理和操作授权；信息集成功能可以实现图纸资料、照片等施工资料的上传并与模型构件相关联；数据分析模块可以快速分析阶段性人材机数据、多工程造价数据并对数据进行统计、汇总、报表设计；图形模块可以实现虚拟建造演示、可视化沟通交流技术问题、可视化技术交底等功能。各相关方应根据 BIM 应用目标和范围选用具备相应功能的 BIM 软件。管理系统及其配套客户端软件具有强大的信息采集、集成和数据分析功能。

与设计阶段的协同平台构建不同，设计阶段协同平台管理的是不同专业设计师正在建立（设计）的项目模型，需要强大的图形编辑功能；而施工阶段协同平台管理的是已经经过深化设计、专项方案制定和优化后的施工过程模型，不再需要经常修改模型（有设计变更时在设计软件中修改模型，在施工协同平台上更新修改后的模型即可）。构建 BIM 协同平台的目的是共享经过深化设计的施工工作模型，平台的使用人员是以用模型集成施工阶段信息为主，系统用户可以通过客户端软件在模型中插入、提取、更新和修改信息，以支持和反映其各自负责的协同作业。系统客户端软件不需要模型编辑功能，需要的是与模型构件相关的信息编辑功能、数据分析功能和图形（施工工艺）显示功能，包括上传与施工模型匹配的图纸资料、施工过程中产生的材料、设备、施工技术资料、现场质量、安全资料等信息及进度数据并与模型关联，通过 PC 端、平板电脑、智能移动终端等可以实时上传和调取数据。

第八章 BIM 与绿色建筑及建筑业工业化

第一节 BIM 与绿色建筑

一、绿色建筑的概念

绿色建筑无论在国内还是在国外都是热词。近年来，各种被动节能、低碳建筑数量众多，绿色建筑的评价标准也层出不穷。

维基百科对绿色建筑的定义是：绿色建筑是指实践提高建筑物所使用资源（能量、水及材料）的效率，同时减低建筑对人体健康与环境的影响，更好地进行建筑选址、设计、建设、操作、维修及拆除，并将这些付诸在一个完整的建筑生命周期的建筑。绿色建筑的定义可以理解为以下几点。

①绿色建筑就是可持续建筑。

②绿色建筑强调的是在整个建筑生命周期中，在建设和使用流程上对环境负责（保护）和提高资源使用效率。

③建筑的生命周期是指选址、场地改造、建筑设计、建造、运行、维护、翻新和拆除。

由此可见，绿色建筑与可持续性建筑是同一概念。此外，还要弄清楚节能建筑与绿色建筑的区别。绿色建筑强调的是对整个建筑生命周期的控制，而节能建筑仅仅着眼于运行阶段的能源消耗。除了提高资源的使用效率之外，绿色建筑还关注建筑物对环境的全面影响。从概念上说，绿色建筑相比节能建筑，对自然资源的保护和可持续发展有着更大的外延，也意味着对建筑物从设计到使用的全部阶段有着更高的要求。

二、BIM 对绿色建筑的支撑

（一）BIM 与绿色建筑之间的关系

BIM 的最重要意义在于它重新整合了建筑设计的流程，其所涉及的建设项目生命周期管理（BLM）又恰好是绿色建筑设计的关注点和影响对象。绿色建筑与 BIM 技术相结合带来的效果是真实的 BIM 数据和丰富的构件信息，会给各种绿色建筑分析软件以强大的数据支持，确保分析结果的准确性。

绿色建筑设计是一个跨学科、跨阶段的综合性设计过程，BIM 模型则正好从技术上满足了这个需求，BIM 真正实现了在单一数据平台上各个工种的协调设计和数据集中，能使跨阶段的管理和设计完全参与到信息模型中来。

一个信息完整的 BIM 模型中包含了绝大部分建筑性能分析所需的数据，能将建筑各项物理信息分析从设计后期显著提前，有助于建筑师在方案甚至概念设计阶段进行绿色建筑相关的决策。

目前包括 Revit 在内的绝大多数 BIM 相关软件，都具备将其模型数据导出为各种绿色建筑分析软件专用的 gbXML 格式，然后用专业分析软件分析，最后导入 BIM 软件进行数据整合。BIM 的某些特性（如参数化、构件库等）使建筑设计及后续流程对上述分析的结果，有非常及时和高效的反馈。

（二）绿色建筑设计和分析的趋势

1. 分析越来越倾向于设计前期，利用简单的模型进行模拟计算

BIM 模型将首先使建筑设计师在建筑设计早期阶段使模拟分析成为可能，并根据分析结果调整设计。现在国内大多数设计院的建筑设计的基本设计原则是满足国家住宅建筑节能设计标准，设计院的流程是在设计完成以后甚至施工图出来之后再进行分析计算，这只是为了满足设计标准。这种设计流程不从建筑设计最早期充分利用自然通风、阳光、日照等自然资源达到节能目的，而是围绕满足规范来做工作。一旦出来的结果满足不了规范要求，通常情况下就需要大量修改前期设计，从而造成浪费。设计前期并没有考虑通过小的改变，也许在根本不增加建造成本的前提下，就可以达到相当好的节能目的。有了初期设计的 BIM 模型，就可以利用 BIM 模型导入一些专业的建筑性能分析软件，通过计算在设计阶段早期使模拟分析成为可能，然后根据分析成果对建筑设计进行指导。

2. 工具软件将更多样化、本地化，支持多种绿色建筑评价标准

BIM 和绿色建筑分析软件进行数据交换的主要格式是 gbXML，gbXML 已经成为行业内认可度最高的数据格式，这为接下来在分析模拟软件中进行的计算提供了非常便利的途径。目前可进行绿色建筑相关分析的软件相当多，每个软件都各有特色和产生的背景，并且功能日趋强大。

3. 建筑能耗、碳排放模拟将注重建筑全生命周期计算

BIM 模型具有真实的物理属性，这是一个可计算的建筑信息模型。BIM

前台是一个模型，后台实际上是一个数据库。BIM 模型的出现对整个建筑行业产生了相当大的影响，建筑师可以直接进行三维设计，某处修改之后其他的投影面可以跟着变动。同时，其他专业工程师也在同一个 BIM 模型中设计结构和机电系统。在设计阶段建立的 BIM 模型可以过渡到施工阶段，直接对这个模型进行统计工程量，同时进行一些施工建造过程的模拟，研究施工组织方案。BIM 模型传递到物业运营管理阶段，能让物业运营管理人员对建筑所有信息有一个全面的了解，在传递的过程中确保信息不会丢失。

例如，澳大利亚对悉尼歌剧院重新构建了 BIM 模型之后进行运营管理，BIM 已经成为建筑全生命周期管理的核心工具。在过去有很多能源分析软件，都需要单独建立模型，如果建筑师一开始用 BIM 建立模型，这个模型就可以直接传递到能源分析软件中，不再需要重新进行模型创建。BIM 模拟了一个虚拟的真实建筑，能够提供各种性能分析，这样大大节省了整个设计流程需要的时间和成本。

（三）绿色建筑设计流程变革

绿色建筑的理念中最主要的还是能源和资源的利用效率，进一步可以分化为建筑采光与日照分析、建筑及其材料热工分析、建筑能耗分析等一系列问题。这类问题所涉及的信息不仅种类繁杂，而且数量巨大。在出现较好的 BIM 解决方案之前，为大型的分析软件编制数据文件或者输入文件是一项极有挑战性的工作。

绿色建筑设计将引入集成产品开发（IPD，Integrated Product Development）概念，对方案的各种可能性从可持续性方面进行评价，从而作为重要决策的参考依据。而且随着设计的深入，可以不断地进行深化评估，做出扩初、施工图甚至建设和运营阶段的设计建议。

三、BIM 在绿色施工管理中的应用

建筑的全生命周期应当包括前期的规划、设计，建筑原材料的获取，建筑材料的制造、运输和安装，建筑系统的建造、运行、维护以及最后的拆除等全过程。所以，要在建筑的全生命周期实行绿色理念，不仅要在规划设计阶段应用 BIM 技术，还要在节地、节水、节材、节能及施工管理、运营维护管理五个方面深入应用 BIM，不断推进整体行业向绿色方向行进。

（一）节地与室外环境

节地不仅仅是施工用地的合理利用，建筑设计前期的场地分析、运营管理中的空间管理也包含在内。BIM 在施工节地中的主要应用内容有场地分析、

土方量计算、施工用地管理等。

1. 场地分析

场地分析是研究影响建筑物定位的主要因素，是确定建筑物的空间方位和外观、建立建筑物与周围景观联系的过程。BIM 结合地理信息系统，（Geographic Infor-mation System，GIS），对现场及拟建的建筑物空间数据进行建模分析，结合场地使用条件和特点，做出最理想的现场规划、交通流线组织关系。利用计算机可分析出不同坡度的分布及场地坡向，建设地域发生自然灾害的可能性，区分可适宜建设与不适宜建设区域，对前期场地设计可起到至关重要的作用。

2. 土方量计算

利用场地合并模型，在三维中直观查看场地挖填方情况，对比原始地形图与规划地形图得出各区块原始平均高程、设计高程、平均开挖高程，然后计算出各区块挖、填方量。

3. 施工用地管理

建筑施工是一个高度动态的过程，随着建筑工程规模不断扩大，复杂程度不断提高，使得施工项目管理变得极为复杂。施工用地、材料加工区、堆场也随着工程进度的变换而调整。BIM 的 4D 施工模拟技术可以在项目建造过程中合理制订施工计划，精确掌握施工进度，优化使用施工资源以及科学地进行场地布置。

（二）节水与水资源利用

在施工过程中，水的用量是十分巨大的，混凝土的浇筑、搅拌、养护都要用到大量的水，机器的清洗也需要用水。由于一些施工单位在施工过程中没有计划，肆意用水，往往造成水资源的大量浪费，不仅浪费了资源，也会因此受到处罚。所以，在施工中节约用水是势在必行的。

BIM 技术在节水方面的应用体现在协助土方量的计算，模拟土地沉降、场地排水设计，以及分析建筑的消防作业面，设置最经济合理的消防器材等。利用 BIM 技术，可以对施工过程中用水过程进行模拟，如处于基坑降水阶段、肥槽未回填时，采用地下水作为混凝土养护用水，也可作为喷洒现场降尘和混凝土罐车冲洗用水。也可以模拟施工现场情况，根据施工现场情况，编制详细的施工现场临时用水方案，使施工现场供水管网根据用水量设计布置，采用合理的管径、简捷的管路，有效地减少管网和用水器具的漏损。

（三）节材与材料资源利用

基于 BIM 技术，重点从钢材、混凝土、木材、模板、围护材料、装饰装修材料及生活办公用品材料七个主要方面进行施工节材与材料资源利用控制。可以通过 5D–BIM 安排材料采购的合理化，建筑垃圾减量化，可循环材料的多次利用化，钢筋配料、钢构件下料以及安装工程的预留、预埋，管线路径的优化等措施；同时，根据设计的要求，结合施工模拟，达到节约材料的目的。BIM 在施工节材中的主要应用内容有管线综合设计、复杂工程预加工预拼装、物料跟踪等。

1. 管线综合设计

目前，功能复杂、大体量的建筑、摩天大楼等机电管网错综复杂，在大量的设计面前很容易出现管网交错、相撞及施工不合理等问题，以往人工检查图纸功能比较单一，不能同时检测平面和剖面的位置，BIM 软件中的管网检测功能可为工程师解决这个问题。系统可自动检查出"碰撞"部位并标注，这样就使大量的检查工作变得简单。空间净高是与管线综合相关的一部分检测工作，基于 BIM 信息模型对建筑内不同功能区域的设计高度进行分析，查找不符合设计规划的地方，将情况反馈给施工人员，以此提高工作效率，避免错、漏、碰、缺等现象的出现，减少原材料的浪费。

2. 复杂工程预加工预拼装

复杂的建筑形体如曲面幕墙及复杂钢结构的安装是难点，尤其是复杂曲面幕墙，组成幕墙的每一块玻璃面板形状都有差异，给幕墙的安装带来了一定的困难。BIM 技术最拿手的是复杂形体设计及建造应用，可针对复杂形体进行数据整合和验证，使多维曲面的设计得以实现。工程师可利用计算机对复杂的建筑形体进行拆分，拆分后利用三维信息模型进行解析，在计算机中进行预拼装，分成网格块编号，进行模块设计，然后送至工厂按模块加工，再送到现场拼装即可。数字模型也可提供大量建筑信息，包括曲面面积统计、经济形体设计及成本估算等。

3. 基于物联网物资追溯管理

随着建筑行业标准化、工厂化、数字化水平的提升，以及建筑使用设备复杂性的提高，越来越多的建筑及设备构件通过工厂加工并运送到施工现场进行高效的组装。根据 BIM 得出的进度计划，可提前计算出合理的物料进场数目。

BIM 结合施工计划和工程量造价，可以实现 5D（三维模型＋进度＋成本）应用，做到"零库存"施工。

（四）节能与能源利用

以 BIM 技术推进绿色施工，节约能源，降低资源消耗和浪费，减少污染，是建筑业发展的方向和目的。节能在绿色环保方面具体有两种体现：一是帮助建筑形成资源的循环使用，包括水能循环、风能流动、自然光能的照射，根据不同功能、朝向和位置科学地选择最适合的构造形式；二是实现建筑自身的减排，建造时，以信息化手段减少工程建设周期，运营时，不仅能够满足使用需求，还能保证最低的资源消耗。

（五）减排措施

利用BIM技术可以对施工场地废弃物的排放、放置进行模拟，以达到减排的目的。具体方法如下。

①用BIM模型编制专项方案，对工地的废水、废气、废渣的排放进行识别、评价和控制，安排专人、专项经费，制定专项措施，减少工地现场的"三废"排放。

②根据BIM模型对施工区域的施工废水设置沉淀池，进行沉淀处理后重复使用或合规排放，对泥浆及其他不能简单处理的废水集中交由专业单位处理。可以在生活区设置隔油池、化粪池，对生活区的废水进行收集和清理。

③禁止在施工现场焚烧垃圾，使用密目式安全网、定期浇水等措施减少施工现场的扬尘。

④利用BIM模型合理安排噪声源的放置位置及使用时间，采取有效的噪声防护措施，减少噪声排放，并满足施工场地环境噪声排放标准的限制要求。

⑤生活区垃圾按照有机、无机分类收集，与垃圾站签订合同，按时收集垃圾。

第二节　BIM与建筑业工业化

一、BIM与建筑业工业化概述

建筑业工业化的基本内容是：以采用先进、适用的技术、工艺和装备，科学合理地组织施工，发展施工专业化，提高机械化水平，减少繁重、复杂的手工劳动和手工作业。工业化可以带来高效率、高精度、低成本、高质量、节约资源、不受自然条件影响等效益，是建筑业的发展趋势。

根据住房和城乡建设部住宅产业化促进中心的资料，我国住宅建造的水平与发达国家相比有很大的差距，住宅建造的生产效率仅相当于美国和日本住宅建造效率的1/6~1/5，究其原因还是住宅建设的工业化水平较低。

制造业的生产效率和质量在近半个世纪得到了突飞猛进的发展，生产成本大大降低，其中一个非常重要的因素就是以三维设计为核心的产品数据管理（PDM，Product Data Management）技术的普及应用。

建设项目本质上也是工业化制造和现场施工安装结合的产物，提高工业化制造在建设项目中的比例是建筑工业化的发展方向和目标。工业化建造虽然有明显的好处，但是对技术和管理的要求也要高很多，工作流程和环节也比现场施工要复杂得多。工业化建造至少要经过设计制图、工厂制造、运输储存、现场装配等主要环节，其中任何一个环节出现问题都会导致工期延误和成本上升。例如，图纸不准确导致现场无法装配，需要装配的部件没有及时到达现场等。

我国的住宅产业化工作在十年的发展历程中也取得了一些成绩，但整体形势并不乐观，要达到大面积、大比例的应用依然任重道远。其中最关键的因素之一是缺少类似制造业的 PDM 系统，这是一个信息的创建、管理、共享系统，为全过程提供全面的信息管理。

在建筑业这个系统就是 BIM，它为项目全过程提供全面的信息管理。如果要发展住宅产业化，就必须将目前由设计主导或由施工主导的方法转变为由信息主导的管理方法。只有通过信息主导的管理方法才能把市场的需求快速转变为能让工厂生产的数据。

BIM 的应用不仅为建筑业工业化解决了信息创建、管理与传递的问题，而且 BIM 模型、三维图纸、装配模拟、加工制造、运输、存放、安装的全程跟踪等手段也为工业化建造方法的普及奠定了坚实的基础。

与此同时，BIM 还为自动化生产加工做好了准备。自动化不但能够提高产品质量和效率，而且对于复杂形体，利用 BIM 模型数据和数控机床的自动集成，还能完成通过传统的"二维图纸—深化图纸—加工制造"流程很难完成的工作。

目前国内钢结构的加工与安装，具备了建筑工业化的雏形，甚至有些设备已经具备了数控加工能力，从而实现了从详图设计、数控加工、运输物流到现场安装的一体化。但是在住宅产业化方面，由于受到预制标准化程度的限制，还需要进一步积累数据和经验。

二、BIM 与钢结构工业化

建筑钢结构产业和制造业颇为相似，容易形成产业化格局。尤其是轻钢结构，其从欧美传入中国后，很快实现了本地化的技术消化与吸收，取得了迅猛发展。

钢结构产业从设计制图、工厂制造、运输储存到现场装配的各个环节都基本实现了流程化。尤其是 BIM 技术的引入，提高了整个产业链的效率。在应用 CAD 的情况下出错率极高，尤其是构件加工图的错误，在加工制造环节不易察觉，直到现场安装时才会发现，只能重新返回工厂加工，然后运输后再次安装。产业化的单个环节出错，会导致连锁反应，造成成本损失与工期延误。

数字化制造是钢结构工业化最重要的一个环节。BIM 能够支持所有专业从设计到制造的整个工作流程，包括使用结构建筑信息模型完成钢结构的数字化制造。只有将建筑信息模型用于钢结构详图设计和制造环节，才能实现从设计到制造的数字化流程。重复利用设计模型，不但能提高工作效率，节省创建制造模型的时间，而且能提升制造质量，消除设计模型与制造模型相互矛盾的现象。此外，钢结构详图设计和制造软件中使用的信息是基于高度精确、协调、一致的建筑信息模型的数字设计数据，这些数据完全值得在相关的建筑活动中共享。

将设计模型直接用于制造环节，还可以在制造商与设计人员之间形成一种自然的反馈循环，即在建筑设计流程中提前考虑制造方面的问题。与参与竞标的制造商共享设计模型有助于缩短招标周期，便于制造商根据设计要求的钢材用量编制更为统一的投标书。钢结构与其他建筑构件之间的协调也有助于减少现场发生的问题，降低不断上升的钢结构安装成本。

钢结构数字化建造流程离不开结构工程师、钢结构详图设计人员和钢结构制造商之间的协作。大多数情况下，这三方分别属于三家公司。因此，就需要采用不同于传统的项目交付方法来连通设计与制造环节，也就是说，要由业主、建筑商、工程师和承包商组成跨职能的项目团队，就设计、制造和施工环节中的工作进行协调。原本需要按顺序进行的步骤（设计、详图设计、制造）现在可以并行展开，设计模型和加工详图可以同时创建，完成加工详图的速度越快，就可以越快向钢厂下单，越快开始制造，钢结构也可以越快安装完毕。目前已经有相当大一部分钢结构项目利用专业 BIM 软件来进行 3D 建模、加工图制作、施工模拟与安装指导，钢结构数字化制造的基础已经逐步夯实。

三、BIM 与住宅产业化

（一）住宅产业化现状

早在 1999 年，国家建设部等八部委发布了《关于推进住宅产业现代化提高住宅质量的若干意见》，意在加快住宅建造方式的转变，推进住宅产业现代化，提高住宅质量，并大幅降低住宅能耗。一些国内企业在住宅产业化方面做了很多有益尝试，并取得了一些成绩。万科集团是住宅产业化的领头羊，建设部批准万科为"国家住宅产业化基地"，万科也建造了相当数量的产业化住宅。中国的住宅产业化道路还很漫长，住宅产业化的大面积推动还需要多年的尝试和积累，除了要解决技术问题之外，还需要面对降低成本的难题。

（二）BIM 与住宅产业化概述

住宅产业化的终极目标是要把工程项目的建设过程从自古以来的"设计→现场施工"模式转化为"设计→工厂制造→现场安装"模式，目前住宅产业化采用的实施方法有设计主导和制造主导两种主要流程。如果设计过程中没有充分考虑制造和安装的需求，在进入实际制造和安装环节时，碰到无法制造或安装以及制造或安装方法不合理、不经济的情形时，就需要修改设计，导致制造厂商和安装现场的待工待料。如果这种情况影响了已经安装好的部分，问题会更严重，工程质量也会受到影响。

要真正解决住宅产业化的问题，就必须协调好设计、制造、安装之间的关系，在设计阶段充分考虑制造和安装的需求，从而在使产品本身具有市场竞争力的前提下控制好工期、造价和质量。

要借助 BIM 技术，在开始制造以前，统筹考虑设计、制造和安装的各种要求，把实际的制造和安装过程通过 BIM 模型在计算机中先虚拟实现一遍，包括设计协调、制造模拟、安装模拟等，在投入实际制造和安装前把可能遇到的问题消灭在计算机的虚拟世界里，同时在制造和安装开始以后，结合RFID、智能手机、互联网、数控机床等技术和设备对制造和安装过程进行信息跟踪和自动化生产，保障项目按照计划的工期、成本、质量要求顺利完成。BIM 给住宅产业化带来了前所未有的机遇。

（三）住宅产业化范例

万科金色里程位于上海市浦东新区中环线内，住宅风格简洁，尽量保持各楼层的一致性，确保了更有效的工业化生产模式，该项目在产业化住宅的设计施工过程中应用了 BIM 技术。

万科金色里程项目首次引入了预制混凝土（PC）建造技术，采用 PC 技术的构件主要包括墙板、阳台、凸窗、空调板以及楼梯。通过 BIM 软件，将所有这些预制构件进行组合，对预制构件之间的细部连接进行分析。混凝土板则实现了工业化生产，在施工现场进行吊装，预制混凝土板在工厂加工后，在现场施工时则作为现浇混凝土的模板。

该项目的特点是充分利用了 BIM 技术进行前期设计与施工指导，大大减少了施工错误产生的风险。

①BIM 技术让设计从二维平面变成三维立体，这对于在设计阶段正确表达安装施工需求极为重要。

②可视化协同不但提供了项目的全局性概念，而且直接让甲方参与到设计项目中，节省了时间和社会资源。

③利用 BIM 容易发现错误并且能及时纠正的特点，如利用 BIM 的管线综合功能减少了图纸错误。

④利用 BIM 可进行可持续性设计，由于 BIM 实现了前期方案模型的共享，促使后期的施工管理、物业管理，以及招商等一整套流程都具有完善的、可供参考的方案。

第九章 BIM 与建筑可持续性

第一节 建筑的可持续性

一、建筑可持续性的相关概念

在世界人口迅速增长的时期，随着对稀缺资源需求和持续污染的增加，可持续性正迅速成为我们时代发展的主要问题。美国建筑师协会（AIA）将可持续性定义为"社会继续在未来发挥作用的能力，不会因为该系统所依赖的关键资源的耗尽或超载而被迫衰落"。1998 年，John Elkington 提出了可持续性的"三重底线"：经济、社会和环境因素。可持续性建筑并没有统一的定义。在建筑行业，对可持续性的共同解释是"使用较少原始材料和能源，并产生较少污染和废物的建筑物"。

把可持续性的三重底线理论与建筑的特点相结合，可持续性建筑就有了以下三个维度的特点。

1. 环境可持续性

我们必须通过有效利用自然资源来建设、维护和管理建设项目，并尽量减少对环境的影响。

2. 社会可持续性

我们必须培养社会凝聚力，不仅要为住户提供安全健康的环境，也要为建筑工地和日常管理人员提供安全健康的环境。

3. 经济可持续性

我们必须经济有效地建设，同时在功能上满足用户的要求，降低运营成本，通过全面维护计划延长房地产的使用寿命并实施租赁控制，以最佳利用现有库存。

随着可持续发展观念逐步深入人心，环境友好型绿色建筑的开发与建造日益成为世界各国建筑行业发展的战略目标。在此背景条件下，由于经济发展水平、地理位置和人均资源等条件的差异，各国对绿色建筑的定义不尽相同。例如，英国皇家测量师学会（RICS）指出：有效利用资源、减少污染物排放、提高室内空气及周边环境质量的建筑即为绿色建筑。美国国家环境保护局（US Environmental Protection Agency）认为：绿色建筑是指在全生命周期内（从选址到设计、建设、运营、维护、改造和拆除）始终以环境友好和资源节约为原则的建筑。我国 2019 年颁布的 GB/T 50378—2019《绿色建筑评价标准》中将绿色建筑定义为："在全寿命期内，节约资源、保护环境、减少污染，为人们提供健康、适用、高效的使用空间，最大限度地实现人与自然和谐共生的高质量建筑。"

绿色建筑的含义包括以下要素：

①全生命周期。

②节约资源、保护环境、减少污染。

③满足建筑最基本的功能要求。

④与自然和谐共生。

从绿色建筑的定义可以看出：

①绿色建筑提倡将节能环保的理念贯穿建筑的全生命周期，即从起初对原材料的开采、加工和运输直到最终的拆除、维修等制造、建设与运营的全过程。

②绿色建筑主张在提供健康、适用和高效的使用空间的前提条件下，节约能源、降低排放，在较低的环境负荷下提供较高的环境质量，并最终实现人、建筑与自然三者的协调。

③绿色建筑在技术与形式上须体现环境保护的相关特点，即合理利用信息化、自动化、新能源、新材料等先进技术。

二、应用 BIM 技术解决建筑可持续性问题的优越性

随着建筑项目逐渐复杂，建筑数据的质量、速度和可用性都需要提高，而 BIM 技术可以更好地做出合理决策。结合前面介绍的可持续性三重底线理论，BIM 在环境、社会和经济等方面都有利于建筑项目的可持续发展。

（一）环境方面

BIM 技术对综合项目交付和设计优化的贡献在于减少材料和能源的使用，这被公认为具有重要意义。专用的 BIM 解决方案和集成分析工具可用于评估建筑性能以及选择能够最大限度减少能源、水和材料等资源消耗的解决方案，

也可以减少由于项目交付过程中的低效率或错误导致的浪费。

（二）社会方面

BIM 技术通过改善团队成员之间的沟通和协作来降低建设项目的风险。同时，BIM 技术通过在规划阶段早期预测问题来提高安全性，例如通过在 Navisworks 中结合体系结构和 MEP 模型进行冲突检测的功能。还可以改善建筑产品的设计和构造的质量，以提供更好的生活环境。此外，BIM 的日益普及可能会通过专业的 BIM 咨询业务带来更多的创新就业机会。

（三）经济方面

如上所述，BIM 技术可以改善沟通和协作，并预测问题。这减少了由于改进的施工管理而导致的不希望的浪费，从而降低了项目成本。此外，BIM 有助于优化设计，通过提高材料和能源效率来降低资本和生命周期成本。

BIM 技术能够为在项目层面上实现绿色建筑的可持续发展目标提供一系列的分析与管理工具，在推动绿色建筑发展与创新中有巨大的潜力。BIM 技术的优势主要表现为以下 3 个方面。

1. 时间维度的一致性

BIM 技术致力于实现从项目前期策划、设计、施工到运营维护等全生命周期不同阶段的集成管理；而绿色建筑的开发与管理也涵盖包括原材料的开采，加工和运输，建造，使用，拆除，维修等建筑全生命周期。时间维度的对应，为二者的结合应用提供了便利。

2. 核心功能的互补性

绿色建筑的可持续性目标需要不同参与方、不同学科的专业人员进行信息共享，在建设项目的过程中相互协同合作、优化协调。BIM 技术为各方功能的互补提供了整体的解决方案。

3. 应用平台的开放性

在实践中，绿色建筑需要借助不同的专业软件来实现建筑物的能耗、采光、通风等分析，并要求与其相关的应用平台具备开放性。BIM 平台具备开放性的特点，允许导入相关软件数据并进行建筑物的碰撞检测、能耗分析、虚拟施工、绿色评估等一系列可视化操作。因此，BIM 平台的开放性为其在绿色建筑中的应用创造了条件。例如，绿色分析软件可以借助 BIM 平台运行，从而使绿色建筑分析可以在一个拥有可靠、详细信息的模型中进行，便于定量分析和可视化模拟，充分发挥 BIM 技术的优势。

第二节 BIM 技术在建设项目全生命周期可持续性中的应用

一、建设项目全生命周期的可持续性

建筑的绿色可持续性体现在建设项目全生命周期的各个阶段，包括规划设计、建筑施工、运营使用及拆除回收。通过在规划设计阶段对环境因素提前进行充分考虑，将施工阶段对环境的影响降到最小，同时在使用阶段满足人们对居住空间舒适、健康和安全的最低要求，最后在拆除回收阶段最大限度地回收、利用拆除材料，可以将建筑全生命周期内对环境的危害降到最低。因此，传统的基于 EIA 理论的环境影响评价已不能适应当前对建筑全生命周期进行环境影响评价的要求。近年来提出的 LCA（Life Cycle Assessment，全生命周期评价）是面向产品的一种环境管理方式，它侧重于关注产品从原材料的获取与处理、加工与生产、分配与运输、使用与维修，到材料的再循环以及废弃产品的最终处置等全生命周期过程对环境产生的影响，并为减少或消除这些影响寻找相应的措施，因此它是一种适应可持续发展的全新环境管理模式。

建筑全生命周期评价主要是在定量分析建筑全生命周期各个环节对环境影响大小的基础上，识别出对环境影响较大的因素，并寻找改进生产工艺的方法，从而提高整个建筑体系的环境性能。自 20 世纪 90 年代起，许多欧美国家便将全生命周期评价用于建筑生命周期环境影响的定量分析中，对促进建筑业减少能源消耗以及减轻环境污染起到了至关重要的作用。

二、BIM 技术在建设项目全生命周期可持续性中的应用潜力

由于全生命周期分析是针对建筑从原材料制备、建筑产品报废后的回收处理到再利用的生命周期全过程，涉及的时间和空间的跨度很大。基于 BIM 技术所建立的虚拟建筑模型包含了丰富的建筑构件和材料的特征信息，可以提供极其完整的设计信息，不仅能够用于建筑设计，还可以用于设备管理、成本管理、结构功能设计、工程量统计、运营管理等建筑生命周期全过程的管控。

目前用于全生命周期分析的 LCA 软件有十余种，它们大多是相互独立且

功能特定的应用软件。由于在进行系统设计时未完全基于建筑信息模型，各软件之间数据描述重复，数据共享难以实现。通过 BIM 技术的主流数据交换标准 IFC（Industry Foundation Classes，工业基础类标准）来增强 LCA 软件和建筑设计软件之间的协同性，可有效利用建筑设计软件生成的建筑信息模型。结合建筑环境的现状，基于 BIM-LCA 的建筑环评信息模型及软件系统能提高建筑环评的效率和水平，大大减少工程师的工作量，给决策者提供环境友好型的优选方案。

三、BIM 技术在设计阶段环境可持续性的应用

设计阶段是大多数 BIM 设计标准中的关键阶段，研究表明，设计早期基于 BIM 的可持续性模拟对于推进可持续建筑设计至关重要。使用 BIM 技术可以分析环境对于绿色建筑的影响，特别是在建筑性能、材料选择和能源效率方面的影响。通过面向对象的物理建模（OOPM，Object-Oriented Physical Modelling）方法可以开发基于 BIM 的用于建筑能量模拟的数据库，设计师可以获得建筑的声、光、热、构件的材料成分、能耗信息以及可再生成分比例，以改进建筑设计和能量仿真软件之间的复杂数据交换，从环境可持续性的角度采用材料和构件。通过基于 BIM 技术的全生命周期信息管理，可以使 BIM 数据由项目参与者共享并同时使用，也可确保数据的完整性。

另外，全生命周期评估的绩效也可通过 BIM 技术来计算。通过连接 BIM 建模工具（例如 Revit 模型）和能源模拟工具（例如 Green Building Studio 和全生命周期影响评估工具 Athena Impact Estimator）来评价建筑物的环境性和经济性，调查使用不同的建筑材料和能源性能所产生的负面影响，能够更好地帮助设计阶段的各类决策。

四、BIM 技术在施工阶段环境可持续性的应用

利用 BIM 技术的可视化进行技术交底，把复杂节点按真实的空间比例在 BIM 模型中表达出来，并且通过文件输出及视频编辑来还原真实的空间尺寸，可以提供 360°的观察视角，让人清楚地识别复杂节点的结构构造。借助 BIM 技术的动画漫游及虚拟建造功能，可以利用不同视点、不同部位、不同工艺的制作安装动画来直观、准确地表达设计图，可大大提高读图的效率和精度，减少返工损失。

BIM 技术可综合建筑、结构、安装各专业间的信息，对土建、结构与机电专业之间的碰撞问题、结构墙预留孔洞问题、管道翻折问题提前进行模拟检测，从而及早发现问题，防患于未然，减少不必要的经济损失和工期延误。

在制造阶段，BIM 技术可以与虚拟现实（AR）集成，以便可视化和促进管道组装，以提高工作的准确性。BIM 也被证明可以通过可视化更好地理解来减少客户订购的变化，从而导致业主在施工过程中更有成效的参与。同时，为了确保安全性，BIM 软件产生的遗漏数据库可以向施工人员提供可视化信息，提出危险警告信号，并报告近距离信息。由于可以同步提供有关建筑质量、进度以及成本的信息，BIM 技术可以方便地提供工程量清单、概预算、各阶段材料准备等施工过程中所需的信息，甚至可以帮助实现建筑构件的直接无纸化加工生产。通过建筑业和制造业的数据共享，BIM 技术将大大推动和提高建筑业的工业化和自动化程度，减少对环境的影响，促进可持续发展。

五、BIM 技术在运营阶段环境可持续性的应用

建设项目运营阶段的能量消耗是全生命周期总能量消耗的主要部分。BIM 作为运行阶段管理环境绩效分析工具的评估软件提出了各种措施，这些措施包括建筑加热和冷却系统要求的分析、采光条件的分析、减少电气照明负载和热能负荷的方法分析等。以 Autodesk Green Building Studio 为代表的 BIM 软件，根据先进的云计算技术来分析建筑能源使用。这些 BIM 软件可用于估算能源消耗、碳排放量和对现有建筑物中可再生能源使用潜力的评估。

在设施管理方面，基于 BIM 技术在运营管理中的应用，可以使建设项目在运营阶段的管理效率提高。基于 BIM 的设备管理，可实现物业管理精确、时的目的，将建设项目运维管理提高到智能化的新高度，使项目变得更加节能和环保。BIM 技术有助于促进高效建设项目运营，减少建设项目运行阶段突发事件的发生，提高安全绩效，减少资源浪费。

六、BIM 技术在检修与维护阶段环境可持续性的应用

在建筑维修保养阶段，优化现有建筑有助于促进自然资源的保护，大幅度削减建筑的能源消耗有助于形成一个更安全、更清洁的居住环境。在对现有建筑的维护过程中，对能源使用效率问题的关注越来越多，BIM 技术可以通过优化可持续设计属性、降低运营成本、限制环境影响等措施加强建设项目检修与维护阶段的可持续性。通过把用于数据收集或共享的 BIM 系统和用于捕获知识的基于案例的推理模块（Case-Based Reasoning，CBR）相结合，把基于 BIM 的知识共享系统用于建筑检修与维护阶段中，为设施管理人员及其维护团队提供了一个平台，从以前的经验中学习，并对建筑的完整记录进行调查，包括对建筑中不同材料和部件的维护记录。BIM 技术有助于将可持续设计的原则应用在对现有建筑的检修和维护过程中。

七、BIM 技术在拆除阶段环境可持续性的应用

随着近几十年建设活动的增加，施工和拆除工程的环境影响日益受到关注。随着环境可持续发展意识的提高，与施工和拆除相关的废物管理的发展也随之变得重要。世界各国的学者们一直在努力开发用于估算建筑拆迁工程废物垃圾的工具。比如，现在有"Tecorep"系统和"削坡施工法"等先进的可持续高层建筑拆除方式，对高层进行拆除时可以实现相对安全、环保、经济的拆除作业。

在建筑生命末期的拆迁阶段，通过基于 BIM 数据库的可视化工具能够识别施工和拆除中的废物垃圾。这些数据可以让实践者在进行实际的拆迁或更新之前制订更加合理和有效的物料回收计划。同时，基于 BIM 技术可以建立能够提取建筑信息模型中每个选定元素的体积和材料的系统，该系统可以包含详细的废物垃圾信息。这些信息可用于预测所需运输车辆的数量、运输行程和法定废物垃圾的处理费用，也可以用于评估各种建筑解构方案在经济成本和环境效益方面的影响，比如最小化碳排放和能源消耗方面的影响。

第三节 BIM 技术在建筑节能方面的应用

一、建筑节能的现状

建筑业属于传统的高耗能行业。据统计，建筑业能耗在欧盟和美国的全社会总能耗中的占比分别为 42% 和 48%，普遍高于这些地区的交通部门与工业部门的能耗占比。我国建筑业能耗大约占全社会总能耗的 1/3。随着城镇化建设的加速以及人民生活水平的不断提高，我国建筑业能耗还将持续增长。随着绿色、低碳等可持续发展理念逐渐深入人心，如何有效地提高建筑物资源和能源利用效率成为政府和行业的关注重点。2012 年，我国财政部、住房和城乡建设部共同发布的《关于加快推动我国绿色建筑发展的实施意见》中明确指出，截止到 2020 年，我国的新建建筑中超过 30% 应为绿色节能建筑，同时建筑建造和使用过程的能源资源消耗水平应接近或达到现阶段发达国家水平。

目前在我国，将建筑节能的思想结合到设计阶段的推广仍然达不到发展的要求，建筑设计更多的还是侧重于建筑的外观和功能，而忽视建筑的能效设计，即通过被动设计的方法，在建筑设计的初始阶段，就开始进行建筑能效设计，从而选择最优化的设计方案。具体来说，目前我国建筑设计过程中

对于能耗、气候条件以及效能等因素的研究和分析存在缺失，其基本内容可以概括为：

①尽管国内不同地区的气候等方面有着明显的不同，然而，基本上所有的绿色建筑在进行设计的时候对于节能技术的运用区别不大，气候条件的分析与权衡方面没有引起足够的重视。

②在方案设计阶段，基本上只考虑建筑的造型美观以及建筑内部布局、使用功能等方面，对其能源消耗、室内光热风舒适度的影响参数考虑不足。

③节能设计基本上都在方案完成后期进行，存在滞后性，且盲目地进行各种节能材料、节能技术的堆砌，没有基于地域特征因地制宜地进行优化设计。对绿色低能耗的理论体系认知度不足，普遍认为只是采用一些新技术或者材料，缺乏系统的知识体系与设计框架。

二、低能耗建筑的相关概念

近年来被动式建筑、低能耗建筑、超低能耗建筑、近零能耗建筑等一系列相关概念被提出，例如美国的《能源安全与独立法案》将净零能耗公共建筑（Zero-Net-Energy Commercial Building）定义为：全生命周期内最大限度地降低能源需求，在满足室内环境需求的前提下，不使用排放 CO_2 气体的能源，尽可能提高建筑能源效率的建筑。在我国，进行低能耗建筑发展的过程中所制定的标准为实现 50% 的节能，如果该数值能够达到 75%，那么该建筑即为低能耗建筑。

我国的绿色低能耗建筑设计、近零能耗建筑设计发展目标主要强调以下三方面的内容。

①因地制宜选择绿色建筑材料。现代绿色建筑设计盲目地采用相同的节能技术及节能材料，造成绿色建筑形式的一律单调化，使得在建筑建造过程中采用非本土材料越来越多。这个过程中造成大量的资源浪费与环境污染。而绿色主要强调的就是因地制宜，因此设计中不仅要考虑当地材料的选用，还需要考虑当地的自然气候、地理环境、生活水平及社会习俗等文化传统，满足建筑的综合社会需求，使建筑与本土人文历史、自然环境和谐共处，不同地区建筑呈现不同特征风貌。

②由于环保意识不强等，导致实际进行施工建设的过程中不注意合理利用资源，对于成本的管理和控制不够严格，只是追求短期利润的实现。低能耗建筑强调的是在建筑从设计到使用的整个过程中对周边的影响。

③权衡舒适的室内环境与消耗的资源、整体投资之间的关系，整体上控制能源大消耗。因此，设计过程中并不主张因追求过高的室内新风舒适环境，

带来的空调能耗的增加；不主张采用室外过高的绿地率带来的土地利用率和容积率的降低；不主张追求室外的景观水体效果而带来的水处理设施的增加。

建筑节能设计要考虑的因素有很多，其中有以下 5 个主要因素。

1. 适当的系统规模

适当的系统规模是在建筑物中实现净零能量阶段的空间先决条件。为了利用可再生能源和节能，必须能够获得足够的规模。

2. 建筑围护结构

建筑围护结构是建筑物内部与外部环境之间的界面，包括墙壁、屋顶和建筑物。通过充当热障碍，建筑围护结构在引导内部温度方面起着关键作用。最大限度地减少通过建筑围护结构的热传递来减少对空间加热和冷却的需求至关重要。

3. 建筑方向

场地的方向、布局和位置都将影响建筑物接收的太阳热量，从而影响其全年的温度和舒适度。为了获得最大的太阳能增益，建筑物将被定位、定向和设计在以最大化朝向北方（或在正北方向误差 20°范围内）的窗户区域。

4. 被动式太阳能设计

设计被动式太阳能建筑的关键是最好地利用当地气候进行准确的场地分析，要考虑的因素包括窗口放置和尺寸、玻璃类型、隔热、热质量和阴影。被动式太阳能设计技术可以更容易地应用于新建筑物，但现有建筑物也可以适应或"改装"。

5. 峰值电力需求能源消耗

高峰期的能源使用决定了建筑环境中应采用哪种类型的可再生能源供应系统和系统规模。可以使用设计阶段的高级建筑规划和节能规划来优化能源的峰值消耗。

三、BIM 技术在建筑节能方面的应用前景

随着数字化、信息化和智能化技术的发展，以 BIM 技术为核心的多种建筑 3D 软件日趋完善和成熟。基于 BIM 的建筑节能设计软件开发为建筑节能设计的自动化、智能化提供了基础和平台，使方案设计阶段的建筑节能更方便、快捷，也更准确。建筑朝向、围护结构性能、自然通风状况、建筑体形系数、窗墙面积比等都是影响建筑能耗的重要因素。如果建筑不满足节能标准，可以将模型的修改建议反馈给建筑师，建筑师根据反馈意见修改建筑模型，如此反复，直到建筑满足节能标准要求为止。因此，基于 BIM 技术的建筑节能还可以解决建筑设计和节能设计过程中数据转换的问题，提高工作效

率；对建筑的太阳能利用、舒适度和空调系统的能耗进行分析，为建筑的规划设计和节能设计提供可靠的科学依据。

第四节　BIM 技术与建筑物碳排放

一、建筑的碳排放问题

近年来，温室效应已成为 21 世纪人类社会所面临的最严重的环境污染问题之一，直接关系人类的生存与发展。2010 年 7 月联合国环境署可持续建筑和气候促进会发布的《建筑与气候变化：决策者摘要》一文中明确提到，全球温室气体排放比例最大的三大行业之一是建筑行业，约占全球每年温室气体排放总量的 30%。建筑全生命周期的全过程包括材料生产、设计规划、建造运输、运行维护以及拆除处理等阶段，温室气体的产生在建筑全生命周期的过程中有着不同的特征，针对不同时期的碳排放状况，采取不同的有效措施减少建筑全生命周期的碳排放总量，是发展绿色建筑十分重要的课题。

我国城镇化正在高速发展中，建筑事业正是成长的高峰期，每年建成的房屋大约有 18 亿 m^2，其中大部分都是高能耗建筑，到 2020 年之后，预计建成的高能耗建筑面积将会达到大约 700 亿 m^2。这些建筑的建成过程会引起大量的温室气体产生，会迅速加剧温室效应。可想而知，在未来的 30 年里按照这样的趋势发展，建筑碳排放量会在如今的基准上加倍，环境承受能力将达到饱和的程度。根据我国国家发改委能源所的研究，建筑行业相比于其他行业来说减少碳排放的潜力更大，而且降低碳排放的难度较小，通过各种新型降碳技术，可以比较轻松地实现减碳 40%~50% 的目标。因此，建筑业中关于低碳建筑的研究逐年受到重视，然而建筑是否低碳环保是通过在建筑的整个生命周期内降低化石能源的使用量来实现的，所以对建筑全生命周期碳排放的进一步研究有利于全方位地节约资源，保护环境。

《绿色建筑评价标准》的创新项得分中，在设计阶段及运营阶段有独立条文介绍了建筑碳排放计算及其碳足迹分析，其中设计阶段的碳排放计算分析报告主要分析建筑的固有碳排放量，运营阶段主要分析在标准工况下建筑的资源消耗碳排放量。

二、建筑碳排放计量方法

碳排放因子是建筑物碳排放计量的重要基础数据，它包括两个方面：一是材料、构件、部品、设备的碳排放因子，即单位数量材料、构件、部品、设备所固化的碳排放量；二是各种能源所对应的碳排放因子。针对材料、构件、部品、设备的碳排放因子选用，应当注意因子边界的统一。

传统的建筑物碳排放计量方法包括清单统计法和信息模型法。清单统计法是依据每个碳排放的单元过程编制相关的碳排放数据，从而得到整个建筑全生命周期的碳足迹。同时使用单位质量 / 体积来表达相关建筑材料及构配件，使用单位质量 / 能量来表示能源。在数据采集过程中，首先界定建筑碳排放的单元过程，再收集具体碳排放单元过程中的活动水平数据以及相应的碳排放因子，这些数据均能代表相应的单元过程中的能源、资源和材料消耗特征。在数据核算过程中，建筑全生命周期的碳排放量应为材料生产阶段、施工建造阶段、运行维护阶段、拆解阶段、回收阶段中各单元过程碳排放量的总和。而每个碳排放单元过程的排放量应为碳排放单元活动水平数据与碳排放因子的乘积。信息模型法是在合适的软硬件平台条件下，建立、管理信息模型，将信息从建筑材料、构件、部品、设备生产线传递到建设、管理全过程，从开发、竣工、管理阶段信息模型中，采集生产阶段、施工建造阶段、运行维护阶段、拆解阶段、回收阶段的信息并进行核算，最后发布核算结果。

三、BIM 技术在建筑物碳排放控制中的应用

可以说，BIM 技术为建筑物碳排放计算的信息模型法提供了更先进的工具支撑。通过运用 BIM 技术对建筑物施工过程中的低碳信息进行集成管理，可以实现碳排放的可视化测算、低碳成本和碳排放分析。运用 BIM 技术的建筑物低碳信息集成管理的实质是利用 BIM 技术，在三维建筑模型的基础上增加一维进度信息、一维成本信息和一维低碳信息，形成六维的 BIM 技术模型。BIM 技术使得三维建筑模型更具包容性、和易性，它根据建筑工程各参与方的不同目标需求，将更多的工程信息融入其中，并实现信息的实时跟踪、提取和调用。

（一）构建碳排放可视化测算模型

可视化测算模型是将收集到的低碳信息中的碳排放量以资源消耗量形式反映到施工进度计划的资源（人、材、机、施工技术及排碳量等资源）消耗量曲线图中，即在 4D–BIM 基础上增加碳排放量这一资源消耗量曲线。将碳作为一种资源，其进度计划表下方的资源消耗量曲线直接可反映碳排放量的变化趋势，实现低碳信息（碳排放量）与进度计划的同步，即实现碳排放可视化测算。

（二）构建低碳成本模型

低碳成本模型是将低碳信息（碳排放量）融入 5D–BIM 模型。采用工程量清单计价模式，对相应构件进行清单编码，利用 BIM 相关软件进行分部分项工程量计算汇总的同时，计算相应分部分项工程量清单的碳排放量，统计出碳排放量后，与单位碳排放价格相乘，计算结果即为碳排放成本。因为 5D–BIM 模型已经实现了工程量、成本与施工进度及建筑模型的同步，因此，在此基础上增加碳排放成本信息已是可行方案。

（三）构建碳排放分析模型

碳排放分析模型需要碳排放清单、碳排放量和碳排放因子等后台数据的支持。作为碳排放可视化测算模型和低碳成本模型的组成部分，碳排放分析模型是低碳信息集成管理的核心。其模型构建的关键在于碳排放量与碳排放因子的集成计算。

（四）构建低碳信息集成管理模型

低碳信息集成管理模型是指上述三种模型的集成，即碳排放可视化测算模型、低碳成本模型和碳排放分析模型，是低碳信息集成管理模型的子模型。这三种子模型之间具有关联性，碳排放分析模型是碳排放可视化测算模型和低碳成本模型的支柱。

参考文献

[1] 杨庆峰，林大岵，路军 .BIM 技术在建筑设计中的应用及推广策略 [J]. 建筑技术，2016，47（8）：733-735.

[2] 傅为华，马丽鹰. 营改增下基于 BIM 技术的工程造价管理研究 [J]. 建筑技术，2016（7）：657-659.

[3] 孙少楠，张慧君. BIM 技术在水利工程中的应用研究 [J]. 工程管理学报，2016，30（2）：103-108.

[4] 魏辰，王春光，徐阳，等. BIM 技术在装配式建筑设计中的研究与实践 [J]. 中国勘察设计，2016（11）：28-32.

[5] 曹坤. BIM 技术在建筑施工安全管理中应用的思考 [J]. 冶金丛刊，2017（1）：146-147.

[6] 王瑞. 项目管理中 BIM 技术的应用与推广 [J]. 民营科技，2017（6）：40.

[7] 肖力. BIM 技术在计算机辅助建筑设计中的应用初探 [J]. 工业 C，2016（6）：131.

[8] 姚德馨. BIM 技术在新型建筑工业化中的应用 [J]. 安徽建筑，2018（24）：282-283.

[9] 徐亮. BIM 技术在钢结构工程中的应用研究 [J]. 城市建设理论研究（电子版），2016（9）：4067.

[10] 潘智敏. 浅析 BIM 技术在建筑工程设计中的应用优势 [J]. 中国房地产业，2017（22）：1.

[11] 贾玲. 基于 BIM 技术的工程项目信息管理模式与策略 [J]. 冶金丛刊，2017（12）：150-151.

[12] 侯平兰. BIM 技术在建筑工程项目中的应用价值 [J]. 住宅与房地产，2017（12X）：1.

[13] 王淑嫱，周启慧，田东方. 工程总承包背景下 BIM 技术在装配式建筑工程中的应用研究 [J]. 工程管理学报，2017，31（6）：6.

[14] 刘立军. BIM 技术在建筑工程设计中的优势及应用探析 [J]. 中国新技术

新产品，2017（12）：98-99.

[15] 张可嘉. BIM 技术在计算机辅助建筑设计中的应用初探 [J]. 工程技术（引文版），2016：251.

[16] 郭俊雄，林洁，韩玉麒，等. BIM 技术在工程造价精细化管理中的应用研究 [J]. 重庆建筑，2016，15（8）：3.

[17] 陈默. BIM 技术在绿色公共建筑设计中的应用研究 [J]. 居业，2018（4）：66-67.

[18] 郑利红. BIM 技术在我国建筑行业的应用现状及发展障碍研究 [J]. 中国房地产业，2017（15）：143.

[19] 李奋龙，房静. BIM 技术在工程造价管理中的应用及效益分析 [J]. 价值工程，2016（24）：3.

[20] 段克清. BIM 技术在施工项目进度管理中的应用研究 [J]. 科技与企业，2016（1）：2.

[21] 扶晓康，李浩彬. BIM 技术在地铁车站结构设计中的应用研究 [J]. 技术与市场，2017（36）：72，74.

[22] 方俊，龚越，陈旭辉. 基于 BIM 技术的施工总承包项目精益建造模式研究 [J]. 建筑经济，2016，37（8）：33-36.

[23] 吴守荣，李琪，孙槐园，等. BIM 技术在城市轨道交通工程施工管理中的应用与研究 [J]. 铁道标准设计，2016，60（11）：115-119.

[24] 齐宝库，靳林超. BIM 技术在绿色建筑全寿命周期的应用研究 [J]. 沈阳建筑大学学报（社会科学版），2016（5）：5.

[25] 邹军令. 基于 BIM 技术的工程造价精细化管理研究 [J]. 门窗，2017（7）：2.

[26] 潘剑峰，杜丹，单红波，等. BIM 技术应用于超高层钢结构施工安全管理研究 [J]. 施工技术，2016，45（18）：18-20.

[27] 刘思源. 装配式建筑工程施工过程中 BIM 技术应用实践 [J]. 中国高新区，2018（10）：203，205.

[28] 刘睿，许燕，翟相彬. 基于 SPSS 的电力工程造价 BIM 技术应用影响因素分析 [J]. 项目管理技术，2015，13（1）：122-126.

[29] 王轩，张其林. 某古建筑加固平移施工的 BIM 技术应用 [J]. 施工技术，2015（10）：101-104.

[30] 陈应. 超高层建筑智能化系统设计、BIM 技术应用和工程管理 [J]. 智能建筑，2016（2）：6.

[31] 夏海山，张灿，金路. 绿色交通建筑设计创新与 BIM 技术应用 [J]. 华中建筑，2016（3）：128-131.

[32] 王芬. 浅析现阶段建筑工程造价管理中的 BIM 技术应用 [J]. 中小企业管理与科技, 2018 (20): 2.

[33] 吴慧群. 浅谈目前我国 BIM 技术应用中存在的问题及改进措施 [J]. 建设监理, 2016 (8): 3.

[34] 李泳波. 新时期建筑结构设计中 BIM 技术应用分析 [J]. 智能建筑与智慧城市, 2017 (12): 69-70.

[35] 刘迎. BIM 技术应用于绿色建筑设计的研究 [J]. 科技风, 2018 (6): 94-95.

[36] 黄卓夫. 新时期建筑结构设计中 BIM 技术应用分析 [J]. 低碳世界, 2016 (32): 172-173.

[37] 黄浩. BIM 技术应用于管线综合的方法探索 [J]. 上海城市规划, 2017 (4): 128-132.

[38] 刘亚南. BIM 技术应用于建筑节能设计的探讨 [J]. 门窗, 2015 (3): 39-40.

[39] 龙潜, 周宜红. 我国水利水电工程中 BIM 技术应用现状研究 [J]. 价值工程, 2018, 37 (5): 2.

[40] 王美华, 王广斌, 彭荔, 等. 设计企业 BIM 技术应用能力评价及实证研究 [J]. 工程管理学报, 2017, 31 (5): 153-158.

[41] 陈文韬. 地铁车站空间一体化设计及 BIM 技术应用 [J]. 城市轨道交通, 2016 (2): 8.

[42] 张俊, 张宇贝. BIM 技术应用过程中公有数据的风险因素分析及对策 [J]. 招标采购管理, 2016 (7): 3.

[43] 肖艳, 李勇. 建筑运营维护阶段的 BIM 技术应用研究 [J]. 基建管理优化, 2017 (3): 11.

[44] 于海莹, 李丹丹. 基于价值工程的建筑装饰领域 BIM 技术应用研究 [J]. 山西建筑, 2018, 044 (8): 228-229.

[45] 吴超, 疏东东. BIM 技术在城市地下综合管廊建设中质量控制要素应用 [J]. 城市建筑, 2020 (26): 106-108.

[46] 孙利波, 刘涛, 胡亚东. BIM 技术在 EPC 工程项目中的应用 [J]. 水泥技术, 2019 (6): 66-70.

[47] 陈智敏. BIM 在城市规划管理中的应用研究 [J]. 幸福生活指南, 2019 (33): 1.

[48] 李玥. 基于 BIM 技术的建筑可持续性设计应用研究 [J]. 中国房地产业, 2017 (9): 1.

[49] 李俊卫，肖贲，糟文凯. 我国建筑业 BIM 技术的应用现状与发展阻碍探讨 [J]. 建设科技，2015（17）：3.

[50] 李宝鑫，张津奕，刘军，等. 基于 BIM 的建筑可持续设计方法研究与实践 [J]. 绿色建筑，2015（3）：67-71.

[51] 谢建坤，崔璨，宋嘉宝. BIM 技术在建筑安全管理中的应用研究 [J]. 建筑与预算，2019（3）：24-26.

[52] 栾金良. 探究 BIM 与 GIS 融合在城市建筑设计中的应用 [J]. 环球市场，2018（11）：330.

[53] 郑仕林. BIM 在建筑全生命周期中的运用与问题研究 [J]. 建筑发展，2021，4（10）：59-60.

[54] 修龙，于洁，石磊. BIM 技术与绿色建筑可持续发展分析 [J]. 中国勘察设计，2018（3）：6.

[55] 计凌峰. BIM 技术在可持续发展城市建设中的应用与研究 [J]. 江西建材，2015（19）：121.

[56] 于洁，石磊，武诗然，等. 基于 BIM 技术的绿色建筑可持续发展与建设管理新模式分析 [J]. 建筑技艺，2018（6）：40-45.

[57] 蒋长明. 浅析 BIM 技术在建筑结构设计中的价值及实践 [J]. 建筑与装饰，2019（7）：6-7.

[58] 孙园岚，黄涛. BIM 技术在现代建筑设计中的应用与发展 [J]. 中国室内装饰装修天地，2018（8）：128.

[59] 具顺怡. BIM 技术在工程项目进度管理中的应用研究 [J]. 中国房地产业，2017（13）：83-84.

[60] 吴建亮，穆新盈. 基于 BIM 技术的高层建筑施工安全管理研究 [J]. 冶金丛刊，2016（5）：2.